Die Verordnung über die schiedsgerichtliche Erhöhung von Preisen bei der Lieferung von elektrischer Arbeit, Gas und Leitungswasser

vom 1. Februar 1919 / 9. Juni 1922

nebst den zugehörigen weiteren Bestimmungen

Erläutert von

Paul Ziekursch
Geh. Bergrat

und **Dr. R. Kauffmann**
Rechtsanwalt

Zweite, umgearbeitete Auflage

Springer-Verlag Berlin Heidelberg GmbH 1922

ISBN 978-3-662-32261-1   ISBN 978-3-662-33088-3 (eBook)
DOI 10.1007/978-3-662-33088-3

Vorwort.

Die zweite Auflage der erläuterten Ausgabe der Verordnung über die schiedsgerichtliche Erhöhung von Preisen bei der Lieferung von elektrischer Arbeit, Gas und Leitungswasser enthält wie die erste Auflage nach einer Einleitung, die sich über die Entstehungsgeschichte und den wesentlichen Inhalt der ursprünglichen Verordnung vom 1. Februar 1919, der Ab=
änderungen und des gegenwärtig geltenden Gesetzes und der dazu ergan=
genen Ausführungsbestimmungen verbreitet, zunächst einen Abdruck dieser Bestimmungen. Der Übersichtlichkeit wegen ist die ursprüngliche Verordnung und ein Teil der Ausführungsbestimmungen nochmals mit abgedruckt. Es folgt sodann die Erläuterung der Verordnung. Den besonders wichtigen Bestimmungen, wie beispielsweise der Frage der Selbstkosten, sind besondere Abschnitte gewidmet. Die von dem Reichskommissar für die Kohlenver=
teilung herausgegebenen Richtlinien und sonstige kleinere Bestimmungen sind in die Erläuterungen zu der Verordnung mit hineinverarbeitet. Die Verfahrensvorschriften vor den Schiedsgerichten und vor dem Reichs=
wirtschaftsgericht sind sodann besonders besprochen. Am Ende findet sich das Verzeichnis der Schiedsrichter. Die in der ersten Auflage gebrachten Beispiele für die Gestaltung der Schiedssprüche sind weggelassen worden, weil sich in der Praxis mehr oder minder feste Formeln herausgebildet haben, die eingehend erörtert worden sind.

Die Anordnung ist also im wesentlichen dieselbe geblieben wie in der ersten Auflage.

Den Freunden der Sache, die uns bei der Bearbeitung der zweiten Auflage mit Rat unterstützt haben, sei an dieser Stelle Dank gesagt.

Berlin, im Juni 1922.

Dietrich. Kauffmann.

Inhaltsverzeichnis.

Einleitung.

Die Sach= und Rechtslage, die zum Erlaß der Verordnung über die schiedsgerichtliche Erhöhung von Preisen bei der Lieferung von elektrischer Arbeit, Gas und Leitungswasser vom 1. Februar 1919 geführt hat, ist in der Einleitung zur ersten Auflage dieses Kommentars dargelegt. Um auch an dieser Stelle einen Überblick über die Entstehungsgeschichte der Verordnung zu geben, ist nachstehend die Einleitung zur ersten Auflage nochmals auszugsweise abgedruckt:

Als im Verlaufe des Krieges infolge der Steigerung der Kohlen= und Materialpreise die Kosten der Erzeugung und Fortleitung von elektrischer Arbeit, Gas und Leitungswasser dauernd wuchsen, begann die Lage der Lieferer sich mehr und mehr zu verschlechtern, weil sie ihre Erzeugnisse auf Grund langfristiger Verträge abgaben und ihnen daher die Möglichkeit genommen war, sich durch Preiserhöhungen einen Ausgleich für die gestiegenen Selbstkosten zu schaffen. Der Versuch, auf dem Rechtswege eine Änderung der Lieferungsverträge zu erreichen, erschien aussichtslos bei der Stellung, die das Reichsgericht in diesen Fragen zunächst einnahm. Auch die Behörden, an die sich die Lieferer wandten, waren zunächst machtlos, weil die Verträge rechtsgültig abgeschlossen waren. Es blieb also nur der Verhandlungsweg offen, der häufig nicht zum Ziele führte. Ein Appell, den die von dem Kriegs= amt, Kriegs=Rohstoffabteilung, geschaffene Elektrizitätswirtschaftsstelle und Gasstelle im Juli 1917 an die Verbraucher richtete, es möchten den gesteigerten Erzeugungskosten entsprechende Preise gewährt werden, hatte nur zum Teil Erfolg. Ein nicht unbeträchtlicher Teil der Abnehmer verhielt sich dieser Anregung gegenüber ablehnend. Inzwischen verschärfte sich die Lage weiter. Unter dem 2. November 1917 war der Reichskommissar für die Kohlenver= teilung gezwungen, einschneidende Maßnahmen über die Einschränkung des Verbrauchs elektrischer Arbeit herauszugeben. Für die Gaswerke waren entsprechende Vorschriften schon durch seinen Amtsvorgänger, den Reichs= kommissar für Elektrizität und Gas, unter dem 26. Juli 1917 erlassen worden. Die Preise für Rohmaterialien und ebenso die Kohlenpreise und die Löhne gingen weiter in die Höhe. Damit wurde auch das Drängen der Lieferer von Elektrizität, Gas und Wasser auf Abänderung der langfristigen Verträge im Wege der Gesetzgebung stärker. Die Elektrizitätswirtschaftsstelle und die Gasstelle, die inzwischen neben ihrer Zugehörigkeit zur Kriegs=Rohstoff= abteilung auch zu beratenden Organen des Reichskommissars für die Kohlen= verteilung bestellt worden waren, gingen deshalb daran, einen Entwurf über die schiedsgerichtliche Änderung von Lieferungsverträgen auszuarbeiten. Der erste Entwurf wurde im Dezember 1917 aufgestellt und im Laufe der Zeit vielfachen Umarbeitungen unterzogen. Auch in den Ressorts, denen er vorgelegt wurde, begegnete er zunächst erheblichen Bedenken, weil er einen Eingriff in rechtsgültig geschlossene Verträge darstelle. Zeitweise waren die Aussichten auf Inkraftsetzen sehr gering. Die Rücksicht auf das öffentliche Interesse, das an der Erhaltung der Elektrizitäts-, Gas- und Wasserwerke besteht, drängte aber dahin, die Verhandlungen immer wieder aufzunehmen. Die Kohlenlage wurde dauernd schwieriger, die Zuführung von Kraft und Beleuchtung an die Verbraucher ohne Inanspruchnahme der öffentlichen Verkehrswege (Eisenbahn, Schiffahrt usw.) immer dringender. Die wirtschaftliche Verwertung der Brennstoffe durch die neuzeitlichen Kesselanlagen und vollkommenen Maschinen der großen Elektrizitäts- und Wasserwerke ist erfahrungsgemäß wesentlich besser als beim Betrieb von Einzelanlagen.

Die schwierige Lage, in der sich die Elektrizitäts-, Gas- und Wasserwerke befinden, hat ihre Ursache in den langfristigen Verträgen, die die Werke über die Lieferung ihrer Erzeugnisse abgeschlossen haben. Die Notwendigkeit, derartige Verträge abzuschließen, ist in der Eigenart dieser Gewerbszweige begründet, da sie Erzeugungs- und Verteilungsanlagen bauen müssen, deren Abschreibung jahrzehntelange Zeiträume erfordert. Die Betriebsverhältnisse liegen also ähnlich wie bei den Eisenbahnen.

Für die Abnehmer hat die Langfristigkeit der Verträge große Vorteile, weil sie dadurch ihre Betriebskosten auf einer stabilen Grundlage aufbauen können. Die Langfristigkeit der Elektrizitätslieferungsverträge hat wesentlich zu der schnellen Entwicklung beigetragen, die die deutsche Industrie in dem letzten Jahrzehnt vor dem Kriege genommen hat.

Die Elektrizitäts-, Gas- und Wasserwerke konnten so langfristige Verträge abschließen, weil alle drei Industrien bisher Mittel und Wege zu finden wußten, um die im Laufe der Zeit eingetretenen geringen Steigerungen der Löhne, Materialkosten usw. durch Verbesserungen im Betrieb (Einführung automatischer Beschickungen der Kessel und Retorten an Stelle der Beschickung mit Hand, wirtschaftlicher arbeitende Maschinen usw.) auszugleichen.

Durch die im Laufe des Krieges eingetretene Preisgestaltung der Brennstoffe, Materialien usw. und vor allen Dingen durch die Lohnbewegungen und die Verkürzung der Arbeitszeit sind alle wirtschaftlichen Grundlagen, auf denen diese Verträge aufgebaut waren, umgestoßen worden. Daraus, daß nur ein Teil der Lieferer von Elektrizität, Gas und Leitungswasser den Schwankungen der Gestehungskosten durch auf den Schwankungen der Kohlenpreise aufgebaute Klauseln Rechnung getragen hat, kann den Werken kein Vorwurf gemacht werden, denn einmal konnten sie damit rechnen, daß sie in der Lage sein würden, durch Verbesserungen im Betrieb geringe Mehrkosten für Brennstoffe und dergl. auszugleichen. Dann aber war die Vervielfachung der Betriebskosten, der Löhne und der Reparaturkosten, mit der die Werke jetzt zu rechnen haben, auch nicht annähernd vorauszusehen.

Die Mehrzahl der Gas-, Wasser- und Elektrizitätswerke steht infolge der Kriegsverhältnisse zur Zeit dicht vor dem Zusammenbruch. Durch die Verordnung vom 1. Februar 1919 soll bei der Wichtigkeit dieser Werke für die Allgemeinheit ihnen so weit geholfen werden, daß ihre Lebensfähigkeit und Leistungsfähigkeit gesichert wird.

Die Verordnung geht, wie bereits dargelegt wurde, davon aus, daß die Erhaltung der Lebensfähigkeit der Elektrizitäts-, Gas- und Wasserwerke im öffentlichen Interesse liegt. Den Lieferern von elektrischer Arbeit, Gas und Leitungswasser wird deshalb, falls eine Einigung mit den Abnehmern nicht zu erzielen ist, die Möglichkeit gegeben, Anträge auf Preiserhöhung zu stellen. Es werden Schiedsgerichte eingesetzt, die zunächst die Frage zu prüfen haben, ob infolge der Kriegsverhältnisse die Höhe der Selbstkosten des Lieferers seit der Zeit der letzten Preisvereinbarung so gewachsen ist, daß das Anwachsen bei Anwendung der Sorgfalt eines ordentlichen Kaufmanns nicht vorauszusehen war, und daß billigerweise die Tragung der Mehrkosten dem Lieferer allein nicht zugemutet werden kann.

Die Schiedsrichter werden von den Parteien, sofern diese sich über die Zusammensetzung des Schiedsgerichtes nicht einigen können, aus Listen gewählt, die von dem Reichskommissar für die Kohlenverteilung aufgestellt werden. Im allgemeinen besteht das Schiedsgericht aus zwei Schiedsrichtern und einem Obmann, in wichtigen Fällen kann die Zahl auf fünf erhöht werden. Nähere Bestimmungen über die Zusammensetzung und das Verfahren vor dem Schiedsgericht enthält die Bekanntmachung des Staatssekretärs des Reichswirtschaftsamts vom 5. März 1919 (RGBl. S. 288). Die Schiedsgerichte treffen ihre Entscheidungen an der Hand von Leitsätzen, deren Herausgabe dem Reichskommissar für die Kohlenverteilung übertragen ist. Die Entscheidungen des Schiedsgerichtes sind unanfechtbar. Ihre Wirkung beginnt frühestens mit dem Tage der Verkündung des Schiedsspruches, jedoch kann das Schiedsgericht vor der Entscheidung einstweilige Anordnungen erlassen.

Treten gegenüber dem in dem Schiedsspruch berücksichtigten Tatbestand erhebliche Änderungen ein, so kann sowohl der Lieferer wie der Abnehmer Abänderung des Schiedsspruchs verlangen.

Diejenigen Abnehmer von elektrischer Arbeit, Gas und Leitungswasser, deren Lieferungen und Leistungen infolge der Preiserhöhungen für die von ihnen benötigte Strom-, Gas- oder Wassermenge eine besonders erhebliche Verteuerung erleiden, können ihrerseits wiederum vor einem in gleicher Weise zusammengesetzten Schiedsgericht Erhöhungen der Lieferpreise für ihre Erzeugnisse verlangen. Dem Reichskommissar für die Kohlenverteilung ist die Befugnis übertragen worden, zu bestimmen, welchen Arten von Abnehmern dieses Recht zukommt.

Im Laufe der Zeit haben sowohl die Verordnung vom 1. Februar 1919 wie die dazu ergangenen Ausführungsbestimmungen eine Reihe von Abänderungen erfahren. Die Verordnung selbst ist durch die Verordnung vom 11. März 1920 (RGBl. S. 329) betreffend Abänderung der Verordnung über die schiedsgerichtliche Erhöhung von Preisen bei der Lieferung von elektrischer Arbeit, Gas und Leitungswasser vom 1. Februar 1919 (RGBl. S. 135) auch auf die Lieferung von mechanischer Arbeit und Dampf ausgedehnt worden. Während nach § 3 der ursprünglichen Verordnung der Staatssekretär des Reichswirtschaftsamtes verpflichtet war, Leitsätze fest zuſtellen, nach welchen die Schiedsgerichte ihre Entſcheidungen zu treffen haben, iſt nach der Faſſung vom 11. März 1920 der Reichswirtſchaftsminiſter berechtigt, derartige Leitſätze feſtzuſtellen. Tatſächlich ſind Leitſätze für die Lieferung von Dampf und mechaniſcher Arbeit nicht aufgeſtellt worden. Durch die Verordnung vom 11. März 1920 iſt ferner das gewiſſen Abnehmern zuſtehende Recht der Abwälzung (§ 5 Abſatz 1) auch auf die Lieferer von mechaniſcher Arbeit und Dampf unter den gleichen Vorausſetzungen ausgedehnt worden. Das Geſetz zur zweiten Änderung der Verordnung über die ſchiedsgerichtliche Erhöhung von Preiſen bei der Lieferung von elektriſcher Arbeit, Gas und Leitungswaſſer vom 9. Juni 1922 (RGBl. S. 509) bringt als weſentliche Änderung die Berufung an das Reichswirtſchaftsgericht bei Schiedsſprüchen, in denen es ſich um Abmachungen handelt, die zur Lieferung von elektriſcher Arbeit, Gas und Leitungswaſſer verpflichten. Bei Schiedsſprüchen, die die Lieferung von Dampf oder mechaniſcher Arbeit betreffen, iſt die Berufung an das Reichswirtſchaftsgericht nicht zuläſſig.

Die Schaffung der Berufungsinſtanz iſt in erſter Linie auf Wünſche der Abnehmerkreiſe zurückzuführen. Es wurde geltend gemacht, daß die Schiedsgerichte vielfach ausſchließlich von dem Beſtreben geleitet ſeien, den Werken zu helfen, und daß infolgedeſſen die Intereſſen der Abnehmer zu wenig berückſichtigt würden. Es mag ſein, daß in einzelnen Fällen den Lieferern mehr zugebilligt worden iſt, als dem Sinne der Verordnung entſpricht. Im großen und ganzen zeigen die Schiedsſprüche jedoch, daß ſich die Schiedsrichter im Rahmen der Verordnung gehalten haben, und es muß anerkannt werden, daß lediglich die Verordnung vom 1. Februar 1919 die Werke vor einem Zuſammenbruch bewahrt hat. Gerade die Elektrizitätswerke ſind es, die in erſter Linie des Schutzes durch die Verordnung bedurften. Bei den Gas- und Waſſerwerken befindet ſich ein ſehr erheblicher Teil im Eigentum der Kommunen, die infolge ihrer Tarifhoheit den Werken auch ohne Inanſpruchnahme von Schiedsgerichten die Sicherung ihrer Exiſtenz ermöglichen konnten. Für die Lieferer von mechaniſcher Arbeit und Dampf hat die Verordnung nur eine ſehr geringe Rolle geſpielt. Näheres über die Wirkungen der Verordnung wird weiter unten mitgeteilt werden. Immerhin ſchafft die Einfügung der Berufungsinſtanz die Möglichkeit einer Überprüfung und Vereinheitlichung dieſes Teiles der Rechtſprechung und wird die Erkenntnis fördern, daß bei der gewaltigen Steigerung der Kohlenpreiſe, der Löhne und der Materialpreiſe die ſcheinbar ſehr hohen Strom-, Gas- und Waſſerpreiſe im Intereſſe der Erhaltung der Lebensfähigkeit der

Werke und damit im Interesse der Allgemeinheit nicht umgangen werden können.

Die Schaffung der Berufungsinstanz machte einige Ergänzungen sowohl der Verordnung als auch der das Verfahren betreffenden Bekanntmachung notwendig. Bei dieser Gelegenheit sind auch einige aus der Praxis der Schiedsgerichtstätigkeit sich ergebende Verbesserungen, namentlich in den Verfahrensvorschriften, vorgenommen worden.

Die Bekanntmachung über die Schiedsgerichte für die Erhöhung von Preisen bei der Lieferung von elektrischer Arbeit, Gas und Leitungswasser vom 5. März 1919 (RGBl. S. 288) wurde durch die Bekanntmachung vom 18. März 1920 (RGBl. S. 330) dahin ergänzt, daß auch für Streitigkeiten aus der Lieferung von mechanischer Arbeit oder Dampf Schiedsgerichte zuständig sind, bei denen aber die Aufstellung von Schiedsrichterlisten entfällt. Bei diesen Streitigkeiten haben die Parteien hinsichtlich der Wahl der Schiedsrichter völlig freie Hand. Weiterhin ist im § 8 Ziffer 2 noch ein Ablehnungsrecht der Parteien gegenüber den Schiedsrichtern neu vorgesehen.

Die Verordnung vom 16. Juni 1922 (RGBl. S. 511) dehnt dieses Ablehnungsrecht weiter aus, bringt in mehrfacher Beziehung genauere Verfahrensvorschriften als die Bekanntmachung vom 5. März 1919/18. März 1920 und regelt das Verfahren vor dem Reichswirtschaftsgericht als Berufungsinstanz.

Die von dem Reichskommissar für die Kohlenverteilung unter dem 14. Februar 1919 herausgegebenen Leitsätze sind durch seine Bekanntmachung vom 19. Juni 1919 zum Teil abgeändert worden. Die Bekanntmachung vom 27. Juni 1922 (Reichsanzeiger Nr. 148) enthält eine völlige Neuauffassung der Leitsätze, die jetzt Richtlinien genannt werden. Von besonderer Bedeutung ist die Richtlinie A. IX, die vorsieht, daß das Schiedsgericht beim Vorliegen gewisser Voraussetzungen die dem Lieferer zuzubilligende Verbesserung seiner Lage von der Bedingung abhängig machen kann, daß der Lieferer dem Abnehmer das Recht anbietet, den Vertrag durch Kündigung zu lösen. Das Gericht kann unter gewissen Voraussetzungen auch dem Lieferer freistellen, dem Abnehmer statt der Kündigung die Übernahme einer geringeren als der von dem Gericht für erforderlich gehaltenen Preiserhöhung anzubieten. Auch diese Bestimmung ist mit veranlaßt worden durch die Angriffe der Abnehmer-Organisationen. Sie soll die Wirkung haben, bei dem Abnehmer eine ernsthafte Prüfung der Frage auszulösen, ob er in der Lage ist, die Leistungen des Lieferwerkes zu günstigeren Bedingungen selbst zu übernehmen. Es kann heute wohl bereits vorausgesagt werden, daß dies nur ganz ausnahmsweise der Fall sein wird, und daß der Abnehmer, sobald er ernsthaft an das Projekt, sich selbst den Strom bzw. das Gas oder das Wasser zu beschaffen, herangeht, zu der Überzeugung gelangen wird, daß er besser und billiger fährt, wenn er diese Leistungen von seinem bisherigen Lieferanten bezieht, als wenn er sie sich selbst herstellt.

Gemäß § 27 der Bekanntmachung über die Schiedsgerichte für die Erhöhung von Preisen bei der Lieferung von elektrischer Arbeit, Gas und Leitungswasser vom 5. März 1919/18. März 1920 sind die Schiedsgerichte verpflichtet, dem Reichskommissar für die Kohlenverteilung die von ihnen erlassenen Schiedssprüche und die vor ihnen geschlossenen Vergleiche einzusenden. Die Durchsicht dieses Materials bis zum 1. Juni 1922 ergibt, daß Schiedssprüche gefällt worden sind für Elektrizitätswerke in 209 Fällen, für Gaswerke in 30 Fällen und für Wasserwerke in 26 Fällen, zusammen 265 Schiedssprüche.

Vergleiche wurden nach Bildung von Schiedsgerichten teils mit, teils ohne Mitwirkung der Schiedsgerichte abgeschlossen bei Elektrizitätswerken in 133 Fällen, bei Gaswerken in 23 Fällen und bei Wasserwerken in 9 Fällen, zusammen 165 Vergleiche.

Berücksichtigt man, daß es in Deutschland etwa 3000 Elektrizitätswerke, 1142 Gaswerke und über 3000 Wasserwerke gibt, so fällt zunächst die geringe Zahl der Schiedsverfahren und der relativ hohe Anteil der Vergleiche auf. Es ist hieraus der Schluß zu ziehen, daß in den meisten Fällen das bloße Bestehen der Verordnung vom 1. Februar 1919 genügt hat, um freihändige Vereinbarungen zwischen den Strom- bzw. Gas- und Wasserlieferern und ihren Abnehmern herbeizuführen. Die verhältnismäßig große Zahl der mit oder ohne Mitwirkung der Schiedsgerichte geschlossenen Vergleiche im Verhältnis zu den durch Schiedssprüche beendeten Fällen zeigt, daß die Verordnung von den Schiedsgerichten durchaus sinngemäß angewandt worden ist.

Nur 31 von den 430 Schiedsverfahren beruhten auf § 2 Abs. 3 der Verordnung, ein Beweis, daß die Schiedssprüche ganz überwiegend das Richtige getroffen haben.

Bei der Durchsicht der Schiedssprüche und der Vergleiche fallen weiterhin drei wichtige Tatsachen auf.

1. Mit ganz wenigen Ausnahmen ist die Dauer der Schiedssprüche unbestimmt, d. h. für die Zeitdauer der Verträge bemessen. Eine Begrenzung der zeitlichen Wirksamkeit ist nur in ganz wenigen Ausnahmefällen vorgesehen, z. B. dort, wo die Strompreise von dem Kurs der Schweizer Franken abhängig sind. In einigen anderen Fällen erstreckt sich die Wirk-

samkeit der Schiedssprüche auf einen Zeitraum von 2 bis 5 Jahren. Nach diesem Zeitraum soll die weitere Entscheidung Schiedsgerichten vorbehalten bleiben, die auf der Grundlage der Verordnung entscheiden sollen. In der Praxis erstrecken sich diese Schiedssprüche ebenfalls auf die ganze Vertragsdauer, da gemäß § 2 Ziff. 3 der Verordnung auch bei den Schiedssprüchen, die auf unbestimmte Dauer Geltung haben, jede Partei Abänderung des Schiedsspruches verlangen kann, wenn gegenüber dem in dem Schiedsspruch berücksichtigten oder zur Zeit der Einigung vorliegenden Tatbestand eine erhebliche Änderung eingetreten ist. Der Unterschied liegt nur darin, daß in den letztgenannten Fällen die Nachprüfung des Schiedsgerichts auch ohne Anregung der Parteien von dem Schiedsgericht vorgenommen werden muß.

2. Fast in allen Fällen sind gleitende Preise vorgesehen, die sich in der überwiegenden Mehrzahl der Fälle auf die Kohlenpreise und nur ganz vereinzelt auf die Löhne, z. B. auf die Durchschnittsjahreslöhne der Bergarbeiter, stützen. Die letztgenannte Grundlage für die Preisklauseln ist in einigen Fällen da zur Anwendung gekommen, wo Elektrizitätswerke unmittelbar auf Braunkohlengruben liegen.

3. Die Schiedssprüche beschränken sich fast ausnahmslos auf die Erhöhung der Strom-, Gas- bzw. Wasserpreise, verhältnismäßig selten auf die Erhöhung der Zählermieten und ganz vereinzelt auf die Veränderung der Anschlußgebühren. Eine Veränderung der Vertragsdauer ist nur in zwei Fällen vorgesehen worden.

Von Interesse mag schließlich noch sein, daß in manchen anderen Staaten — durchweg solchen, die ähnlich stark wie Deutschland von der Geldentwertung ergriffen worden sind — ähnliche gesetzliche Bestimmungen wie die vorliegende Verordnung getroffen werden mußten. Den Verfassern bekannt geworden ist eine deutsch-österreichische Verordnung vom 6. Dezember 1919 (Staatsgef.Bl. Nr. 551), mit Abänderungen vom 27. Dezember 1921 (RGBl. Nr. 753) und vom 20. April 1922 (Bundes-Gef.Bl. Nr. 249), eine tschechoslowakische Verordnung vom 23. September 1919 (Nr. 524) und ein polnisches Gesetz vom 15. Juli 1920 (Gef.Bl. Nr. 70). Deutschland selbst hat ganz gleiche Wege wie die Verordnung vom 1. Februar 1919 mit der Verordnung über die schiedsgerichtliche Erhöhung von Fahrpreisen für Eisenbahnen usw. vom 21. Februar 1920 (RGBl. S. 255) betreten. (Vergl. ihre Ergänzung durch die Verordnung vom 23. März 1921 — RGBl. Nr. 344 — und die Leitsätze des Reichsverkehrsministeriums hierzu vom 7. Oktober 1920 — RGBl. Nr. 1712.)

Wortlaut der behandelten Dorschriften.

I. Die jetzt geltenden Fassungen.

Verordnung über die schiedsgerichtliche Erhöhung von Preisen bei der Lieferung von elektrischer Arbeit, Gas und Leitungswasser vom 1. Februar 1919 mit den Abänderungen durch das Gesetz zur zweiten Änderung der Verordnung über die schiedsgerichtliche Erhöhung von Preisen bei der Lieferung von elektrischer Arbeit, Gas und Leitungswasser vom 9. Juni 1922 (Reichsgesetzbl. I, S. 509 vom 16. Juni 1922).

Fassung der Bekanntmachung vom 16. Juni 1922 (Reichsgesetzbl. I, S. 510).

§ 1.

1. Wer auf Grund von Abmachungen, die vor dem 4. Februar 1919 abgeschlossen sind, zur Lieferung von elektrischer oder mechanischer Arbeit, Dampf, Gas oder Leitungswasser verpflichtet ist, kann Abänderung dieser Abmachungen, insbesondere Erhöhung der Lieferpreise, verlangen, wenn und insoweit infolge der Kriegsverhältnisse die Höhe der Selbstkosten seit der Zeit der letzten Preisvereinbarung so gewachsen ist, daß das Anwachsen bei Anwendung der Sorgfalt eines ordentlichen Kaufmanns nicht voraus= zusehen war und daß billigerweise die Tragung der Mehrkosten dem Lieferer allein nicht zugemutet werden kann.

2. Unter den gleichen Voraussetzungen kann die Abänderung von Abmachungen verlangt werden, durch die der Lieferer gegenüber einem Dritten an die Einhaltung gewisser Preisgrenzen im Verhältnis zu dem Abnehmer gebunden ist.

§ 2.

1. Falls eine Einigung über die Ansprüche des § 1 nicht zustande kommt, so entscheidet über dieselben ein Schiedsgericht.

2. Dieses entscheidet im Rahmen der Anträge der Parteien unter Abwägung der Interessen aller Beteiligten, ob und auf welche Zeit nach Maßgabe des § 1 eine Vertragsänderung, insbesondere eine Preiserhöhung,

eintritt; die von dem Schiedsgerichte hiernach getroffenen Feststellungen gelten als Bestandteile der Abmachungen.

3. Wenn gegenüber dem in der Entscheidung (Abs. 2) berücksichtigten oder zur Zeit der Einigung (Abs. 1) vorliegenden Tatbestand eine erhebliche Änderung eingetreten ist, so kann jede Partei bei dem Schiedsgericht Abänderung der Abmachungen verlangen.

4. Gegen den Schiedsspruch ist, wenn es sich um Abmachungen handelt, die zur Lieferung von elektrischer Arbeit, Gas und Leitungswasser verpflichten, die Berufung an das Reichswirtschaftsgericht zulässig. Die Berufungsfrist beträgt einen Monat. Sie beginnt mit der Verkündung der angefochtenen Entscheidung. Auf das Verfahren vor dem Reichswirtschaftsgericht und auf dessen Entscheidung finden die Vorschriften des § 2 Ziffer 2 entsprechende Anwendung.

5. Die Wirkung der Entscheidung erstreckt sich auf die Zeit nach ihrer Rechtskraft. Vor der Entscheidung können die entscheidenden Stellen einstweilige Anordnungen für die Zeit vom Erlasse der einstweiligen Anordnung bis zur Rechtskraft der Entscheidung erlassen. In der Entscheidung kann der durch die einstweilige Anordnung geschaffene Zustand für die Zeit des Vorliegens einer einstweiligen Anordnung ganz oder teilweise aufrechterhalten werden.

§ 3.

Der Reichswirtschaftsminister kann Richtlinien für die Entscheidungen der Schiedsgerichte und des Reichswirtschaftsgerichts aufstellen. Er kann diese Befugnis durch eine seiner Aufsicht unterstehende Stelle ausüben und das Nähere über deren Zusammensetzung und Tätigkeit anordnen.

§ 4.

1. Die Parteien können über die Zusammensetzung des Schiedsgerichts Vereinbarungen treffen.

2. Kommt eine Vereinbarung nicht zustande, so werden Zusammensetzung, Einrichtung und Zuständigkeit des Schiedsgerichts vom Reichswirtschaftsminister bestimmt.

3. Der Reichswirtschaftsminister erläßt auch die Vorschriften über das Verfahren für die Schiedsgerichte (Abs. 1 und 2) und ergänzende Bestimmungen zu der Verordnung über das Reichswirtschaftsgericht.

§ 5.

1. Wenn infolge der Anwendung dieser Verordnung Abnehmer von elektrischer und mechanischer Arbeit, Dampf, Gas oder Leitungswasser eine besonders erhebliche Erhöhung der Selbstkosten für von ihnen

zu bewirkende Lieferungen und Leistungen entsteht, sind diese Abnehmer berechtigt, Erhöhung der vertraglichen Preise solcher Lieferungen und Leistungen von ihren Abnehmern und von Dritten im Sinne des § 1 Abf. 2 zu verlangen.

2. Der Reichswirtschaftsminister bestimmt, welchen Arten von Abnehmern das Recht des Abf. 1 zukommt. § 3 Satz 2 findet Anwendung.

3. Die Entscheidung über den Anspruch des Abf. 1 erfolgt nach Maßgabe der Bestimmungen des § 2.

§ 6.

Hängt die Entscheidung eines Rechtsstreits ganz oder zum Teil von einer auf Grund dieser Verordnung getroffenen Entscheidung ab, so hat das Gericht auf Antrag einer Partei anzuordnen, daß die Verhandlung bis zur Entscheidung der auf Grund dieser Verordnung zur Entscheidung berufenen Stellen auszusetzen ist.

§ 7.

Die Anwendung dieser Verordnung kann durch Vereinbarungen der Parteien nicht ausgeschlossen oder beschränkt werden. Die Zuständigkeit des Schiedsgerichts und die Anwendung der Vorschriften dieser Verordnung wird nicht dadurch ausgeschlossen, daß ein die fraglichen Verhältnisse betreffendes Verfahren vor den ordentlichen Gerichten anhängig ist.

§ 8.

1. Diese Verordnung hat Gesetzeskraft. Sie tritt mit dem Tage der Verkündung in Kraft.

2. Der Reichswirtschaftsminister bestimmt den Zeitpunkt des Außerkrafttretens.

Bekanntmachung über die schiedsgerichtliche Erhöhung von Preisen bei der Lieferung von elektrischer Arbeit, Gas und Leitungswasser. Vom 1. Februar 1919 (Reichsgesetzbl. S. 137). In der Fassung der Bekanntmachung vom 16. Juni 1922 (Reichsgesetzbl. S. 516).

Auf Grund der §§ 3 und 5 Abf. 2 der Verordnung über die schiedsgerichtliche Erhöhung von Preisen bei der Lieferung von elektrischer Arbeit, Gas und Leitungswasser vom 1. Februar 1919 (RGBl. S. 137) bestimme ich:

§ 1.

Die Ausübung der Befugnisse, die dem Staatssekretär des Reichs=
wirtschaftsamts auf Grund der §§ 3 und 5 Abs. 2 der Verordnung über die
schiedsgerichtliche Erhöhung von Preisen bei der Lieferung von elektrischer
Arbeit, Gas und Leitungswasser zustehen, wird dem Reichskommissar
für die Kohlenverteilung übertragen.

§ 2[1]).

Der Reichskommissar für die Kohlenverteilung ist ermächtigt, die von
ihm aufgestellten Richtlinien (§ 3) und die Zusammenstellung der Ab=
nehmer, welche berechtigt sind, Erhöhung der vertraglichen Preise von
ihren Abnehmern oder von Dritten zu verlangen (§ 5), abzuändern oder
zu ergänzen. Die Veröffentlichung der Richtlinien, der Zusammenstellung
der Abnehmer und etwaiger Abänderungen oder Ergänzungen zu ihnen
erfolgt im Deutschen Reichs= und Preußischen Staatsanzeiger.

§ 3 (gestrichen).

§ 4.

Diese Bestimmungen treten mit dem Tage der Verkündung in Kraft.

Berlin, den 1. Februar 1919.

Der Staatssekretär des Reichswirtschaftsamts.

Dr. August Müller.

**Bekanntmachung zur Verordnung über die schiedsgerichtliche Er=
höhung von Preisen bei der Lieferung von elektrischer Arbeit,
Gas und Leitungswasser vom 1. Februar 1919 (RGBl. S. 135)
in der Fassung des Gesetzes vom 9. Juni 1922 (RGBl. S. 509).**

Richtlinien
vom 27. Juni 1922 (RAnz. Nr. 148).

Auf Grund des § 3 der Verordnung über die schiedsgerichtliche
Erhöhung von Preisen bei der Lieferung von elektrischer Arbeit, Gas und
Leitungswasser vom 1. Februar 1919 (RGBl. S. 135) in der Fassung
des Gesetzes vom 9. Juni 1922 (RGBl. 1. S. 509) und der Bekannt=
machung des Herrn Staatssekretärs des Reichswirtschaftsamts über die

---

[1]) Der 1. Satz dieses Paragraphen ist durch die Bekanntmachung vom
16. Juni 1922 unwesentlich verändert, der 2. Satz mit Wirkung vom
23. Juni 1922 neu eingefügt.

schiedsgerichtliche Erhöhung von Preisen bei der Lieferung von elektrischer Arbeit, Gas und Leitungswasser vom 1. Februar 1919 (RGBl. S. 137) in der Fassung der Bekanntmachung vom 16. Juni 1922 (RGBl. S. 516) wird unter Aufhebung meiner Bekanntmachung vom 14. Februar 1919 (R.Anz. Nr. 41) mit Wirkung vom Tage der Bekanntmachung an folgendes bekanntgegeben:

1. Die Verordnung vom 1. Februar 1919 greift in weitgehendem Maße in bestehende durch Verträge gesicherte Rechtsverhältnisse ein und bedarf daher vor ihrer Anwendung reiflicher Prüfung der Notwendigkeit der Anwendung, weil andernfalls leicht bei den Beteiligten eine für die Allgemeinheit durchaus schädliche Empfindung der Rechtsunsicherheit hervorgerufen würde. Anderseits muß die Erhaltung der Lebensfähigkeit der Elektrizitäts-, Gas- und Wasserwerke, deren zum Teil dringende Notlage zu der Verordnung vom 1. Februar 1919 den Anlaß gegeben hat, den Gerichten als oberstes Ziel vorschweben. Werke, deren Einnahmen nicht mehr zur Deckung ihrer jeweiligen Ausgaben, Lasten und Verpflichtungen ausreichen, sind nicht in der Lage, die Versorgung der Bevölkerung mit Energie, Licht, Wärme und Wasser in dem erforderlichen Ausmaße sicherzustellen. Bei der heutigen wirtschaftlichen Lage, die überall Anspannung aller Energien fordert, wäre aber ein Verkümmern, insbesondere der Kraftversorgungsquellen, geradezu verhängnisvoll. Anderseits ist es nicht Aufgabe der Verordnung, die Unternehmen zur Verteilung über das übliche Maß hinausgehender Ausschüttungen und zur Vornahme außergewöhnlich hoher Rücklagen instand zu setzen.

2. In richtiger Würdigung dieser Tatsachen werden die Gerichte ihre Aufgabe am besten dann lösen, wenn es ihnen gelingt, im Wege des Vergleichs neue Verträge zwischen den Beteiligten zu schaffen.

3. Ist eine gütliche Vereinbarung nicht zu erzielen, so sollen in der Regel bei der Entscheidung die nachstehenden Richtlinien Anwendung finden. Diese stellen den Niederschlag allgemeiner Erfahrungen dar; ein Abweichen von ihnen ist zulässig, wenn es durch die besondere Lage des Falls geboten erscheint. Die Richtlinien beziehen sich nur auf die Lieferung von elektrischer Arbeit, Gas und Wasser, nicht dagegen auf die Lieferung von Dampf und mechanischer Arbeit.

A. Allgemeines.

I. 1. Von der Verordnung werden lediglich Verträge betroffen, die vor dem Inkrafttreten der Verordnung (d. h. vor dem 4. Februar 1919) geschlossen sind.

2. Bei Vorliegen dieser Voraussetzung besteht für den Lieferungs=
verpflichteten ein Anspruch auf Vertragsänderung, wenn und insoweit
die Selbstkosten seit der letzten Preisvereinbarung derart angewachsen
sind, daß:

 a) das später eingetretene Wachsen der Selbstkosten bei Abschluß der
  letzten Preisvereinbarung bei Anwendung der Sorgfalt eines
  ordentlichen Kaufmanns nicht vorauszusehen war und

 b) dem Lieferer billigerweise die Tragung der Mehrkosten allein
  nicht zugemutet werden kann.

Ob diese beiden Voraussetzungen gegeben sind, wird sich meist nur nach
Lage des Einzelfalles beurteilen lassen.

Zu 2a. Während bei allen vor Kriegsausbruch eingegangenen Ver=
pflichtungen eine Voraussehbarkeit zu verneinen sein wird, muß bei späteren
Abschlüssen, die bis zum Inkrafttreten der Verordnung getätigt sind, von
Fall zu Fall in eine Prüfung eingetreten werden. Als „Preisvereinbarung"
im Sinne des § 1 der Verordnung vom 1. Februar 1919 kann aber nicht
eine während des Krieges von den Abnehmern oder Konzessionsgebern
freiwillig gewährte unzureichende Preiserhöhung angesehen werden, mit
der sich der Lieferer abfinden mußte, weil ihm bei der bestehenden Bindung
durch den Vertrag kein Mittel zur Erzwingung einer angemessenen Er=
höhung seiner Vertragspreise zur Seite stand.

Zu 2b. Ob billigerweise die Tragung der Mehrkosten dem Lieferer
allein nicht zugemutet werden kann, entscheidet sich nach einer Reihe ver=
schiedener Gesichtspunkte. Aus dem Wortlaut der Bestimmung ergibt sich,
daß die Verordnung vom 1. Februar 1919 dem Lieferer die Befugnis,
eine Änderung der Abmachungen, insbesondere eine Übernahme der Mehr=
kosten vom Abnehmer zu verlangen, nicht schlechthin gewähren will. Viel=
mehr soll dies nur insoweit geschehen, als es der Billigkeit entspricht. Dies
ergibt sich aus den Bestimmungen des § 2 Abs. 2 am angegebenen Orte,
wonach das Gericht unter Abwägung der Interessen aller Beteiligten seine
Entscheidung zu treffen hat. Dabei sind folgende Fragen, deren gegen=
seitige Abwägung dem Ermessen des Gerichts in jedem Einzelfalle über=
lassen werden muß, von besonderer Bedeutung:

1. In erster Linie steht die bereits in der Einleitung erwähnte
Notwendigkeit der Erhaltung der technischen und wirtschaftlichen Lebens=
fähigkeit des Unternehmens. Hierbei ist lediglich das Lieferungsunter=
nehmen als solches zu berücksichtigen. Die Rentabilität soll daher beispiels=
weise auch dann im Interesse des Gemeinwohls durch eine Preiserhöhung
sichergestellt werden können, wenn es sich um gemeinbeeigene Werke

handelt, die an sich in der Lage wären, zur Erhaltung ihrer technischen Leistungsfähigkeit andere Hilfsmittel (Steuern usw.) in Anspruch zu nehmen.

2. Die Lebensfähigkeit des Unternehmens kann dauernd nur gesichert bleiben, wenn durch ausreichende Abschreibungen oder Rückstellungen für den rechtzeitigen Ersatz der zu erneuernden Anlagenteile Sorge getragen wird. Angesichts der außerordentlichen Preissteigerungen ist in der Regel anzunehmen, daß die bis zum 1. Februar 1919 für Abschreibungen oder Rückstellungen ausgeworfenen Beträge unzureichend geworden sind.

3. Das Unternehmen soll in die Lage versetzt werden, die ihm obliegenden öffentlichen Aufgaben oder übernommenen Verpflichtungen zu erfüllen.

4. Es liegt nicht im Sinne der Verordnung, eine Änderung der Verträge in einem Ausmaße herbeizuführen, durch das eine Verbesserung der Lage des Unternehmens im Vergleich zu derjenigen eintritt, wie sie ohne die Wirkung des Krieges sich ergeben haben würde. Unternehmen, die vor dem Krieg notleidend waren, haben also keinen Anspruch darauf, jetzt auf Grund der Verordnung zu ausreichender Verzinsung zu kommen. Anderseits haben Unternehmen, die vor dem Kriege eine hohe Dividende verteilt haben, keinen Anspruch darauf, durch die Anwendung dieser Verordnung diese hohe Dividende wieder herzustellen. Für die Obergrenze der Verzinsung ist der Gesichtspunkt der Erhaltung der Lebensfähigkeit des Unternehmens unter Berücksichtigung der jeweiligen Lage des Kapitalmarkts maßgebend.

5. Bei den Abnehmern ist in erster Linie zu berücksichtigen, ob sie ihrerseits durch Lieferungsverträge gebunden sind, die ihnen eine Abwälzung der sie betreffenden Mehrkosten nicht gestatten, und ferner, ob diese nicht abwälzbaren Mehrkosten so erheblich sind, daß die Verpflichtung zu ihrer Übernahme eine Unbilligkeit in sich schließen würde (vgl. auch A IX). Dieser Gesichtspunkt kann gegebenenfalls auch von dem Weiterlieferer von elektrischer Arbeit, Gas und Leitungswasser seinem Lieferer gegenüber geltend gemacht werden.

6. Den Grundsätzen der Billigkeit entspricht es, daß einzelne Abnehmer von einer Preiserhöhung nicht befreit bleiben, auch wenn schon durch die Mehrleistung anderer Abnehmer die Leistungsfähigkeit des Werks vorläufig gesichert sein sollte. Diese Mehrleistung anderer, gleichartiger Abnehmer wird vielfach eine Richtlinie für die Neufestsetzung der Preise noch ausstehender Abnehmer sein.

II. Der im § 1 Abs. 1 der Verordnung vom 1. Februar 1919 gebrauchte Ausdruck „infolge der Kriegsverhältnisse" wird nicht zu eng auszulegen sein. Die Kriegsverhältnisse im Sinne der Verordnung haben nicht mit dem Tage des Friedensschlusses aufgehört, sie umfassen vielmehr die ganze Umwälzung der Verhältnisse der Kriegs- und Nachkriegszeit.

III. Es gibt eine große Anzahl von Elektrizitäts- und Gaswerken sowie eine Anzahl von Wasserwerken, welche neben der Selbsterzeugung auch noch elektrische Arbeit, Gas oder Wasser von Nachbarwerken beziehen und weiterverkaufen. In diesen Fällen werden auch die mit den Nachbarwerken abgeschlossenen Verträge unter den vorstehend angegebenen Gesichtspunkten zu prüfen sein.

IV. In vielen Fällen haben Elektrizitäts-, Gas- und Wasserwerke von den Roheinnahmen vertragliche Abgaben an Dritte zu leisten. Da die Preiserhöhung den Zweck haben soll, die Leistungsfähigkeit des Lieferers zu erhalten, wird das Gericht in solchen Fällen auch die Frage zu prüfen haben, ob und wie weit die Preiserhöhung abgabepflichtig ist, denn der erstrebte Zweck würde teilweise verfehlt werden, wenn dem Lieferer ein Teil der zur Erhaltung seiner Lebensfähigkeit nötigen Preiserhöhung auf Grund der bestehenden Verpflichtung zur Leistung einer Abgabe von der Roheinnahme wieder entzogen würde. Bei der Entscheidung über diese Frage ist zu berücksichtigen, daß der Empfänger der Abgabe vielfach der Konzessionsgeber ist.

V. Bei Elektrizitäts-, Gas- und Wasserwerken mit örtlich getrennten Erzeugungsstätten oder Bezugsquellen verschiedener Art wird das Gericht die Preiserhöhung zweckmäßigerweise auf die gesamte verkaufte elektrische Arbeit bzw. Gas oder Wasser durchschnittlich errechnen; dasselbe gilt von den Werken, die mit verschiedenen Kraftquellen arbeiten, z. B. mit Wasser- und Dampfkraft oder auch mit Dampfkraft und Dieselmotoren oder Hochofengasmotoren, Koksofengasmotoren usw. und von den Werken, die neben der Erzeugung von Gas aus Steinkohle noch Ferngas beziehen u. dgl. mehr, da bei jeder Art der Erzeugung und des Bezugs sich die Selbstkosten in verschiedener Weise erhöht haben können.

VI. In der Regel wird es zweckmäßig und möglich sein, dafür Sorge zu tragen, daß die künftige Preisgestaltung der Veränderung der Erzeugungskosten tunlichst lange angepaßt bleibt. Es ist daher die Findung einer gleitenden Klausel anzustreben, sei es auf der Grundlage des Kohlenpreises, sei es durch Lohn- oder Teuerungsklauseln, allein oder in Verbindung mit der Kohlenklausel. Zeigt sich, daß durch solche Klauseln den obwaltenden Verhältnissen nicht für längere Zeit Rechnung getragen werden kann, so ist die Entscheidung auf entsprechend kürzere Zeit zu beschränken.

VII. Es wird nicht immer nötig sein, die Vertragspreise zu erhöhen; es kann vielmehr mitunter auch in Frage kommen, dem Lieferer durch Wegfall bestehender Lasten und Beschränkungen und verwandte Maßnahmen die durch die Verordnung erstrebte Hilfe zuteil werden zu lassen.

VIII. Liegt der Zeitpunkt der letzten Preisvereinbarung so weit zurück, daß der Lieferer nicht mehr in der Lage ist, die Höhe seiner damaligen Selbstkosten nachzuweisen (vgl. § 44 Handelsgesetzbuch), so wird das Schiedsgericht zweckmäßigerweise die Durchschnitte der Selbstkosten in der Zeit vom 1. Januar 1909 bis zum Kriegsausbruch mit den gegenwärtigen Selbstkosten in Vergleich stellen. Lagen zur Zeit des Abschlusses der letzten Preisvereinbarungen tatsächliche Selbstkosten des Lieferers nicht vor, weil beispielsweise zu dieser Zeit das Werk noch im Bau war und der Preisvereinbarung nur rechnerisch ermittelte oder durch Vergleich mit Werken, die unter gleichen Bedingungen arbeiten, gewonnene Zahlen zugrunde gelegt wurden, so wird das Gericht ebenfalls die Selbstkosten der Friedensjahre mit den gegenwärtigen Selbstkosten in Vergleich stellen können, sofern es die Überzeugung gewonnen hat, daß der Lieferer bei Abschluß der Preisvereinbarung die Anwendung der Sorgfalt eines ordentlichen Kaufmanns nicht außer acht gelassen hat.

IX. Es ist möglich, daß in einzelnen Fällen trotz des erfahrungsgemäß geringen Anteils, den im allgemeinen die Ausgaben für elektrische Arbeit, Gas und Wasser an den Selbstkosten des Abnehmers zu haben pflegen, die nach den Vorschriften der Verordnung und der Richtlinien sich ergebenden Änderungen der Leistungen des Abnehmers diesen so schwer belasten, daß seine Konkurrenzfähigkeit gegenüber unter bisher gleichen Verhältnissen arbeitenden Betrieben oder seine wirtschaftliche Existenz überhaupt ernstlich bedroht wird. In solchen Fällen stehen also schwerwiegende Einzelinteressen dem Allgemeininteresse an der Erhaltung der Leistungsfähigkeit der Elektrizitäts-, Gas- und Wasserwerke gegenüber; die an sich mögliche Bejahung der Frage, ob die Gefährdung des Einzelinteresses so schwerwiegend ist, daß in dem betreffenden Fall das Allgemeininteresse dagegen zurückzutreten hat, bedarf einer besonders genauen Prüfung.

Es kann in einzelnen Fällen unbedenklich sein, die Erhöhung der Leistungen des Abnehmers niedriger zu halten, als sich bei Anwendung der Vorschriften sonst ergeben würde; jedoch ist dabei immer zu beachten, daß die Lieferer im allgemeinen zahlreiche Abnehmer haben und die Entlastung eines derselben zu Unbilligkeiten gegen die andern führen könnte. Möglich ist auch, daß eine Reihe in gleichen Verhältnissen stehender Abnehmer vorhanden ist; dann besteht bei Herabsetzung der Leistungen des gerade prozessierenden Abnehmers die Möglichkeit, daß auch die anderen Abnehmer gleiche Erleichterungen verlangen und damit eine unbillige Belastung der noch verbleibenden Abnehmer oder eine Gefährdung der Lebensfähigkeit des Lieferers herbeiführen.

In Fällen, in denen nach dem zu Eingang dieses Abschnittes Gesagten unter Berücksichtigung aller dort angegebenen Umstände die Belastung des Abnehmers als zu groß angesehen wird, kann es unter Umständen in Frage kommen, die dem Lieferer nach den Vorschriften der Verordnung und der Richtlinien zuzubilligende Verbesserung seiner Lage erst dann eintreten zu lassen, wenn er dem Abnehmer die Möglichkeit gewährt hat, den Vertrag durch Kündigung zu lösen, und der Abnehmer von dieser Möglichkeit keinen Gebrauch gemacht hat. Auch hierbei aber hat das Gericht darauf zu achten, daß nicht, insbesondere durch Fortfall des fraglichen Abnehmers oder (beim Vorhandensein zahlreicher Abnehmer mit gleich oder ähnlich ge= lagerten Verhältnissen) durch eine große Zahl von Kündigungen dieser Art die Lebensfähigkeit des Werks zerstört oder eine übermäßige Belastung der sonstigen Abnehmer herbeigeführt wird. Wenn das Gericht dazu kommt, die Preiserhöhung von der Anbietung des Kündigungsrechts abhängig zu machen, so hat es die Fristen und Bedingungen der Kündigung im einzelnen zu bestimmen, wobei der Zeit, die der Abnehmer regelmäßig zur Ersatz= beschaffung braucht, Rechnung zu tragen ist. Das Gericht kann auch dem Lieferer freistellen, dem Abnehmer statt der Kündigung die Übernahme einer geringeren statt der an sich ausgesprochenen Preiserhöhung anzu= bieten; die erstere hat es ebenfalls schon in der Entscheidung zu be= stimmen. Die Frist für die Kündigung hat das Gericht so zu be= stimmen, daß die Kündigung keinesfalls früher als acht Wochen nach Verkündung der Entscheidung wirksam werden kann. Das Gericht kann auch eine längere Frist bestimmen. Eine solche längere Frist wird meistens zweckmäßig sein.

Hat der Lieferer für den Abnehmer besondere Aufwendungen (z. B. Legung einer besonderen Leitung, Errichtung einer eigenen Um= formeranlage, Aufstellung besonderer Maschinen u. dgl.) gemacht, so ist, wenn das Gericht die Preiserhöhung von der Anbietung des Kündigungs= rechts abhängig macht, in der Entscheidung gleichzeitig festzusetzen, in welchem Umfang und in welcher Weise der Abnehmer den Lieferer für diese Auf= wendungen zu entschädigen hat; die Erfüllung oder Sicherstellung der hiernach zu machenden Leistungen ist zur Voraussetzung der Ausübung des Kündigungsrechts zu machen.

B. Elektrizitätswerke.

I. Bei Feststellung der Brennstoffpreise zu den in Betracht kommenden Zeitpunkten wird im allgemeinen von den Preisen des Brennstoffes frei Verbrennungsstelle auszugehen sein, weil auch die Transportkosten von der Grube bis zur Verbrennungsstelle sowie die Behaldungskosten in der Regel nicht vorauszusehende Steigerungen erfahren haben.

II. Bei Unternehmen, die zur Erzeugung elektrischer Arbeit im eigenen Betriebe erzeugte Brennstoffe verwenden, wird unter Erhöhung der Brennstoffpreise im allgemeinen die tatsächliche Steigerung der Erzeugungskosten der Brennstoffe zu verstehen sein. Diese soll jedoch nicht höher angesetzt werden, als die Erhöhung der amtlich festgesetzten Preise (zur Zeit Brennstoffverkaufspreise des Reichskohlenverbands). Unter gewissen Umständen kann geltend gemacht werden, daß die Kosten zu einem der in Betracht kommenden Zeitpunkte außergewöhnliche waren, weil beispielsweise das Bergwerk sich noch im Zustande der Erschließung befand. In solchen Fällen würde es unbillig sein, diese außergewöhnlichen Kosten zugrunde zu legen.

III. Durch die Einführung des Achtstundenarbeitstages hat sich bei den meisten Elektrizitätswerken die Zahl der beschäftigten Arbeiter um etwa $^1/_3$ vermehrt, ohne daß dadurch eine Produktionssteigerung eingetreten ist. Das Gericht wird daher die hierdurch verursachte Erhöhung der Selbstkosten neben der durch die Lohnerhöhung herbeigeführten, bei Bemessung der Preiserhöhungen außer der Erhöhung der Brennstoffkosten auch die sonstigen Mehrkosten im Sinne der Richtlinie A II (Reparaturkosten, Kosten für Betriebs- und Schmiermaterialien usw.) zu berücksichtigen haben.

IV. Setzt das Gericht die Preiserhöhungen nicht für einen bestimmten Zeitraum fest, sondern entscheidet dahin, daß sich die Preiserhöhung beispielsweise je nach dem Steigen und Fallen der Brennstoffpreise ändern soll, so sind in der Entscheidung auch die Zeitpunkte anzugeben, zu denen die Änderung einzutreten hat. Bei allgemein geltenden Tarifpreisen ist es zweckmäßig, zu bestimmen, daß die Festsetzung der Zuschläge vierteljährlich auf Grund der in dem abgelaufenen entsprechenden Zeitabschnitt erfolgten Veränderungen der Selbstkosten mit Geltung für den folgenden Zeitabschnitt vorzunehmen sind.

V. Kommen Abnehmer in Betracht, die nach Pauschaltarifen bezahlen, so ist es zweckmäßig, in der Entscheidung auszusprechen, daß die Pauschaltarife sich in gleichen Verhältnissen erhöhen wie die durchschnittlichen Verkaufspreise bei gleichartigen Abnehmern.

C. Gaswerke.

I. Die Gaswerke gewinnen aus der Kohle nicht nur Gas, sondern auch Koks, Teer, Ammoniak usw. Der hieraus zu erzielende Erlös beeinflußt natürlicherweise die Selbstkostenrechnungen der Werke. Die Preisentwicklung für diese Nebenerzeugnisse schwankt jedoch stark, worauf bei der Entscheidung besonders zu achten ist.

II. Bei Ferngasbezug aus Kokereien müssen die Verhältnisse nach Lage des Einzelfalls beurteilt werden. Lieferer, die vor Ausbruch des Krieges Ferngas mit Verlust abgaben, haben selbst beim Vorliegen der Voraussetzungen des § 1 Abs. 1 der Verordnung vom 1. Februar 1919 keinen Anspruch auf eine so weitgehende Erhöhung der Lieferpreise, daß jetzt aus der Lieferung ein Gewinn erzielt wird. Die Preiserhöhung wird jedoch so zu bemessen sein, daß dem Ausbau dieser Art der Gasversorgung nicht entgegengewirkt wird, denn das Ferngas hat für die Bevölkerung namentlich der Industriebezirke eine besonders große Bedeutung.

III. Bezüglich der Brennstoffpreise, der verkürzten Arbeitszeit, der Verteuerung der Selbstkosten durch die Lohnerhöhungen, der erhöhten Reparaturkosten, Kosten für Betriebs= und Schmiermaterialien usw. gilt das unter B I bis III (Abschnitt Elektrizitätswerke) Gesagte.

IV. Setzt das Gericht die Preiserhöhungen nicht für einen bestimmten Zeitraum fest, sondern entscheidet es dahin, daß sich die Preiserhöhungen beispielsweise je nach dem Steigen und Fallen der Kohlenpreise ändern, so ist es zweckmäßig, zu bestimmen, daß die Höhe des Preiszuschlags jedesmal auf Grund des durchschnittlichen Kohlenpreises frei Werk für einen bestimmten Zeitraum zu ermitteln ist.

V. Für Orte, in denen noch verschiedene Gaspreise für das den häuslichen Zwecken dienende Gas (Leuchtgas und Kochgas) bestehen, kann als Preiserhöhung auch die Festsetzung eines entsprechenden Einheitspreises in Betracht kommen. Diese Regelung bietet auch außerhalb des Rahmens dieser Verordnung liegende allgemeine Vorteile (Ersparnis an Gasmessern und infolgedessen Anschlußmöglichkeit weiterer Gasabnehmer).

D. Wasserwerke.

I. Bei den Wasserwerken handelt es sich, soweit sie nicht mit natürlichem Gefälle arbeiten, wie bei den Elektrizitätswerken um Erzeugung von Energie, die hier zur Hebung und Fortleitung von Wasser verwendet wird, wobei dieses durch Umwandlung des Grund= und Oberflächenwassers in Trinkwasser verwandelt wird.

II. Der für den Wasserwerksbetrieb erforderliche Brennstoffverbrauch wird durch die Förderhöhe beeinflußt, auf die das Wasser zu heben ist.

Auch sind zahlreiche Wasserwerke gezwungen, das Wasser ein=, zwei= oder mehrmalig zu heben, weil die Reinigung des Wassers durch Filtrations= einrichtungen, eine Enteisenung oder andere betriebliche Umstände dies bedingen. Schließlich werden die Kohlenunkosten auch durch die Entfernung der Werke von den Kohlengruben und die Transportbedingungen stark beeinflußt. Aus diesen und anderen Gründen weisen die Wasserpreise der einzelnen Werke weitgehende Verschiedenheiten auf, die bei der Bemessung der Preisänderungen zu berücksichtigen sind. Einen gewissen Anhalt können aber die Preise, zu denen das Wasser tarifmäßig von dem einzelnen Werk bisher ge= liefert worden ist, bieten. Neben der Verwendung von Dampfkraft kommen bei Wasserwerken fast alle Arten motorischer Kraft zur Verwendung. Die Preis= entwicklung, insbesondere der flüssigen Brennstoffe, hat sich derartig gestaltet, daß die Aufstellung von allgemeingültigen Grundsätzen für die Abwälzung des entstandenen Mehraufwandes für Brennstoffkosten usw. nicht möglich ist.

III. Zu beachten ist, daß die Brennstoffkosten bei vielen Wasserwerken im Verhältnis zu den Gesamtunkosten nicht die gleiche Rolle spielen wie bei den Elektrizitäts= und Gaswerken. Die Ausgaben für Gehälter, Löhne, Putz= und Schmiermittel, für Unterhaltung und Reparaturen der Maschinen, Rohrleitungen und Armaturen nehmen bei dem überwiegenden Teil der Wasserwerke einen größeren Prozentsatz der Gesamtunkosten in Anspruch als die Brennstoffkosten. Das Gericht wird deshalb seine Entscheidung unter Berücksichtigung der Eigenart der einzelnen Anlage zu treffen haben. Hinsichtlich der dabei zu berücksichtigenden Gesichtspunkte wird auf den Abschnitt Elektrizitätswerke (B III) verwiesen.

IV. Bezüglich der Feststellung der Brennstoffpreise zu den in Betracht kommenden Zeitabschnitten gilt das zu B I (Abschn. Elektrizitätswerke) Gesagte.

V. Setzt das Gericht die Preiserhöhungen nicht für einen bestimmten Zeitraum fest, sondern entscheidet dahin, daß die Preiserhöhungen beispiels= weise je nach dem Steigen und Fallen der gesamten laufenden Ausgaben, der Brennstoffpreise, der Löhne usw. sich ändern, so sind die Ausführungen unter C IV (Abschnitt Gaswerke) zu beachten.

VI. Bei Pauschal= und Mindestsätzen, zu denen eine beliebige bzw. dem Höchstmaß nach festgesetzte Anzahl von Kubikmetern Wasser bezogen werden kann, wird das Gericht zweckmäßigerweise so zu entscheiden haben, daß diese Sätze sich im gleichen Verhältnisse wie die durchschnittlichen Verkaufspreise bei gleichartigen Abnehmern erhöhen.

Berlin, den 27. Juni 1922.

Der Reichskommissar für die Kohlenverteilung.

Stutz.

Verordnung über die Schiedsgerichte für die Erhöhung von Preisen bei der Lieferung von elektrischer oder mechanischer Arbeit, Dampf, Gas und Leitungswasser sowie über das Reichswirtschaftsgericht als Berufungsinstanz. Vom 16. Juni 1922 (Reichsgesetzbl. I, S. 511).

Auf Grund des § 4 der Verordnung über die schiedsgerichtliche Erhöhung von Preisen bei der Lieferung von elektrischer Arbeit, Gas und Leitungswasser vom 1. Februar 1919 (RGBl. S. 135) in der Fassung des Gesetzes vom 9. Juni 1922 (RGBl. I, S. 509) wird hiermit verordnet:

I. Zusammensetzung, Einrichtung und Zuständigkeit der Schiedsgerichte.

§ 1.

Haben die Beteiligten eine Vereinbarung über die Zusammensetzung des Schiedsgerichts nicht getroffen, so gelten bei der Lieferung von elektrischer Arbeit, Gas und Leitungswasser die Bestimmungen der §§ 2 bis 8, bei Lieferung von mechanischer Arbeit und Dampf die Bestimmungen der §§ 2 und 3 und 6 bis 8.

§ 2.

1. Das Schiedsgericht besteht aus einem Obmann und zwei Beisitzern.

2. Das Schiedsgericht kann in besonders wichtigen Fällen beschließen, daß die Zahl der Beisitzer auf vier erhöht wird; es hat in diesem Falle anzuordnen, auf welche Weise die weiteren Schiedsrichter bestimmt werden.

§ 3.

1. Der Schiedskläger und der Schiedsbeklagte wählen je einen Beisitzer. Der Kläger hat dem Gegner den von ihm gewählten Beisitzer schriftlich mit der Aufforderung zu bezeichnen, seinerseits binnen einer einwöchigen Frist ein Gleiches zu tun. Die Frist läuft von dem Zeitpunkt des Zugehens der Aufforderung.

2. Nach fruchtlosem Ablauf der Frist wird der Beisitzer auf Antrag des Klägers von dem Präsidenten des für den Wohnsitz des Gegners zuständigen Oberlandesgerichts ernannt. Dies gilt auch, wenn der Antrag auf schiedsgerichtliche Entscheidung gegen mehrere Personen gemeinschaftlich gestellt wird und diese sich nicht innerhalb der Frist über die Person des Schiedsrichters einigen. Haben die mehreren Beklagten ihren Wohnsitz in verschiedenen Oberlandesgerichtsbezirken, so hat der Kläger die Wahl.

Hat die Schiedsfache auf den Betrieb eines Unternehmens Bezug, so ist an Stelle des Wohnsitzes des Unternehmers der Ort maßgebend, an dem die unmittelbare Verwaltung des Betriebs geführt wird.

. 3. Sobald die Bezeichnung des Beisitzers der Gegenseite zugegangen ist, ist der bezeichnende Teil daran gebunden.

§ 4.

1. Die Beisitzer müssen aus Listen ausgewählt werden, die der Reichs= kommissar für die Kohlenverteilung aufstellt.

2. Aufzustellen sind je besondere Listen

der Lieferer von elektrischer Arbeit,

der Lieferer von Gas,

der Lieferer von Leitungswasser,

der Vertreter von Gemeinden und Gemeindeverbänden,

der gewerblichen Verbraucher von elektrischer Arbeit, Gas und
Leitungswasser,

der Weiterverbraucher von elektrischer Arbeit, Gas und Leitungs=
wasser (§ 5 der Verordnung vom 1. Februar 1919).

3. Die Beisitzer können aus jeder Liste ausgewählt werden.

§ 5.

1. Der Reichskommissar für die Kohlenverteilung stellt die Listen (§ 4) nach Anhörung der Landeszentralbehörden und der Organisationen der Beteiligten auf, legt sie dem Reichswirtschaftsministerium zur Ge= nehmigung vor und veröffentlicht die genehmigten Listen.

2. Bis zur Veröffentlichung der nach Abf. 1 aufgestellten Listen sind vorläufige Listen maßgebend, die der Reichskommissar bekanntmacht.

§ 6.

1. Die beiden Beisitzer wählen den Obmann.

2. Kommt eine Wahl nicht zustande, so wird mangels anderweiter Verständigung der Obmann von dem Präsidenten des Oberlandesgerichts ernannt, in dessen Bezirk der Beklagte seinen Wohnsitz hat. § 3 Abf. 2 Satz 3 und 4 gilt entsprechend.

3. Der Oberlandesgerichtspräsident soll den Obmann aus der Zahl der besonders geeigneten richterlichen Beamten oder Rechtsanwälte oder der beamteten Techniker seines Bezirks wählen; er kann auch andere geeignete Personen wählen.

§ 7.

1. Das vorschriftsmäßig gebildete Schiedsgericht bleibt für die An= träge auf Änderung der Entscheidungen und Einigungen (§ 2 Abf. 3 der

Verordnung vom 1. Februar 1919) zuständig. Dies gilt auch, wenn gegen den Schiedsspruch Berufung eingelegt worden war.

2. Jedoch kann bei Einleitung des Verfahrens auf Abänderung einer Entscheidung oder einer Einigung jede Partei den von ihr gewählten oder für sie bestimmten Beisitzer abrufen oder durch einen anderen ersetzen.

3. Die Parteien können vereinbaren, daß der Obmann abgerufen werde.

4. In Fällen der Nr. 2 und 3 finden die §§ 3, 4 und 6 entsprechende Anwendung.

§ 8.

1. Die Vorschriften der §§ 1 und 6 gelten entsprechend, wenn ein Mitglied des Schiedsgerichts stirbt oder aus einem anderen Grunde wegfällt.

2. Ein Mitglied des Schiedsgerichts kann aus denselben Gründen und unter denselben Voraussetzungen abgelehnt werden, welche zur Ablehnung eines Richters (Zivilprozeßordnung §§ 41 ff.) berechtigen. Die Ablehnung kann außerdem erfolgen, wenn ein Mitglied die Erfüllung seiner Pflichten ungebührlich verzögert. Über die Ablehnung entscheidet der Oberlandesgerichtspräsident endgültig.

§ 9.

Das Schiedsgericht tritt am Wohnsitz des Obmanns zusammen, sofern der Obmann über den Zusammentritt nicht anderweit bestimmt.

§ 10.

Wird die Änderung einer Abmachung beantragt, die die Lieferung von elektrischer oder mechanischer Arbeit, Dampf, Gas und Leitungswasser durch den Vermieter an den Mieter für den Gebrauch der Miet= räume betrifft, und ist die Verpflichtung zur Lieferung als Teil des Miet= vertrags anzusehen, so finden die §§ 2 bis 9 keine Anwendung. Es entscheiden alsdann die im Reichsmietengesetze vom 24. März 1922 und den dazu erlassenen Ausführungsbestimmungen vorgesehenen Stellen.

§ 11.

Die Mitglieder und Schriftführer der Schiedsgerichte sind zur Amts= verschwiegenheit verpflichtet.

II. Verfahren vor den Schiedsgerichten.

§ 12.

Ist ein Schiedsgericht auf Grund der Vereinbarung der Beteiligten oder nach den §§ 1 bis 8 zusammengetreten, so gelten für das Verfahren die Vorschriften der §§ 13 bis 26.

§ 13.

Der Antrag auf Entscheidung ist schriftlich zu stellen. Er soll unter Darlegung der Sachlage und Angabe der Beweismittel begründet werden; der Schiedskläger soll die ihm zugänglichen Beweisurkunden, insbesondere Vertragsurkunden und Briefe, beifügen.

§ 14*).

1. Das Schiedsgericht verhandelt und entscheidet in nichtöffentlicher Sitzung. Der Obmann soll Personen, die ein Interesse an der Entscheidung haben, oder deren Vertreter die Anwesenheit bei der Sitzung gestatten, falls sie dies unter Glaubhaftmachung ihres Interesses vorher schriftlich beantragt haben, und nicht die zu große Zahl der Beteiligten eine Behinderung der Verhandlung befürchten läßt.

2. Die Personen, denen die Anwesenheit gestattet ist (Nr. 1), dürfen von dem ihnen bekanntgewordenen Inhalt der Verhandlung nur zur Wahrung ihrer berechtigten Interessen Gebrauch machen.

3. Die Vorschriften der §§ 66 bis 68 der Zivilprozeßordnung über die Nebenintervention finden entsprechende Anwendung. Der Nebenintervenient kann ohne mündliche Verhandlung zurückgewiesen werden, wenn er sein Interesse nicht glaubhaft macht.

4. Die Nebenintervention erfolgt durch schriftliche Erklärung an das Schiedsgericht. Dieses hat alsbald den Beteiligten Mitteilung von der Erklärung zu machen.

§ 15.

1. Die Parteien sind zur mündlichen Verhandlung der Sache zu laden. Die Ladung erfolgt durch eingeschriebenen Brief. Der Obmann kann eine andere Art der Ladung anordnen.

2. Die Parteien können sich in der mündlichen Verhandlung, soweit nicht das persönliche Erscheinen angeordnet ist, durch eine mit schriftlicher Vollmacht versehene Person vertreten lassen. Der Obmann kann das persönliche Erscheinen der Parteien oder ihrer gesetzlichen Vertreter anordnen. Sind die Parteien oder ihre Vertreter trotz rechtzeitiger Ladung nicht erschienen, so wird gleichwohl in der Sache verhandelt und entschieden.

3. Eine einstweilige Anordnung kann ohne mündliche Verhandlung erlassen werden. Vor dem Erlasse ist der Gegner zu hören.

---

*) Gegenüber der Bekanntmachung vom 5. März 1919 ist Abs. 1, Satz 2 erweitert, Abs. 2 bis 4 neu.

§ 16.

1. Das Schiedsgericht kann den Beteiligten aufgeben, binnen einer bestimmten Frist Tatsachen zur weiteren Aufklärung des Sachverhalts anzugeben und Beweismittel, insbesondere Urkunden, vorzulegen oder Zeugen zu stellen.

2. Bei Versäumung der Frist kann das Schiedsgericht nach Lage der Sache ohne Berücksichtigung der nicht beigebrachten Beweismittel entscheiden.

§ 17.

1. Das Schiedsgericht kann die Verhandlung und Entscheidung mehrerer Sachen verbinden und die Verbindung wieder aufheben.

2. Auf übereinstimmenden Antrag der Parteien kann das Schiedsgericht die Sache an ein anderes Schiedsgericht zur gemeinschaftlichen Verhandlung und Entscheidung mit einer dort anhängigen Sache abgeben. Das Schiedsgericht, an das die Sache abgegeben ist, wird mit der Verkündung des Beschlusses für das weitere Verfahren zuständig.

§ 18*).

1. Das Schiedsgericht ist verpflichtet, für gründliche Aufklärung des Sachverhalts zu sorgen. Es kann auf Antrag oder von Amts wegen Beweise erheben, insbesondere auch Zeugen und Sachverständige vernehmen, die freiwillig vor ihm erscheinen.

Im Falle des § 2 Abs. 3 der Verordnung vom 1. Februar 1919 ist es verpflichtet, von Amts wegen zu untersuchen, ob eine erhebliche Änderung gegenüber dem in der Entscheidung berücksichtigten oder dem zur Zeit der Einigung vorliegenden Tatbestand eingetreten ist.

2. Zur Beeidigung eines Zeugen oder eines Sachverständigen ist das Schiedsgericht nicht befugt.

§ 19.

Die Befugnisse aus den §§ 16, 18 stehen außerhalb der Sitzungen dem Obmann zu.

§ 20.

1. Eine von dem Schiedsgericht oder dem Obmann für erforderlich erachtete richterliche Handlung, zu der sie nicht befugt sind, hat auf Antrag einer Partei das zuständige Gericht vorzunehmen, sofern es den Antrag für zulässig erachtet.

---

*) Ziffer 1, Absatz 1, Satz 1, und Absatz 2 sind neu.

2. Dem Gerichte, das die Beeidigung eines Zeugen oder Sachverständigen vorzunehmen hat, stehen auch die Entscheidungen zu, die im Falle der Verweigerung des Zeugnisses oder des Gutachtens notwendig werden.

§ 21.

1. Zu den Verhandlungen wird ein Schriftführer zugezogen, der von dem Obmann durch Handschlag an Eides Statt zu treuer und gewissenhafter Führung seines Amtes verpflichtet wird.

2. Über die Verhandlungen wird eine Niederschrift aufgenommen, die deren wesentlichen Teil festzuhalten hat. Sie soll Ort und Tag der Verhandlung und die Bezeichnung der mitwirkenden Personen und der Beteiligten enthalten. Sie soll den anwesenden Beteiligten vorgelesen oder zur Durchsicht vorgelegt und von ihnen unterschrieben werden. Sie ist von dem Obmann und dem Schriftführer zu unterzeichnen.

§ 22.

Der Schiedsspruch ist zu verkünden. Er enthält außer der Entscheidung die Namen der Mitglieder, die bei der Entscheidung mitgewirkt haben, eine gedrängte Darstellung des Sach und Streitstandes und die Entscheidungsgründe und ist von dem Obmann zu unterschreiben.

§ 23.

1. Die Entscheidungen des Schiedsgerichts sind von dem Schriftführer auszufertigen; er bescheinigt die Übereinstimmung mit der Urschrift und den Tag der Verkündung, bei nichtverkündeten einstweiligen Anordnungen den Tag des Erlasses.

2. Die Entscheidungen sind den Beteiligten, soweit sie nicht in ihrer Gegenwart verkündet sind, in der im § 15 Abf. 1 vorgeschriebenen Weise mitzuteilen.

§ 24.

Die von den Beteiligten dem Schiedsgerichte vorgelegten Unterlagen sind zu sammeln und bei der Gemeindebehörde des Ortes, bei dem das Schiedsgericht zusammentritt, aufzubewahren. Im Falle einer Berufung werden die Akten dem Berufungsgericht übersandt und verbleiben alsdann daselbst.

§ 25*).

1. Das Schiedsgericht ist berechtigt, Gebühren für seine Tätigkeit und Erstattung der anläßlich seiner Tätigkeit erwachsenen baren Auslagen

*) Dieser Paragraph ist gegenüber der Bekanntmachung vom 5. März 1919 wesentlich geändert.

zu verlangen. Wenn nicht eine Vereinbarung der Beteiligten oder be=
sondere, anderweite Berechnung rechtfertigende Umstände vorliegen, wird
die Tätigkeit des Schiedsgerichts abgegolten durch die Gebühren, die nach
dem deutschen Gerichtskostengesetz in seiner jeweilig geltenden Fassung
das ordentliche Gericht erster Instanz im gleichartigen Falle zu erheben
hätte. Der Streitwert ist nach der Lage des Einzelfalls festzusetzen. Das
Schiedsgericht darf den Streitwert nicht auf mehr als das Fünffache der
jeweiligen Jahresbeträge, höchstens jedoch auf die Summe von 2 Millionen
Mark festsetzen. Hält es jedoch aus besonderen Gründen die Festsetzung
eines höheren Streitwerts für angemessen, so hat es die Akten zur Ent=
scheidung darüber dem Reichswirtschaftsgerichte vorzulegen, das in der
Besetzung des § 32 entscheidet. Die Verhandlungsgebühr kommt auch
für eine nicht kontradiktorische Verhandlung zur Erhebung, sofern einer
der beiden Teile zur Sache verhandelt. Die Gebühren des § 23 Abs. 2
des Gerichtskostengesetzes sind mit $^{10}/_{10}$ anzusetzen. Die §§ 21, 22 Abs. 2 u. 23a
des Gerichtskostengesetzes finden im Falle des Vergleichs keine Anwendung.

2. Die gemäß Ziffer 1 erfolgte Festsetzung des Streitwerts ist auch
für die Bemessung der Gebühren der Parteivertreter maßgebend.

3. Der Obmann kann für die Gerichtskosten vom Kläger und für die
Kosten der Beweisaufnahme von der Partei, die sie veranlaßt, einen
Kostenvorschuß einfordern und den weiteren Fortgang des Verfahrens
von der Zahlung des Kostenvorschusses abhängig machen.

4. Das Schiedsgericht setzt im Schiedsspruch oder durch einen be=
sonderen Beschluß die Kosten des Verfahrens fest und spricht aus, wer sie
zu tragen hat. Der Beschluß kann ohne mündliche Verhandlung gefaßt
werden; die Parteien sind vorher zu hören. Wird der Beschluß ohne münd=
liche Verhandlung gefaßt, so finden § 23 Abs. 2 und § 25 dieser Verordnung
Anwendung.

5. Die Entscheidung über die Höhe der Kosten ist durch Beschwerde
anfechtbar, auch wenn zur Hauptsache eine Entscheidung nicht ergeht oder
ein Rechtsmittel nicht eingelegt wird. Die Beschwerde ist innerhalb eines
Monats beim Reichswirtschaftsgericht einzulegen. Die Frist läuft bei
einer auf Grund mündlicher Verhandlung verkündeten Entscheidung von
der Verkündung, die einer nichtverkündeten Entscheidung vom Zugang
an die beschwerdeführende Partei. Alle Kostenentscheidungen haben
den Hinweis auf dieses Beschwerderecht zu enthalten.

§ 26.

Alle Schiedsgerichte sind verpflichtet, dem Reichskommissar für die
Kohlenverteilung die von ihnen erlassenen Schiedssprüche und die vor

ihnen geschlossenen Vergleiche, auf Erfordern auch die dazugehörigen Akten, einzusenden.

III. Die Besetzung der entscheidenden Senate und das Verfahren des Reichswirtschaftsgerichts.

§ 27.

1. Über die im § 2 Ziffer 4 der Verordnung vom 1. Februar 1919 in der Fassung des Gesetzes vom 9. Juni 1922 (RGBl. I S. 509) zugelassene Berufung entscheidet das Reichswirtschaftsgericht in der Besetzung von einem rechtskundigen Vorsitzenden und vier sachverständigen Beisitzern.

2. Von den sachverständigen Beisitzern werden zwei nach den Grundsätzen der §§ 6 und 7 der Verordnung über das Reichswirtschaftsgericht vom 21. Mai 1920 (RGBl. S. 1167) in der durch § 65 der Entschädigungsverordnung vom 30. Juli 1921 (RGBl. S. 1046) abgeänderten Fassung einberufen. Je ein weiterer Beisitzer wird von jeder Partei binnen einer vom Vorsitzenden zu bestimmenden Frist ernannt. Die Frist beginnt mit dem Zeitpunkt, in dem die Aufforderung des Vorsitzenden der Partei zugeht. Ist beim Ablauf der Frist die Benennung nicht beim Reichswirtschaftsgericht eingegangen, so erfolgt die Einberufung auch dieses Beisitzers durch den Vorsitzenden nach den Grundsätzen der §§ 6 und 7 der Verordnung über das Reichswirtschaftsgericht vom 21. Mai 1920 (RGBl. S. 1167) in der durch § 65 der Entschädigungsverordnung vom 30. Juli 1921 (RGBl. S. 1046) abgeänderten Fassung.

§ 28.

Die Berufung gegen die Entscheidungen der Schiedsgerichte ist bei dem Reichswirtschaftsgericht in Berlin einzulegen.

§ 29.

Gegen die Versäumung der Berufungsfrist ist die Wiedereinsetzung in den vorigen Stand zulässig.

§ 30.

1. Die Entscheidung über den Erlaß der gemäß § 2 Ziffer 5 der Verordnung vom 1. Februar 1919 in der Fassung des Gesetzes vom 9. Juni 1922 (RGBl. I S. 509) vorgesehenen einstweiligen Anordnungen kann ohne mündliche Verhandlung erfolgen. In diesem Falle bedarf es der Zuziehung der zwei von den Parteien zu ernennenden Beisitzer nicht. Ist ein Antrag auf Erlaß einer einstweiligen Anordnung gestellt, so ist vorher der Gegner, bei Anordnung ohne Antrag sind beide Teile zu hören. Die Entscheidung

darüber, ob vor Erlaß der einstweiligen Anordnung eine mündliche Verhandlung stattfinden soll, liegt dem Vorsitzenden ob.

2. Eine ohne mündliche Verhandlung ergangene einstweilige Anordnung kann auf Grund einer mündlichen Verhandlung jederzeit aufgehoben oder abgeändert werden.

§ 31.

Das Schiedsgericht, das den angefochtenen Spruch gefällt hat, und
seine Mitglieder sind dem Reichswirtschaftsgerichte zur Erläuterung des
angefochtenen Spruches und zur Auskunft über die Verhandlungen,
die ihm vorausgegangen sind, verpflichtet. Diese Verpflichtung bezieht
sich nicht auf die Art und Weise der Abstimmung und die von den einzelnen
Schiedsrichtern bei der Beratung vertretenen Auffassungen.

§ 32.

Über Beschwerden gegen die Entscheidung über die Höhe der Kosten
des Schiedsgerichts entscheidet das Reichswirtschaftsgericht in der Besetzung
von einem Vorsitzenden und zwei von dem Vorsitzenden gemäß §§ 6 und 7
der Verordnung über das Reichswirtschaftsgericht vom 21. Mai 1920
(RGBl. S. 1167) in der durch § 65 der Entschädigungsverordnung vom
30. Juli 1921 (RGBl. S. 1046) abgeänderten Fassung einzuberufenden
Beisitzern.

§ 33.

Soweit im vorstehenden nichts anderes bestimmt ist, finden auf das
Verfahren vor dem Reichswirtschaftsgerichte die Vorschriften der Ver-
ordnung über das Reichswirtschaftsgericht vom 21. Mai 1920 (RGBl.
S. 1167) in der durch § 65 der Entschädigungsverordnung vom 30. Juli 1921
(RGBl. S. 1046) abgeänderten Fassung entsprechende Anwendung. Die
Vorschriften des § 14 Abs. 2 bis 4 gelten auch für das Verfahren vor dem
Reichswirtschaftsgerichte.

§ 34.

1. Die Verordnung tritt mit dem Tage der Verkündung in Kraft.
2. Die Bekanntmachungen vom 5. März 1919 (RGBl. S. 288) und
vom 18. März 1920 (RGBl. S. 330) treten gleichzeitig außer Kraft.

Berlin, den 16. Juni 1922.

Der Reichswirtschaftsminister.

Schmidt.

Anordnung über die Abwälzung von Preiserhöhungen für elektrische Arbeit (R. Anz. Nr. 50).

Auf Grund der §§ 3, 5 Abs. 1 und 2 der Verordnung vom 1. Februar 1919 über die schiedsgerichtliche Erhöhung von Preisen bei der Lieferung von elektrischer Arbeit, Gas und Leitungswasser (RGBl. S. 135), sowie des § 1 der Bekanntmachung vom 1. Februar 1919 über die schiedsgericht= liche Erhöhung von Preisen bei der Lieferung von elektrischer Arbeit, Gas und Leitungswasser (RGBl. S. 137) bestimme ich:

Die Unternehmer der elektrisch betriebenen Straßenbahnen und Kleinbahnen, die Unternehmer von Ladestationen für Akkumulatoren und die Unternehmer von elektrochemischen und elektrothermischen Betrieben sind berechtigt, wenn für die von ihnen zu bewirkenden Lieferungen und Leistungen infolge der Verordnung vom 1. Februar 1919 über die schieds= gerichtliche Erhöhung von Preisen bei der Lieferung von elektrischer Arbeit, Gas und Leitungswasser ihnen eine besonders erhebliche Erhöhung ihrer Selbstkosten entsteht, Erhöhung der vertraglichen Preise ihrer Lieferungen und Leistungen von ihren Abnehmern und von Dritten im Sinne des § 1 Abs. 2 der genannten Verordnung (Konzessionsgeber) zu verlangen.

Die Bestimmung weiterer Arten von Abnehmern bleibt vorbehalten.

Berlin, den 26. Februar 1919.

Der Reichskommissar für die Kohlenverteilung.
Stuß.

II. Frühere Texte und Abänderungsgesetze,
erstere soweit noch von Interesse, im übrigen vgl. 1. Auflage.

Verordnung über die schiedsgerichtliche Erhöhung von Preisen bei der Lieferung von elektrischer Arbeit, Gas und Leitungswasser.
(Alte Fassung.)

§ 1.

1. Wer auf Grund von Abmachungen, die vor dem Inkrafttreten dieser Verordnung abgeschlossen sind, zur Lieferung von elektrischer Arbeit, Gas oder Leitungswasser verpflichtet ist, kann Abänderung dieser Abmachung, insbesondere Erhöhung der Lieferpreise, verlangen, wenn und insoweit infolge der Kriegsverhältnisse die Höhe der Selbstkosten seit der Zeit der letzten Preisvereinbarung so gewachsen ist, daß das Anwachsen bei Anwen= dung der Sorgfalt eines ordentlichen Kaufmanns nicht vorauszusehen war,

und daß billigerweise die Tragung der Mehrkosten dem Lieferer allein nicht zugemutet werden kann.

2. Unter den gleichen Voraussetzungen kann die Abänderung von Abmachungen verlangt werden, durch die der Lieferer gegenüber einem Dritten an die Einhaltung gewisser Preisgrenzen im Verhältnis zu dem Abnehmer gebunden ist.

§ 2.

1. Falls eine Einigung über Ansprüche des § 1 nicht zustande kommt, so entscheidet über dieselben ein Schiedsgericht.

2. Dieses entscheidet im Rahmen der Anträge der Parteien unter Abwägung der Interessen aller Beteiligten, ob und auf welche Zeit nach Maßgabe des § 1 eine Vertragsänderung, insbesondere eine Preiserhöhung, eintritt; die von dem Schiedsgerichte hiernach getroffenen Feststellungen gelten als Bestandteile der Abmachungen. Die Entscheidungen des Schiedsgerichts sind unanfechtbar. Ihre Wirkung beginnt frühestens mit dem Tage der Verkündung des Schiedsspruchs. Das Schiedsgericht kann vor der Entscheidung einstweilige Anordnungen erlassen.

3. Wenn gegenüber dem in der Entscheidung (Abs. 2) berücksichtigten oder zur Zeit der Einigung (Abs. 1) vorliegenden Tatbestand eine erhebliche Änderung eingetreten ist, so kann jede Partei bei dem Schiedsgericht Abänderung der Abmachungen verlangen.

§ 3.

Der Staatssekretär des Reichswirtschaftsamts stellt die Leitsätze fest, nach welchen die Schiedsgerichte ihre Entscheidungen zu treffen haben. Er kann diese Befugnis durch eine seiner Aufsicht unterstehende Stelle ausüben und das Nähere über deren Zusammensetzung und Tätigkeit anordnen.

§ 4.

1. Die Parteien können über die Zusammensetzung des Schiedsgerichts Vereinbarungen treffen.

2. Kommt eine Vereinbarung nicht zustande, so werden Zusammensetzung, Einrichtung und Zuständigkeit des Schiedsgerichts vom Staatssekretär des Reichswirtschaftsamts bestimmt.

3. Der Staatssekretär des Reichswirtschaftsamts erläßt auch die Vorschriften über das Verfahren für die Schiedsgerichte (Abs. 1 und 2).

§ 5.

1. Wenn infolge der Anwendung dieser Verordnung Abnehmern von elektrischer Arbeit, Gas und Leitungswasser eine besondere erhebliche

Erhöhung der Selbstkosten für von ihnen zu bewirkende Lieferungen und Leistungen entsteht, sind diese Abnehmer berechtigt, Erhöhung der vertraglichen Preise solcher Lieferungen und Leistungen von ihren Abnehmern und von Dritten im Sinne des § 1 Abs. 2 zu verlangen.

2. Der Staatssekretär des Reichswirtschaftsministeriums bestimmt, welchen Arten von Abnehmern das Recht des Abs. 1 zukommt. § 3 Satz 2 findet Anwendung.

3. Die Entscheidung über den Anspruch des Abs. 1 erfolgt nach Maßgabe der Bestimmungen des § 2.

§ 6.

Hängt die Entscheidung eines Rechtsstreits ganz oder zum Teil von der Entscheidung des Schiedsgerichts ab, so hat das Gericht auf Antrag einer Partei anzuordnen, daß die Verhandlung bis zur Entscheidung des Schiedsgerichts auszusetzen ist.

§ 7.

Die Anwendung dieser Verordnung kann durch Vereinbarungen der Parteien nicht ausgeschlossen oder beschränkt werden. Die Zuständigkeit des Schiedsgerichts und die Anwendung der Vorschriften dieser Verordnung wird nicht dadurch ausgeschlossen, daß ein die fraglichen Verhältnisse betreffendes Verfahren vor den ordentlichen Gerichten anhängig ist.

§ 8.

1. Diese Verordnung hat Gesetzeskraft. Sie tritt mit dem Tage der Verkündung in Kraft.

2. Der Staatssekretär des Reichswirtschaftsamts bestimmt den Zeitpunkt des Außerkrafttretens.

Berlin, den 1. Februar 1919.

Die Reichsregierung.

Ebert.　　　　Scheidemann.

Der Staatssekretär des Reichswirtschaftsamts.

Dr. August Müller.

Verordnung, betr. Abänderung der Verordnung über die schiedsgerichtliche Erhöhung von Preisen bei der Lieferung von elektrischer Arbeit, Gas und Leitungswasser vom 1. Februar 1919 (RGBl. S. 135). Vom 11. März 1920 (RGBl. S. 319).

Auf Grund des § 1 des Gesetzes über eine vereinfachte Form der Gesetzgebung für die Zwecke der Übergangswirtschaft vom 17. April 1919

(RGBl. S. 394) wird von der Reichsregierung mit Zustimmung des Reichs=
rats und des von der verfassunggebenden Deutschen Nationalversammlung
gewählten Ausschusses folgendes verordnet:

Artikel I.

Die Verordnung über die schiedsgerichtliche Erhöhung von Preisen
bei der Lieferung von elektrischer Arbeit, Gas und Leitungswasser vom
1. Februar 1919 (RGBl. S. 135) wird wie folgt geändert:

1. § 1 Abs. 1 erhält folgende Fassung:

Wer auf Grund von Abmachungen, die vor dem 4. Februar 1919
abgeschlossen sind, zur Lieferung von elektrischer oder mechanischer Arbeit,
Dampf, Gas oder Leitungswasser verpflichtet ist, kann Abänderung dieser
Abmachungen, insbesondere Erhöhung der Lieferpreise, verlangen, wenn
und insoweit infolge der Kriegsverhältnisse die Höhe der Selbstkosten seit
der Zeit der letzten Preisvereinbarung so gewachsen ist, daß das Anwachsen
bei Anwendung der Sorgfalt eines ordentlichen Kaufmanns nicht voraus=
zusehen war und daß billigerweise die Tragung der Mehrkosten dem Lieferer
allein nicht zugemutet werden kann.

2. § 3 erhält folgende Fassung:

Der Reichswirtschaftsminister kann Leitsätze feststellen, nach welchen
die Schiedsgerichte ihre Entscheidung zu treffen haben. Er kann diese
Befugnis durch eine seiner Aufsicht unterstehende Stelle ausüben und das
Nähere über deren Zusammensetzung und Tätigkeit anordnen.

3. § 5 Abs. 1 erhält folgende Fassung:

Wenn infolge der Anwendung dieser Verordnung Abnehmern von
elektrischer und mechanischer Arbeit, Dampf, Gas oder Leitungswasser eine
besonders erhebliche Erhöhung der Selbstkosten für von ihnen zu bewirkende
Lieferungen oder Leistungen entsteht, sind diese Abnehmer berechtigt,
Erhöhung der vertraglichen Preise solcher Lieferungen und Leistungen
von ihren Abnehmern und von Dritten im Sinne des § 1 Abs. 2 zu verlangen.

Artikel II.

Diese Verordnung tritt mit dem Tage der Verkündung in Kraft.

Berlin, den 11. März 1920.

Die Reichsregierung.
Bauer.

**Gesetz zur zweiten Änderung der Verordnung über die schieds=
gerichtliche Erhöhung von Preisen bei der Lieferung von elek=
trischer Arbeit, Gas und Leitungswasser.** Vom 9. Juni 1922,
(Reichsgesetzbl. S. 509).

Der Reichstag hat das folgende Gesetz beschlossen, das mit Zustimmung
des Reichsrats hiermit verkündet wird:

Artikel 1.

Die Verordnung über die schiedsgerichtliche Erhöhung von Preisen
bei der Lieferung von elektrischer Arbeit, Gas und Leitungswasser vom
1. Februar 1919 (RGBl. S. 135) und die Verordnung, betreffend Ab=
änderung der Verordnung über die schiedsgerichtliche Erhöhung von
Preisen bei der Lieferung von elektrischer Arbeit, Gas und Leitungs=
wasser, vom 1. Februar 1919 (RGBl. S. 135) vom 11. März 1920 (RGBl.
S. 319) werden in folgenden Punkten verändert:

1. Im § 2 Ziffer 2 kommen die letzten drei Sätze in Fortfall.

In Ziffer 3 tritt an Stelle der Worte „dem Schiedsspruch"
die Worte „der Entscheidung" und hinter die Worte „jede Partei"
die Worte „bei dem Schiedsgerichte".

Es wird beigefügt:

Als Ziffer 4:

Gegen den Schiedsspruch ist, wenn es sich um Abmachungen
handelt, die zur Lieferung von elektrischer Arbeit, Gas und Leitungs=
wasser verpflichten, die Berufung an das Reichswirtschaftsgericht.
zulässig. Die Berufungsfrist beträgt einen Monat. Sie beginnt
mit der Verkündung der angefochtenen Entscheidung. Auf das
Verfahren vor dem Reichswirtschaftsgericht und auf dessen Ent=
scheidung finden die Vorschriften des § 2 Ziffer 2 entsprechende
Anwendung.

Als Ziffer 5:

Die Wirkung der Entscheidung erstreckt sich auf die Zeit nach
ihrer Rechtskraft. Vor der Entscheidung können die entscheidenden
Stellen einstweilige Anordnungen für die Zeit vom Erlasse der
einstweiligen Anordnung bis zur Rechtskraft der Entscheidung
erlassen. In der Entscheidung kann der durch die einstweilige An=
ordnung geschaffene Zustand für die Zeit des Vorliegens einer
einstweiligen Anordnung ganz oder teilweise aufrechterhalten werden.

2. Im § 3 treten an Stelle der Worte „kann Leitsätze feststellen, nach welchen die Schiedsgerichte ihre Entscheidungen zu treffen haben" die Worte „kann Richtlinien für die Entscheidungen der Schiedsgerichte und des Reichswirtschaftsgerichts aufstellen".

3. Im § 4 Ziffer 3 treten hinter die Worte „Schiedsgerichte (Abs. 1 und 2)" die Worte „und ergänzende Bestimmungen zu der Verordnung über das Reichswirtschaftsgericht".

4. Im § 6 treten an Stelle der Worte „von der Entscheidung des Schiedsgerichts" die Worte „von einer auf Grund dieser Verordnung getroffenen Entscheidung".

Zwischen den Worten „bis zur Entscheidung" und den Worten „auszusetzen" treten statt der Worte „des Schiedsgerichts" die Worte „der auf Grund dieser Verordnung zur Entscheidung berufenen Stellen".

Artikel 2.

Die Vorschriften des Artikels 1 finden Anwendung auf alle bei Inkrafttreten dieses Gesetzes noch nicht entschiedenen Fälle.

Artikel 3.

Der Reichswirtschaftsminister wird ermächtigt, die Verordnung vom 1. Februar 1919 (RGBl. S. 135) unter Berücksichtigung der in der Verordnung vom 11. März 1920 (RGBl. S. 329) und der im Artikel 1 dieses Gesetzes enthaltenen Abänderungen neu zu veröffentlichen und dabei die Worte „der Staatssekretär des Reichswirtschaftsamts" jedesmal durch die Worte „der Reichswirtschaftsminister" zu ersetzen.

Artikel 4.

Dieses Gesetz tritt mit dem Tage seiner Verkündung*) in Kraft.

Freudenstadt, den 9. Juni 1922.

Der Reichspräsident.

Ebert.

Der Reichswirtschaftsminister.

Schmidt.

---

*) 23. Juni 1922.

Erläuterung.

1. Die Verordnung vom 1. Februar 1919 in der Fassung der Bekanntmachung vom 16. Juni 1922 nebst den Richtlinien des Reichskommissars für die Kohlenverteilung und anderen einschlägigen Bestimmungen.

I. Vorbemerkungen.

Die Verordnung gibt für den Inhalt der Entscheidungen und die Gestaltung des Verfahrens nur den allgemeinen Rahmen. Die nähere sachliche Ausführung ist, soweit es sich um Gas, Wasser und elektrische Arbeit handelt, in den Richtlinien des Reichskommissars für die Kohlenverteilung enthalten, dessen Zuständigkeit hierfür auf § 3 der Verordnung verbunden mit § 1 der Bekanntmachung des Reichswirtschaftsministers vom 1. Februar 1919 (RGBl. S. 137) beruht. Hierbei wird nach der rechtlichen Grundlage und nach ausgesprochener Absicht positives Recht, allerdings nicht notwendig zwingendes Recht geschaffen. Schon in der Fassung vom 14. Februar 1919 war das Recht der damals sog. Leitsätze im großen ganzen nachgiebiges Recht; die Vorschriften waren überwiegend als Sollvorschriften gegeben und es war auch gelegentlich darauf verwiesen, daß besondere Fälle eine abweichende Entscheidung gestatten und fordern. (Anders die Leitsätze des Verkehrsministers vom 7. Oktober 1920 für die Kleinbahnen usw., die durchweg Mußvorschriften sind.) Wenn jetzt der Gesetzgeber nicht mehr von Leitsätzen, sondern von Richtlinien spricht (§ 3 d. V.), so macht er damit den Charakter dieser vom RKK. zu erlassenden Vorschriften als nachgiebiger besonders deutlich; demgemäß ist nun auch in Abs. 3 der Einleitung zu der Neufassung der Richtlinien ausdrücklich gesagt, daß die Leitsätze nur den Niederschlag allgemeiner Erfahrung darstellen und ein Abweichen von ihnen zulässig ist, wenn es die besondere Lage des Falls gebietet. Die mit der Anwendung der Verordnung befaßten Stellen haben also zu prüfen, ob der ihnen vorliegende Fall sich innerhalb der Grenzen der regelmäßigen Erfahrung hält. Trifft dies zu, so sind die Gerichte an die Leitsätze gebunden; trifft es nicht zu, so haben sie freie Hand in der Entscheidung, die sie dann im Einzelfall unter sinngemäßer Anwendung der Grundgedanken der VO. und der Richtlinien zu finden haben.

Die Richtlinien beziehen sich nur auf die Lieferung von elektrischer Arbeit, Gas und Leitungswasser; die Lieferung von Dampf und mechanischer Arbeit ist durch Leitsätze nicht geregelt worden, weil die Fälle nicht sehr zahlreich und in sich so verschieden sind, daß eine allgemeine Regelung weder möglich noch nötig war. (Bisher ist anscheinend nicht ein einziger Fall der Lieferung von Dampf und mechanischer Arbeit zur schiedsgerichtlichen Austragung gelangt.) Vorkommendenfalls werden immerhin die Richtlinien, insbesondere in ihrem allgemeinen Teil, den mit der Lieferung von Dampf und mechanischer Arbeit befaßten Schiedsgerichten einige Anhaltspunkte geben. In den Erläuterungen selbst werden sie im folgenden nicht weiter erwähnt werden.

Ausdrücklich sei hervorgehoben, daß die Richtlinien nicht nur für die Schiedsgerichte erster Instanz, sondern ebenso für das Berufungsgericht im Sinne der Ausführungen des ersten Absatzes maßgebend sind.

Die Vorschriften der Verordnung gelten im ganzen jetzigen Umfang des Deutschen Reiches sowie in dem polnisch werdenden Teile Oberschlesiens. Früher erhobene Zweifel über ihre Gültigkeit im besetzten Gebiete kommen nicht mehr in Betracht. Im Saargebiet ist eine im wesentlichen gleichlautende Verordnung des früheren Militärbefehlshabers in Kraft; wegen der entsprechenden Gesetze des Auslandes vergleiche die Einleitung.

Die nachfolgenden Erläuterungen behandeln zunächst an Hand der Paragraphenfolge der Verordnung diese selbst, die allgemeinen Richtlinien des Reichskommissars für die Kohlenverteilung und die Bekanntmachung des Reichswirtschaftsministers vom 1. Februar 1919 sowie die Bekanntmachung des Reichskommissars für die Kohlenverteilung gemäß § 5 der Verordnung (vom 26. Februar 1919). Ein besonderer Exkurs I ist der Besprechung der Selbstkostenfrage, ein Exkurs II der Besprechung der speziellen Richtlinien gewidmet. Die Vorschriften über Zusammensetzung der Schiedsgerichte und das Verfahren werden zuletzt gesondert behandelt.

II. Die Verordnung vom 1. Februar 1919 in der Fassung der V. M. vom 16. Juni 1922 nebst der Bekanntmachung des Staatssekretärs des Reichswirtschaftsamtes vom 1. Februar 1919 (diese in der Fassung vom 16. Juni 1922) und den allgemeinen Richtlinien des Reichskommissars für die Kohlenverteilung vom 27. Juni 1922.

§ 1.

[1]) 1. Wer[2]) auf Grund von Abmachungen[3]), die vor dem 4. Februar 1919 abgeschlossen sind[4]), zur Lieferung von elektrischer[5]) oder mechanischer[6]) Arbeit, Dampf[7]), Gas[8]) oder Leitungswasser[9]) ver=

pflichtet ist, kann Abänderung dieser Abmachungen, insbesondere
Erhöhung der Lieferpreise[10]) verlangen[1]), wenn und insoweit[17])
infolge der Kriegsverhältnisse[11]) die Höhe der Selbstkosten[12]) seit der
Zeit der letzten Preisvereinbarung[13]) so gewachsen[14]) ist, daß das
Anwachsen[15]) bei Anwendung der Sorgfalt eines ordentlichen Kauf=
manns[16]) nicht vorauszusehen war[18]) und daß billigerweise die
Tragung der Mehrkosten dem Lieferer allein nicht zugemutet werden
kann[19]).

2. [20])Unter den gleichen Voraussetzungen[21]) kann die Ab=
änderung von Abmachungen verlangt werden, durch die der Lieferer
gegenüber einem Dritten an die Einhaltung gewisser Preisgrenzen
im Verhältnis zu dem Abnehmer gebunden ist[22]).

Erläuterungen.

[1]) Die Verordnung gibt dem Lieferer einen — allerdings nicht vor
den ordentlichen Gerichten, sondern in dem durch die Verordnung einge=
setzten Instanzenweg — klagbaren Anspruch auf Abänderung alter Ver=
träge; dieser Anspruch tritt dem ursprünglichen Inhalt der Abmachungen
nunmehr von Gesetzes wegen hinzu. Damit ist die Streitfrage, ob ein solcher
Anspruch nicht schon aus den allgemeinen Grundsätzen des Bürgerlichen
Rechts sich ergebe, erledigt. Die ganzen sich um das Stichwort der clausula
rebus sic stantibus gruppierenden Streitfragen kommen also für die Recht=
sprechung der Schiedsgerichte nicht in Betracht. Diese haben lediglich über
den in § 1 enthaltenen Anspruch des Lieferers zu entscheiden*). Sollte also
das Schiedsgericht, das nach § 2 über den Anspruch zu befinden hat, zu der
Ansicht kommen, daß nach allgemeinen Grundsätzen dem Lieferer ein weiter=
gehender als der durch § 1 eingeräumte Anspruch auf Vertragsänderung
zustehe, so dürfte es diese Rechtsansicht dem Schiedsspruch nur dann zu=
grunde legen, wenn beide Teile damit einverstanden sind, daß das Schieds=
gericht den Boden der Verordnung verläßt.

Im übrigen dürfte die Frage, ob neben der Regelung durch die Ver-

---

*) Interessant ist immerhin, festzustellen, daß das bekannte Urteil des
Reichsgerichts vom 21. September 1920 (Bd. 100 Nr. 131) die Lösung in ganz
ähnlicher Weise findet, wie das die Verordnung schon zweieinhalb Jahre vorher
getan hatte. Interessant ist weiter, daß dieses Urteil einen Fall behandelt,
der seit der Novelle vom 11. März 1920 durch die vorliegende Verordnung
geregelt ist; bei der Entscheidung des RG. ist dies nicht in Betracht gezogen
worden, weil der Anspruch bloß für die Zeit bis Juli 1919 geltend gemacht
worden war.

ordnung vom 1. Februar 1919 überhaupt die allgemeinen Rechtsgrundsätze über die Konsequenzen der Herstellungsverteuerung infolge der wirtschaftlichen Umwälzung anwendbar sind, zu verneinen sein. Der Gesichtspunkt der lex specialis dürfte durchgreifen. Der gegenteilige Standpunkt, der dem Lieferer den Rücktritt vom Vertrage wegen veränderter Umstände gestatten und damit bei der besonderen Lage des Elektrizitäts-, Gas- und Wasserlieferungsgeschäftes den auf die Lieferung angewiesenen Abnehmer dem Lieferer preisgeben würde, liefe dem ausgesprochenen Zweck, der Verordnung, eine billige Erledigung unter Berücksichtigung der Interessen aller Beteiligten herbeizuführen, stracks zuwider. Es kann auch mit Bestimmtheit gesagt werden, daß für die seinerzeitige Einbringung des Gesetzes die Absicht maßgebend war, statt der unsicheren Ergebnisse einer noch ausstehenden Rechtsprechung für die Fälle der Verordnung eine abschließende Regelung zu geben. Es ist also davon auszugehen, daß, soweit das Anwendungsgebiet der Verordnung reicht, die Rechtsbehelfe des allgemeinen bürgerlichen Rechts ausgeschlossen sind; auch eine gegenteilige Vereinbarung der Parteien wäre nach § 7 nicht bindend, solange sie nicht zu irgendeinem endgültigen Ergebnis geführt hat. Soweit in der ersten Auflage ein entgegengesetzter Standpunkt vertreten ist, wird er nicht aufrechterhalten.

Wie weit das Anwendungsgebiet der Verordnung geht, ist im allgemeinen nicht zweifelhaft. Einige Probleme, die hier etwa streitig werden könnten — die Fragen des Verhältnisses zur Mieterschutzgesetzgebung, der Rückkaufsentschädigung und der Heizwertveränderung — werden unten S. 40 behandelt.

Die Zuständigkeit des Schiedsgerichts ist auch dann nicht gegeben, wenn, sei es nach der Klage, sei es in den Einwendungen des Beklagten, Gesichtspunkte geltend gemacht werden, die außerhalb des Rahmens des § 1 stehen; so sind z. B. Schadensersatzansprüche wegen mangelhafter Vertragserfüllung oder wegen Verzuges vom Schiedsgericht grundsätzlich abzulehnen und die Beteiligten hierfür auf den ordentlichen Rechtsweg zu verweisen, auf die Gefahr hin, daß in einem nachfolgenden Schadensersatzprozeß die vom Schiedsgericht gefundene Verbesserung der Lage des Lieferers ganz oder teilweise wieder aufgehoben wird. Die in manchen Schiedsgerichtsfällen vertretene gegenteilige Ansicht wäre nur dann zuzulassen, wenn sie ausdrücklich Anerkennung in der Verordnung gefunden hätte. Da dies nicht geschehen ist, muß davon ausgegangen werden, daß durch das Schiedsgerichtsverfahren mit seiner rein auf das Technisch-Wirtschaftliche zugeschnittenen Verfassung und mit seiner Abkürzung des Instanzenzugs der ordentliche Rechtsweg für diese überwiegend rechtlichen Fragen nicht verschränkt werden sollte. Selbstverständlich können die Parteien durch Vereinbarung auch solche Ansprüche der Entscheidung des Schiedsgerichts unterwerfen; auch kann sich aus einer etwaigen Schiedsgerichtsklausel des zugrunde liegenden Vertrags, der etwa ausgesprochenermaßen, das ganze Vertragsverhältnis erfassen will, dann, wenn auch das im Vertrag vorgesehene Schiedsgericht in Funktion tritt, ein anderes ergeben.

Als Teil und neu geschaffener Ausfluß des Vertragsverhältnisses zwischen den Beteiligten ist der Anspruch den allgemeinen Rechtsregeln unterworfen, insbesondere also auch, soweit er auf privatrechtlichen Verträgen beruht, in denen nichts anderes bestimmt ist und soweit die Natur des Anspruchs es zuläßt, abtretbar und pfändbar; der neue Gläubiger hat ihn ebenfalls vor dem Schiedsgericht geltend zu machen.

Der Absatz 1 des § 1 behandelt das Verhältnis des Lieferers zu den Einzelabnehmern, der Absatz 2 die sogenannten Konzessionsverträge.

Ziffer 2—19. Voraussetzungen des Anspruchs gegenüber dem Einzelabnehmer (§ 1 Abf. 1).

²) „Wer." Der Anspruch kann von jedem Lieferungsverpflichteten (nicht bloß vom Erzeuger) geltend gemacht werden; es kommen also z. B. auch reine Stromverteilungsunternehmen als Anspruchsberechtigte in Betracht (vgl. A III der Richtlinien). Insbesondere trifft die Verordnung auch den Fall, daß die Lieferung Bestandteil eines anderen Vertrages ist; es kommt nur darauf an, daß eine Abmachung vorliegt, auf Grund deren, wenn auch nur unter anderem, eine Verpflichtung zur Lieferung besteht. So ist z. B. in den nicht seltenen Fällen, wo beim Verkauf einer Wasserkraft der Erwerber eine Stromlieferungspflicht auf sich nahm, die Anwendbarkeit der Verordnung außer Zweifel.

Wenn dagegen die Pflicht zur Lieferung von elektrischer oder mechanischer Arbeit, Dampf, Gas und Leitungswasser Bestandteil eines Mietvertrages ist, der an sich dem Reichsmietenrecht unterstünde, so gehen die später und in der Absicht der Regelung der ganzen Materie erlassenen Vorschriften des Reichsmietenrechtes vor. Hier findet also die Verordnung keine Anwendung. Aus diesem Grund ist auch § 10 der Verordnung über das Verfahren zu seiner jetzigen Fassung abgeändert worden.

Der Anspruch steht jedem Lieferungsverpflichteten zu, der natürliche oder juristische Persönlichkeit hat. Hervorzuheben ist dabei, daß auch für

Gemeinden u. dgl., die im allgemeinen ihre Tarife auf Grund ihrer Tarif=
hoheit frei ändern können, die Verordnung dann anwendbar ist, wenn sie
im Einzelfalle nicht auf Grund des Tarifs, sondern besonderer Verträge
abgeschlossen haben.

³) „Abmachungen." Der Ausdruck Abmachungen ist absichtlich weit
gewählt. Jede Art von Vereinbarung, die eine Pflicht zur Lieferung von
elektrischer Arbeit usw. enthält, ist dem Abänderungsanspruch unterworfen
(vgl. hierzu Anm. 2).

⁴) „Abmachungen, die vor dem 4. Februar 1919 abge=
schlossen sind." Grundsätzlich unterliegen der Verordnung alle Ab=
machungen, die bis zum 4. Februar 1919 (diesen Tag ausgeschlossen) ge=
schlossen sind. Die Abmachung ist zu unterscheiden von der „letzten Preis=
vereinbarung" (s. Anm. 13); Abmachung im Sinne dieser Stelle ist nur
diejenige Vereinbarung zwischen den Parteien, durch die das Liefer=
verhältnis zwischen den Parteien erstmalig begründet oder bewußt von
Grund auf in formaler und materieller Hinsicht neu gestaltet worden ist.

Ausdrücklich ist anderseits darauf hinzuweisen, daß das „Abge=
schlossensein" vor dem 4. Februar 1919 wörtlich auszulegen ist; auch in den
nicht seltenen Fällen, in welchen Vorverhandlungen über den Vertrag
vor dem 4. Februar 1919 geführt und bis zur materiellen Einigkeit über den
gesamten Vertragsinhalt gediehen sind, ist, wenn der formelle Abschluß
am oder nach dem 4. Februar 1919 erfolgt ist, die Verordnung nicht
anwendbar.

⁵) „Elektrische Arbeit." Ob die elektrische Arbeit durch Wasser,
Dampf oder andere motorische Kraft erzeugt, oder von dem Lieferungs=
verpflichteten bloß weiterverkauft wird, ist unerheblich (s. o. Ziff. 2 Abs. 1).

⁶) „Mechanische Arbeit." Hiermit sind vor allem die Fälle
getroffen, in denen von einer zentralen Dampfmaschine aus durch Trans=
mission u. dgl. mechanische Arbeit erzeugt und auf nahe Entfernung ab=
gegeben wird (Berliner Industrieblocks u. dgl.).

⁷) „Dampf." Hier handelt es sich um Abgabe von Industriedampf
in ähnlichen Fällen wie bei Anmerkung 6, ferner um die Abgabe zu Heizungs=
zwecken von einer Zentrale aus u. dgl.

⁸) „Gas." Ob das Gas aus Steinkohle, Braunkohle, Holz oder Öl
hergestellt wird, ob es Leuchtgas im üblichen Sinn des Wortes oder
Kokerei= (Fern=) gas ist, oder ob es sich um Azetylengas handelt, ist un=
erheblich.

⁹) „Leitungswasser." Der Ausdruck ist nach der Terminologie
früherer Verordnungen gewählt (vgl. die Verordnungen vom 21. Juni 1917,

RGBl. S. 543, und 3. Oktober 1917, RGBl. S. 879) und im engsten Sinn
zu verstehen, also nur auf „unverarbeitetes" Wasser, so wie es aus der
Leitung fließt, zu beziehen. Die Lieferer von Heißwasser u. dgl. haben den
Anspruch aus der Verordnung nicht.

[10]) „Abänderung der Abmachungen, insbesondere Erhöhung der Lieferpreise." Über die Abänderung, also den Inhalt des
Anspruches wird für den Regelfall der Preisänderung unten bei Exkurs I b
im übrigen bei Exkurs II nach §2 ausführlich gehandelt. Zweifelhaft kann
sein, ob unter Abänderung auch die vollständige oder teilweise Aufhebung von
Abmachungen verstanden werden kann. Dies ist insbesondere aktuell geworden
bei vor dem 4. Februar 1919 geschlossenen Verträgen, die den Lieferer
zur Lieferung von elektrischer Arbeit, Gas oder Wasser in Verbindung mit
der zu bewirkenden, aber bis zum Inkrafttreten der Verordnung bzw.
Beginn des Schiedsverfahrens noch nicht erfolgten Einrichtung eines
Elektrizitäts-, Gas- oder Wasserwerkes oder eines Leitungsnetzes verpflichteten. Die Frage, ob in solchen Fällen auf Grund der Verordnung
die Aufhebung der Bauverpflichtung und damit des ganzen Vertrages
verlangt werden könne, ist zu bejahen, da auch eine Aufhebung als eine
(besonders weitgehende) Änderung des Vertrages angesehen werden kann,
und da eine solche Änderung die unmittelbare Folge der Erhöhung der
Selbstkosten ist, also der Kausalzusammenhang besteht. Um so mehr kann
auch in solchen Fällen eine Änderung der künftigen Lieferungspreise unter
Anerkennung der Bauverpflichtung verlangt werden, ebenso auch ein Bar-
zuschuß, der ja auch eine Vertragsänderung gegenüber der ursprünglichen
Unentgeltlichkeit darstellt. Bei der Tragweite dieser Maßregel wird jedoch
hier besondere Vorsicht geboten sein. Auch kann hier die Anwendung der
Richtlinie A IX in Frage kommen.

Fraglich kann sein, wie sich die Auswirkung der Verordnung zu den
Bestimmungen über Höchstpreise und zu anderen Vorschriften der Kriegs-
und Nachkriegsgesetzgebung verhält, die sich mit Preisbegrenzungen
befassen. Zweifellos ist hierbei zunächst, daß Preiswucher im Sinne der
Verordnung vom 8. Mai 1917 und ihrer Nachträge niemals vorliegen kann,
wenn ein Lieferer die ihm auf Grund der vorliegenden Verordnung zu-
erkannten Preise fordert. Dies gilt nicht nicht nur nach der subjektiven Seite;
hier ist es ja ganz selbstverständlich, daß dem Lieferer nicht das Bewußtsein
einer übermäßigen Forderung innewohnen kann, wenn ihm der Betrag
dieser Forderung in einem gesetzlich geordneten Verfahren, das eine
sachliche Prüfung vorgeschriebenermaßen mit sich bringt, zugesprochen
worden ist. Aber darüber hinaus ist zu sagen, daß jede Prüfung des

dem Lieferer etwa zugesprochenen Nutzens in einem anderen als dem durch diese Verordnung vorgesehenen Verfahren, gegen die auch in der neuen Fassung der Verordnung (vgl. hierzu Anm. 7 zu § 2) aufrecht= erhaltene Unanfechtbarkeit der Schiedssprüche verstoßen würde. Auch aus § 3 der Verordnung vom 8. Mai 1917 folgt dieser Standpunkt, wenn man die Instanzen der Verordnung vom 1. Februar 1919 als zur Preis= festsetzung zuständige Behörden ansieht. Schwieriger liegt die Frage des Verhältnisses zu den Höchstpreisen, die auf der Höchstpreisgesetz= gebung oder der Verordnung über Preisprüfungsstellen beruhen. Daß die sämtlichen durch die Verordnung vom 1. Februar 1919 erfaßten Lieferungsgegenstände (mindestens aber elektrische Arbeit, Gas und Wasser) „Gegenstände" im Sinne der zuerst genannten Verordnung und Gegen= stände des täglichen Bedarfs bzw. des notwendigen Lebensbedarfes sind, ist klar. Aber es ist anderseits sicher, daß diese Gegenstände aus der Zu= ständigkeit der Verfahren, die sich auf die Höchstpreis= und Versorgungs= regelungs=Gesetzgebung gründen, durch die Verordnung vom 1. Februar 1919 herausgenommen sind. Dies folgt nicht so sehr aus dem Gesichtspunkt der lex posterior (über dessen Zutreffen man in der Tat zweifeln könnte) und auch nicht — wenigstens nicht unmittelbar — aus dem Gesichtspunkt der lex specialis, denn man könnte gegen letztere nicht ganz mit Unrecht einwenden, daß die Verordnung vom 1. Februar 1919 nicht ein Spezial= gebiet aus dem allgemeinen Kreis der Höchstpreisfestsetzung behandele. Wohl aber regelt die Verordnung vom 1. Februar 1919 die gesamte Materie der Preisfestsetzung für elektrische Arbeit, Gas usw. überhaupt, und zwar in einem genau geordneten, jetzt sogar von einer behördlichen Spitze — dem Reichswirtschaftsgericht — gekrönten Verfahren, das dem Verbraucher gleichwertige Garantien gegen eine einseitige Preisfestsetzung und eine Ausnutzung seiner Notlage gewährt wie das Verfahren, das zur Festsetzung von Höchstpreisen führt. Die für die Festsetzung von Höchstpreisen usw. allgemein zuständigen Behörden sind also nicht als dazu befugt anzusehen, die im Schiedsgerichtsverfahren festgelegten Preise durch Höchstpreis= anordnungen zu korrigieren; umgekehrt weichen etwa bereits verordnete Höchstpreise dem rechtsgültigen Spruch der Schiedsgerichte und sogar schon einer einstweiligen Anordnung. Das gleiche gilt aus den gleichen Gründen für die Anwendung der den Gemeinden nach § 12 der Verordnung über Preisprüfungsstellen und Versorgungsregelung vom 4. November 1915 zustehenden Befugnisse.

Die vorstehenden Ausführungen gelten zunächst nur für solche Preise, die auf Spruch, nicht für solche, die auf einer gerichtlichen oder außer=

gerichtlichen Einigung beruhen; daß hier in extremen Fällen an Preiswucher gedacht werden kann, dürfte nicht zu bestreiten sein, und auch die Höchstpreisvorschriften u. dgl. sind gegenüber solchen Einigungen anwendbar. Dabei ist freilich hervorzuheben, daß es ein im Verwaltungswege zu korrigierender Akt von mala fides wäre, wenn etwa ein Konzessionsgeber einen ungünstigen Vergleich nachträglich durch Höchstpreise aus der Welt schaffen wollte; außerdem könnte hierfalls der Lieferer den § 2 Abf. 3 in Anspruch nehmen.

[11]) „Kriegsverhältnisse." Voraussetzung des Anspruches ist, daß das Anwachsen der Selbstkosten eine Folge der Kriegsverhältnisse ist; hierzu sagen die Richtlinien unten zu A II: „Der in § 1 Abs. 1 der Verordnung vom 1. Februar 1919 gebrauchte Ausdruck ‚infolge der Kriegsverhältnisse‘ wird nicht zu eng auszulegen sein. Die Kriegsverhältnisse im Sinne der Verordnung haben nicht mit dem Tag des Friedensschlusses aufgehört; sie umfassen vielmehr die ganze Umwälzung der Verhältnisse der Kriegs und Nachkriegszeit." Mit anderen Worten, unter Folge der Kriegsverhältnisse ist die ganze wirtschaftliche Revolution zu verstehen, die mit dem Krieg begonnen hat und in der wir noch drinstehen.

[12]) „Selbstkosten." Die Berechnung der Selbstkosten im Ausgangszeitpunkt einerseits und im Zeitpunkt des Schiedsspruchs anderseits ist die Grundlage des Schiedsspruchs. Über diese Frage wird im Exkurs I hinter § 2 (S. 60) gehandelt. Auch auf Ziff. A VIII der Richtlinien ist hier schon hinzuweisen.

[13]) „Zeit der letzten Preisvereinbarung." Hierzu sagen die Richtlinien zu Ziff. A I 2a: „Als Preisvereinbarung im Sinn des § 1 der Verordnung vom 1. Februar 1919 kann aber nicht eine während des Krieges von den Abnehmern oder Konzessionsgebern freiwillig gewährte, unzureichende Preiserhöhung angesehen werden, mit der sich der Lieferer abfinden mußte, weil ihm bei der bestehenden Bindung durch den Vertrag kein Mittel zur Erzwingung einer angemessenen Erhöhung seiner Vertragspreise zur Seite stand." Ist die „letzte Preisvereinbarung" eine „Abmachung" im Sinne der Ausführungen oben Ziff. 3, d. h. eine Vereinbarung, die nach der Absicht beider Parteien das Verhältnis zwischen beiden ganz neu schuf oder wieder schuf, so fallen die beiden Begriffe zusammen und es ist von der Höhe der Selbstkosten zur Zeit dieser Abmachung bzw. Preiserhöhung auszugehen. In diesem letzteren Fall, und selbstverständlich erst recht dann, wenn in dem sonst im wesentlichen unverändert gebliebenen Vertrag bloß neue (Kriegs) Preise hineingeschrieben wurden, ist zu untersuchen, ob, wenn zur Zeit der Preisvereinbarung schon die

vorliegende Verordnung in Kraft gewesen wäre, nicht eine höhere als die zustande gekommene neue Preisvereinbarung zu bewilligen gewesen wäre. Trifft dies zu, so ist nach der Absicht der Richtlinien nicht diese letzte Preisvereinbarung, sondern die Zeit der letztvorausgegangenen als Ausgangspunkt der Selbstkostenberechnung zugrunde zu legen. Eventuell ist dabei dann noch weiter zeitlich zurückzugehen; im allgemeinen jedoch nicht über das Jahr 1915 hinaus, da vor dieser Zeit die Kriegsverhältnisse keinen Einfluß auf die Selbstkosten der Werke gehabt haben dürften.

[14]) [15]) „Gewachsen"; „Anwachsen". Vgl. Exkurs I hinter § 2. Sollte ganz ausnahmsweise ein Sinken der Selbstkosten in Frage kommen, so bringt dies dem Gegenkontrahenten des Lieferers kein Recht auf Anrufung der Verordnung. Als Kläger vor dem Schiedsgericht kommt er vielmehr nur im Falle des § 2 Abs. 3 der Verordnung in Betracht, also nur, wenn bereits auf Grund dieser Verordnung eine Erhöhung der Preise erfolgt war, sei es durch Schiedsspruch oder durch Vergleich.

[16]) „Sorgfalt eines ordentlichen Kaufmanns." Über den Begriff der Sorgfalt eines ordentlichen Kaufmanns „lassen sich weder allgemeine Regeln, noch eine feste Begriffsbestimmung geben" (Staub, 9. Aufl., Anm. 3 zu § 347 HGB.). Im vorliegenden Falle wird verlangt werden müssen, daß der Lieferer (bzw. die Person, die für ihn verhandelt und für die er verantwortlich ist) bei der letzten Preisvereinbarung die gesamte Lage des Kohlen=, Material= und Arbeitsmarktes an Hand der nach den Verhältnissen des betreffenden Betriebs zur Verfügung stehenden Informationsmittel geprüft und daraufhin die von einem umsichtigen Geschäftsmann zu fassenden Entschlüsse getroffen hat.

[17]) „Wenn und insoweit." In der mit „wenn und insoweit" beginnenden Reihe von Nebensätzen sind die Voraussetzungen des Anspruchs und gleichzeitig dessen Begrenzung nach oben gegeben, wozu die Richtlinien die nähere Ausführung geben.

Abgesehen von den in Ziff. 11 ff. behandelten zusätzlichen Voraussetzungen ist danach als Hauptvoraussetzung („wenn") folgendes festgelegt: Der Anspruch auf Vertragsänderung, insbesondere Preiserhöhung, ist gegeben, wenn ein Wachsen der Selbstkosten in solchem Maße vorliegt, daß

a) dasselbe nicht vorauszusehen war (Anm. 18) und

b) die Tragung der Mehrkosten dem Lieferer allein nicht zugemutet werden kann (Anm. 19). Vgl. auch die Richtlinien vor A. Liegen diese Voraussetzungen vor, so ist der Anspruch dem Grunde nach gerechtfertigt; bei der Prüfung, ob dies der Fall ist, ist also insbesondere nur zu fragen, ob der Lieferer die ganze Erhöhung der Selbstkosten allein tragen kann.

Wenn — wie heutzutage in wohl fast allen Fällen — diese Frage zu ver=
neinen ist, so steht damit fest, daß der Lieferer eine Vertragsänderung
beanspruchen kann. Über die Frage der Verteilung der Mehrkosten ist
damit an sich nichts gesagt (vgl. hierüber das Nachfolgende).

Die Sätze enthalten aber auch eine Begrenzung des Anspruchs nach
oben, nicht jedoch, wie vielfach angenommen wird, eine Vorschrift dahin,
daß auf jeden Fall der Lieferer einen Teil der Selbstkostenerhöhung
auf sich zu laden habe, daß also etwa der Abnehmer grundsätzlich nur
den Teil der Selbstkostenerhöhung zu tragen hätte, dessen Tragung dem
Lieferer nicht zugemutet werden kann*). Entkleidet man nämlich die maß=
gebenden Sätze der Verordnung des für die hier anzustellende Überlegung
nicht notwendigen Beiwerks, so besagen sie: Der Anspruch auf Vertrags=
änderung, insbesondere Preiserhöhung, ist insoweit (d. h. in solcher Höhe)
gegeben, als die Selbstkosten so (d. h. in einem solchen Umfang) gewachsen
sind, daß das Wachsen nicht voraussehbar war, und daß billigerweise die
Tragung der Mehrkosten dem Lieferer nicht zugemutet werden kann. Das
heißt: war die Steigerung voraussehbar, oder kann ihre Tragung dem
Lieferer allein zugemutet werden, so besteht ein Anspruch überhaupt nicht;
kann die Tragung der Mehrkosten dem Lieferer allein nicht zugemutet
werden (die Frage der Voraussehbarkeit, die in der Praxis kaum je
Schwierigkeiten gemacht hat, kann ausschalten), so besteht der Anspruch,
und zwar in der Höhe, in der die Selbstkosten gewachsen sind. Mit andern
Worten: Die Verordnung sagt nicht, daß der Anspruch nur in der Höhe
bestehe, in der der Lieferer die Mehrkosten nicht allein tragen kann; sondern
sie sagt, daß der Lieferer eine Preiserhöhung in Höhe der Selbstkosten=
steigerung (und keine größere) verlangen kann, vorausgesetzt, daß die
Steigerung nicht so gering ist, daß der Lieferer sie billigerweise allein auf
sich nehmen müßte.

Genau denselben Gedankengang verfolgen tatsächlich auch, ganz dem
Gesetz entsprechend, die Richtlinien des Reichskommissars für die Kohlen=
verteilung, wenngleich sie der äußeren Form nach von der Frage der
Billigkeit ausgehen. In den Ausführungen zu A I 2 b Ziff. 1—6 ist durchweg
der doppelte Gedanke ausgedrückt, daß der Lieferer grundsätzlich keinen
höheren Reinverdienst haben soll, als zur Zeit der letzten Preisvereinbarung,
daß er aber jedenfalls so viel erhalten muß, als für die Lebensfähigkeit des
Werks auch in die Zukunft hinein nötig ist. Daß zu letzterem bei der inzwischen

---

*) Insofern steht also die Verordnung grundsätzlich auf einem anderen
Standpunkt als die oben zitierte Reichsgerichtsentscheidung vom 21. Sep=
tember 1920, die Schadensverteilung verlangt.

eingetretenen gewaltigen Steigerung aller Ausgaben im allgemeinen der Ersatz des vollen Betrages der Selbstkostensteigerung nötig ist, daß mit andern Worten die Preisrevolution den Werken keine Reserven gelassen hat, aus denen sie ihrerseits nennenswerte Teile der Selbstkostenerhöhung auf sich nehmen könnten, ohne in kurzem ihr Kapital aufzuzehren und damit ihre Lebensfähigkeit zu vernichten, versteht sich für jeden Kenner der wirtschaftlichen Entwicklung und der besonderen Lage, in der schon früher die Elektrizitäts=, Gas= und Wasserwerke sich befanden, von selbst.

Zusammengefaßt sind also die Voraussetzungen des Abänderungs=anspruchs gegenüber dem Einzelabnehmer folgende:

a) Das Vorliegen einer Abmachung über Lieferung von Elektrizität, Gas und Leitungswasser, die vor dem 4. Februar 1919 geschlossen wurde,

b) Erhöhung der Selbstkosten infolge der Kriegsverhältnisse, und zwar

c) seit der Zeit der letzten Preisvereinbarung (s. Anm. 13),

d) Nichtvoraussehbarkeit der Selbstkostensteigerung,

e) Nichtzumutbarkeit der Tragung der Gesamtkostensteigerung.

Sind diese Voraussetzungen gegeben, so besteht der Anspruch grund=sätzlich in der Höhe der Selbstkostensteigerung zu Recht.

Fraglich kann sein, ob zwischen der Selbstkostensteigerung und der beantragten Änderung der Abmachungen ein Kausalzusammenhang be=stehen muß, derart, daß nur solche Vertragsänderungen zulässig sind, die dem Lieferer eine unmittelbare Abhilfe gegenüber den gesteigerten Selbst=kosten gewähren. Diese Frage ist zu bejahen, weil der Anspruch auf Vertragsänderung ja nur „insoweit" gegeben ist, als die Selbstkosten gestiegen sind, was einen Kausalzusammenhang als Wille des Gesetzes voraussetzt. Diese Frage hat in zwei praktisch gewordenen Fällen eine besondere Rolle gespielt: bei der Frage des Heizwertes des Ferngases und bei der Frage der Vergütung beim Rückkauf. Bezüglich der letzteren vgl. Exkurs I hinter § 2 Ziff. 9; bezüglich der ersteren ist zu sagen, daß, wenn die Erhaltung des vertraglichen Heizwertes eine weitere Selbst=kostensteigerung mit sich brächte, das Gericht auf Antrag die Möglichkeit hat, die Aufwendungen, die für die Erhaltung des Heizwertes nötig sind, bei der Neugestaltung der Preise zu berücksichtigen. Dagegen ist es ohne Zustimmung des Abnehmers nicht berechtigt, die weitere Selbstkosten=steigerung durch Herabsetzung des Heizwertes zu vermeiden.

[18]) „nicht vorauszusehen war." Der Zweck dieser Bestimmung ist, zu verhindern, daß auch ausgesprochen leichtfertige Verträge den Schutz der Verordnung genießen. Die Frage ist in der Praxis der Schiedsgerichte nie recht akut geworden und wird es jetzt überhaupt nicht mehr werden,

da, wenn heute zum erstenmal an die Änderung eines Vertrages aus der Zeit vor dem 4. Februar 1919 herangetreten wird, auf jeden Fall wird gesagt werden können, daß die inzwischen eingetretene Änderung der Verhältnisse nicht voraussehbar war.

[19]) „billigerweise die Tragung .... nicht zugemutet werden kann." Wie bei Anm. 17 schon ausgeführt, wird der Fall, daß dem Lieferer die Tragung der Gesamtmehrkosten zugemutet werden kann, kaum praktisch werden. In Frage kommen könnten heute höchstens noch Fälle, in denen eine bereits bestehende gleitende Klausel zwar nicht die volle Höhe der Mehrkosten, aber doch so viel davon deckt, daß die Tragung der Differenz den Lieferer nicht erheblich beschwert.

Im übrigen hat der Reichskommissar für die Kohlenverteilung, wie ebenfalls schon zu Anm. 17 bemerkt, an diese Stelle angeknüpft, um in den Leitsätzen Näheres über den eigentlichen Zweck der Verordnung, die Erhaltung der technisch-wirtschaftlichen Leistungsfähigkeit der Werke, auszuführen. Die Richtlinien (A I 2b Ziff. 1—6) gehen hierzu so sehr ins einzelne, daß nur noch etwa folgendes zu bemerken wäre:

a) Zu A I 2b Ziff. 1: Jedes Werk ist nach der Absicht der Richtlinien allein aus sich heraus zu beurteilen; ist es rechtlich oder faktisch eines von mehreren Vermögensstücken eines Besitzers, so darf dessen sonstige Vermögenslage nicht maßgebend sein. Es darf z. B. ein notleidendes Konzernwerk eines potenten Konzerns nicht anders in der Frage der Preiserhöhung behandelt werden, als ein alleinstehendes Werk. Dasselbe gilt, wie die Richtlinien betonen, bei kommunalen Werken, „deren Leistungsfähigkeit letzten Endes durch Inanspruchnahme der Steuerkraft immer gesichert sein würde". Gemäß § 3 des Kommunalabgabengesetzes vom 15. Juli 1893 liegt auch bei den gemeindeeigenen Werken die Verpflichtung vor, grundsätzlich für eine dem Mindestmaß nach festgelegte Rentabilität zu sorgen. Diese Bestimmung lautet:

„Gewerbliche Unternehmungen der Gemeinden sind grundsätzlich so zu verwalten, daß durch die Einnahmen mindestens die gesamten durch die Unternehmung der Gemeinde erwachsenen Ausgaben einschließlich der Verzinsung und der Tilgung des Anlagekapitals aufgebracht werden. Eine Ausnahme ist zulässig, sofern das Unternehmen zugleich einem öffentlichen Interesse dient, welches andernfalls nicht befriedigt wird."

Das Gesetz will also den Grundsatz zur Anwendung bringen, daß die Steuerkraft der Einwohner erst dann in Anspruch genommen werden darf, wenn das eigene Vermögen der Gemeinde nicht ausreicht. Droht die Rentabilität unter das gesetzliche Mindestmaß herabzusinken, so werden daher die Gemeindeverwaltungen, dem Willen des Gesetzgebers gehorchend, eine Erhöhung des Tarifes in Erwägung ziehen müssen.

Bei den im Gemeindebesitz befindlichen Werken wird die Erhöhung der Tarife für Licht- und Kleinabnehmer in der Regel ohne Inanspruchnahme der Verordnung auf Grund der Tarifhoheit der Gemeinde vorgenommen werden können. In den Fällen jedoch, in denen das gemeindeeigene Werk über die Grenzen des eigenen kommunalen Gebietes hinaus elektrische Arbeit, Gas oder Leitungswasser abgibt, befindet es sich hinsichtlich der Lieferung an Kleinabnehmer in der gleichen Lage wie die privatwirtschaftlichen Unternehmungen, weil ihm außerhalb des eigenen kommunalen Versorgungsgebietes die Tarifhoheit im allgemeinen nicht zur Seite steht. In derartigen Fällen kann auch bei gemeindeeigenen Werken die Anweisung der Verordnung nötig werden, ebenso wenn die Gemeinde mit einzelnen Abnehmern Sonderverträge geschlossen hat.

b) Zu Ziff. 2 a. a. O. Die hier angeschnittene Abschreibungsfrage wird im Exkurs I hinter § 2 (S. 60) behandelt.

c) Zu Ziff. 4 a. a. O. Hier erkennen die Richtlinien ausdrücklich an, daß den Werken im allgemeinen nicht bloß der volle Selbstkostenersatz, sondern auch eine je nach den Verhältnissen verschiedene Verzinsung ihres Anlagekapitals zuzubilligen ist. Diese Verzinsung soll den jeweils üblichen Ertrag ähnlicher Unternehmungen nicht überschreiten; sie soll aber im Normalfall auch nicht bis auf Null heruntergehen. (Ähnlich die Leitsätze zur Kleinbahn-Verordn., in denen die obere Begrenzung der Verzinsung von den Umständen des Einzelfalls abhängig gemacht wird.) Die reine Deckung der Selbstkosten ist in einzelnen Schiedssprüchen für kommunale Betriebe als genügend angesehen worden, doch muß auch in diesen Fällen natürlich mindestens so viel herauskommen, daß die Gemeinden und anderen öffentlichen Körperschaften die Verzinsung des von ihnen für das Werk aufgenommenen Kapitals decken können. (Siehe a. Exkurs I hinter § 2 S. 60.)

Die Stelle läßt aber auch noch einen weiteren gesetzgeberischen Gedanken erkennen, nämlich den, daß die Verordnung nur insoweit eine Obergrenze für die Rentabilität der Werke festsetzen will, als diese Rentabilität durch die Anwendung der Verordnung bestimmt wird. Dies führt zu der Folgerung, daß, soweit die Rentabilität durch den Abschluß von neuen (d. h. erstmals nach dem 4. Februar 1919 abgeschlossenen) Verträgen mit freigebildeten Preisen erzielt ist, die hierdurch entstandenen Mehreinnahmen des Werks im wesentlichen nicht zur Herabdrückung des Preises führen dürfen, den die alten (d. h. vor dem 4. Februar 1919 angeschlossenen) Abnehmer zu bezahlen haben. Dies ist auch wirtschaftlich durchaus gerechtfertigt; es besteht keinerlei Allgemeininteresse daran, die Werke an ihrer volkswirtschaftlich erwünschten Ausdehnung dadurch zu behindern, daß ihnen ein Teil des durch die Ausdehnung erwachsenden Nutzens zugunsten ihrer alten Abnehmer weggenommen wird. Auch die Billigkeitserwägung, die in Ziffer 6 (unten zu e) zum Ausdruck kommt, spricht für die im vorstehenden gezogene Folgerung. Praktisch werden also in solchen Fällen die alten Abnehmer so zu behandeln sein, als ob auch die von neuen Abnehmern gezahlten Preise nicht höher wären, als die auf Grund der Verordnung zu erzielenden.

d) Zu Ziff. 5 a. a. O. Diese Bestimmung steht in einer gewissen Konkurrenz zu den Bestimmungen über das Kündigungsrecht (A IX der Richtlinien). Sie trifft die Fälle, bei denen eine Kündigung nicht in Frage kommt, weil die Belastung des Abnehmers nicht so schwer ist, als daß die Voraussetzungen der genannten Fälle erfüllt wären, wo aber doch eine Abwälzung nicht oder nur schwer möglich ist.

e) Zu Ziff. 6 a. a. O. Es wird häufig vorkommen, daß von mehreren Abnehmern des gleichen Lieferers nur ein Teil vor das Schiedsgericht kommt, sei es, daß der Lieferer nur einen „Probeprozeß" führt, sei es, daß er sich mit den anderen vor oder nach Inkrafttreten dieser Verordnung ohne Prozeß geeinigt hat. Hier hat das Schiedsgericht überall das Gesamt= bild zu berücksichtigen. Liegt eine Einigung mit einem Teil der Ab= nehmer vor, so bedeutet es einen Unterschied, ob eine bereits erfolgte freiwillige Preiserhöhung vor oder nach dem 4. Februar 1919 perfekt geworden ist. Letzterenfalls kann eventuell der, der freiwillig mehr bewilligt hat, nachträglich nach § 2 Abs. 3 der Verordnung Wiederherab= setzung beantragen, falls die Heraufsetzung gegenüber dem jetzt Pro= zessierenden dem Werk zuviel einbrächte; im ersteren Falle ist das nicht angängig. Hierauf muß das Schiedsgericht achten.

[20-22]) Der Fall des Konzessionsvertrags (§ 1 Abs. 2).

[20]) Vorbemerkung. Der Abs. 2 des § 1 behandelt die sogenannten Konzessionsverträge, die er als Abmachungen definiert, durch die der Lieferer gegenüber einem Dritten an die Einhaltung gewisser Preisgrenzen im Verhältnis zum Abnehmer gebunden ist. Es liegen in solchen Fällen zwei Verträge vor: derjenige mit dem Konzessionsgeber (wohl immer eine Person des öffentlichen Rechts), der im Verhältnis zu den eigentlichen Abnehmern bestimmte Preisgrenzen (Tarife) vorschreibt, und der mit dem einzelnen Abnehmer auf Grund der so generell vereinbarten Tarife ab= geschlossene Einzelvertrag. Die Bestimmung des § 1 Abs. 1 in Verbindung

mit einer dem § 7 Satz 1 ähnlichen Vorschrift hätte an sich genügt, um die im einzelnen Falle nötige Preiserhöhung zu erreichen; allein es mußte unbedingt vermieden werden, daß so die Möglichkeit und eventuelle Notwendigkeit für Tausende von Einzelprozessen geschaffen wurde. Die Vorschrift des Abs. 2, der einen Anspruch gegen den Konzessionsgeber auf Einwilligung in die Tariferhöhung gibt, wird diese Einzelprozesse im allgemeinen überflüssig machen, da bei dem üblichen Inhalt der Konzessions- und der darauf aufgebauten Einzelverträge der Lieferer für die letzteren fast immer freie Hand haben wird, wenn der Konzessionsvertrag nach den Vorschriften der Verordnung geändert ist. Immerhin können auch nach dem Tarif mit einzelnen Abnehmern langfristige Verträge geschlossen sein. In diesen Fällen wird sich manchmal auch nach der Durchführung des Verfahrens gegen den Konzessionsgeber der Prozeß gegen den Einzelabnehmer gemäß Abs. 1 nicht vermeiden lassen. Er ist selbstverständlich zulässig; gegebenenfalls wird § 14 der Verordnung über das Verfahren Anwendung finden müssen.

[21]) „Unter den gleichen Voraussetzungen." Vgl. hierüber oben Ziff. 19 und das unter Ziff. 2 bis 18 zu den einzelnen Punkten Gesagte.

[22]) „durch die der Lieferer .... gebunden ist." Vgl. oben Ziff. 20.

§ 2.

1. Falls eine Einigung über die Ansprüche des § 1 nicht zustande kommt[1]), so entscheidet über dieselben ein Schiedsgericht[2]).

2. Dieses entscheidet[3]) im Rahmen der Anträge der Parteien[4]) unter Abwägung der Interessen aller Beteiligten[5]), ob und auf welche Zeit nach Maßgabe des § 1 eine Vertragsänderung, insbesondere eine Preiserhöhung eintritt[11]); die von dem Schiedsgericht hiernach getroffenen Feststellungen gelten als Bestandteile der Abmachungen[6]).

3. Wenn gegenüber dem in der Entscheidung (Abs. 2) berücksichtigten oder zur Zeit der Einigung (Abs. 1) vorliegenden Tatbestand eine erhebliche Änderung eingetreten ist, so kann jede Partei Abänderung der Abmachungen verlangen[7]).

4. [8]) Gegen den Schiedsspruch ist, wenn es sich um Abmachungen handelt, die zur Lieferung von elektrischer Arbeit, Gas und Leitungswasser verpflichten, die Berufung an das Reichswirtschaftsgericht zulässig. Die Berufungsfrist beträgt einen Monat. Sie beginnt mit der Verkündung der angefochtenen Entscheidung. Auf das Verfahren

vor dem Reichswirtschaftsgericht und auf dessen Entscheidung finden die Vorschriften des § 2 Ziff. 2 entsprechende Anwendung[9]).

5. Die Wirkung der Entscheidung erstreckt sich auf die Zeit nach ihrer Rechtskraft. Vor der Entscheidung können die entscheidenden Stellen einstweilige Anordnungen für die Zeit vom Erlasse der einstweiligen Anordnung bis zur Rechtskraft der Entscheidung erlassen. In der Entscheidung kann der durch die einstweilige Anordnung geschaffene Zustand für die Zeit des Vorliegens einer einstweiligen Anordnung ganz oder teilweise aufrechterhalten werden[10]).

Erläuterungen.

[1]) „Falls eine Einigung ... nicht zustande kommt." Durch diese Vorausstellung der Einigungsmöglichkeit ist schon der Erwartung Ausdruck gegeben, daß es zu dem in der Verordnung gegebenen Schiedsgerichtsverfahren möglichst selten kommen möge; dadurch, daß bei nach Erlaß der Verordnung zustande gekommenen außergerichtlichen Einigungen nach Abs. 3 die Abänderbarkeit wegen veränderter Umstände verliehen ist, entfällt für die Beteiligten das sonst in der Endgültigkeit eines Vergleichs enthaltene Risiko. Es wird sich im Hinblick auf Abs. 3 in beiderseitigem Interesse empfehlen, wenn die Beteiligten auch im Vergleichsfalle für eine gewisse Festlegung des zugrunde gelegten Tatbestands sorgen. Die Richtlinien des Reichskommissars für die Kohlenverteilung in Ziff. 1 vor A weisen die entscheidenden Stellen demgemäß ausdrücklich darauf hin, daß sie, wenn irgend möglich, eine Einigung zwischen den Parteien zustande bringen sollen.

[2]) „Schiedsgericht." Das Nähere über das Schiedsgericht enthält § 4 der Verordnung und die darauf sich gründende Verordnung des Reichswirtschaftsministers vom 16. Juni 1922 über die Schiedsgerichte für Preiserhöhung (s. u. S. 101).

[3]) „Entscheidet." Das Vorwort der Richtlinien (vor Ziff. A I 1) weist ausdrücklich darauf hin, daß auch vor dem Schiedsgericht erst noch einmal sehr ernstlich der Versuch zu vergleichsweiser Erledigung des Streits gemacht werden solle (s. o. Ziff. 1), wobei dann im Gegensatz zum Schiedsspruch sehr wohl der Versuch gemacht werden kann, das ganze Vertragsverhältnis neu zu gestalten.

[4]) „Im Rahmen der Anträge der Parteien." Es soll — nach altem prozessualen Grundsatz — keiner Partei mehr zugesprochen werden, als sie verlangt hat. Verlangt sie etwas nach Ansicht des Schiedsgerichts

Unzweckmäßiges, so steht es dem Schiedsgericht frei, die Partei zur Änderung des Antrags zu veranlassen. Nicht ganz selten ist im Schiedsgerichtsverfahren der Irrtum aufgetaucht, als ob, weil von Anträgen der Parteien die Rede ist, der Beklagte, wie im ordentlichen Verfahren, Widerklage erheben könne. Dies ist aber nur im Falle des § 2 Abs. 3 möglich; ist das Schiedsgericht auf Grund eines Vertrages angerufen, der seit dem Inkrafttreten der Verordnung weder schiedsgerichtlich noch durch Einigung abgeändert worden war, so ist Widerklage unzulässig, es wäre denn, daß auf Grund einer Einigung der Parteien das Schiedsgericht auch über andere Gegenstände als den Anspruch aus § 1 zu entscheiden berufen ist. Dies gilt entsprechend auch in der Berufungsinstanz. Auch der Antrag auf Einräumung des Kündigungsrechts (A IX der Richtlinien) ist nicht als selbständige Widerklage, sondern als ein bedingter Antrag auf Klageabweisung aufzufassen (s. u. S. 82).

5) „Unter Abwägung der Interessen aller Beteiligten." Diese Stelle weist darauf hin, daß innerhalb der durch Verordnung und Richtlinien gezogenen Grenze die Bedürfnisse sowohl des Klägers als des Beklagten zu berücksichtigen sind. Die hiernach sich ergebenden Abwägungen sind zu A I 2b der Richtlinien ziemlich erschöpfend aufgeführt (vgl. Anm. 19 zu § 1). Darüber hinaus wird aber das Schiedsgericht darauf hingewiesen, nicht bloß die Interessen der Parteien, auf welche im Anfang des Paragraphen Bezug genommen ist, sondern auch die der im weitern Sinn Beteiligten zu berücksichtigen, also etwa im Streit zwischen Stromlieferer und Straßenbahn der Benutzer der letzteren (für den Fall der Abwälzung), im Streit zwischen Strom= oder Gaslieferer und Konzessionsgeber die der Gemeindeeinwohner u. dgl. mehr.

6) „Die . . . Feststellungen gelten als Bestandteile der Abmachungen." Vorauszuschicken ist, daß der Ausdruck „Feststellungen" ein Flüchtigkeitsfehler der Verordnung (oder des Druckers?) ist, der versehentlich auch in der Novelle nicht verbessert ist; gemeint sind die Festsetzungen, die das Schiedsgericht in seinem Schiedsspruch vornimmt. Diese Festsetzungen gelten als Bestandteile der Abmachungen; sie werden sozusagen vom Schiedsgericht in den alten Vertrag hineingeschrieben, wie wenn er von den Parteien so geschlossen worden wäre. Dabei braucht der Schiedsspruch aber nicht notwendig genau der Paragraphenfolge des ursprünglichen Vertrags nachzugehen. Dagegen sind alle Differenzen zwischen den Beteiligten, die sich aus dem Schiedsspruch ergeben, seien es solche der Auslegung oder der Durchführung und der Verwirklichung (insbesondere also die Beitreibung der auf Grund des Schiedsspruchs

errechneten Zahlungen) — falls die Parteien nichts anderes vereinbaren
oder im ursprünglichen Vertrag vereinbart haben — auf dem Weg des
ordentlichen Zivilprozesses oder eines etwa hierzu vereinbarten Schieds=
gerichts auszutragen.　Den Schiedssprüchen mangelt daher auch die
Vollstreckbarkeit; auch ein Vollstreckungsurteil im Sinne des 10. Buchs
der ZPO. kann nicht beantragt werden. Dies gilt auch dann, wenn etwa
der Spruch ausnahmsweise auf unmittelbare Zahlung von Geld geht
(etwa zum Ausgleiche einer zu hoch gegriffenen einstweiligen Anordnung);
auch das muß als Bestandteil des Vertrags — und also nicht als vollstreck=
bares Urteil — gelten.　Das gleiche ist für das Urteil des Reichs=
wirtschaftsgerichts zu sagen (Vgl. unten Nr. 9).

7) „Wenn ... eine erhebliche Änderung eingetreten ist,
so kann jede Partei ... Abänderung verlangen." Mit diesem
Abs. 3 des § 2 wird ein ganz neuer und in wichtigen Stücken anders gear=
teter Anspruch in die Verordnung eingeführt, der sowohl gegenüber Schieds=
sprüchen der Schiedsgerichte, wenn sie ohne Berufung rechtskräftig ge=
worden sind, als gegenüber Urteilen des Reichswirtschaftsgerichts und
außerdem gegenüber Einigungen gilt, die nach dem Inkrafttreten der Ver=
ordnung, sei es außergerichtlich, sei es vor dem Schiedsgericht, sei es vor
dem Reichswirtschaftsgericht getroffen worden sind.　Es ist zu unterscheiden
zwischen dem, was er dem Lieferer, und dem, was er seinem Gegner bringt.

a) Dem Lieferer gibt die Stelle das Recht, bei erheblichen Änderun=
gen der Sachlage gegenüber der Zeit einer nach Inkrafttreten dieser Ver=
ordnung getroffenen Einigung (nicht einer früheren!) oder gegenüber
einer Entscheidung des Schiedsgerichts oder Reichswirtschaftsgerichts
abermalige Besserung seiner Lage zu verlangen. Die Voraussetzungen des
§ 1, wie sie dort zu Ziff.[19] zusammengefaßt sind, brauchen bei diesem
Anspruch nicht vorzuliegen; wenigstens enthält die Stelle keinerlei Ver=
weisung auf diesen Paragraphen. Nur die Bestimmungen des § 2 selbst
finden Anwendung. Es entscheidet also auch über diesen Anspruch aus=
schließlich das in der Verordnung vorgesehene Schiedsgericht (auch gegen=
über Urteilen des Reichswirtschaftsgerichts), und zwar „im Rahmen der
Parteianträge unter Abwägung der Interessen aller Beteiligten". An die
Gesichtspunkte der Voraussehbarkeit und der Selbstkostensteigerung durch
Kriegsverhältnisse ist das Schiedsgericht hier nicht gebunden; das
Schiedsgericht hat vielmehr hier nur nach dem Endzweck der Verordnung,
der Erhaltung der technisch=wirtschaftlichen Lebensfähigkeit der Werke, zu
arbeiten, selbstverständlich unter weitgehender Berücksichtigung der Inter=
essen des Belieferten, soweit dadurch nicht der Zweck der Verordnung

beeinträchtigt wird. Die einzige Schranke ist die, daß eine erhebliche Veränderung der Umstände eingetreten sein muß; um allzu häufige Prozesse zu vermeiden, werden die Schiedsgerichte am besten schon bei dem ersten Schiedsspruch oder Vergleich den Gesichtspunkt der Ziff. A VI der Richtlinien („gleitende Skala"), soweit wie irgend möglich durchführen. Ist das geschehen, so liegt eine erhebliche Änderung der Verhältnisse im Sinne des § 2 Abf. 3 nur vor, wenn die gleitende Klausel der Veränderung der Verhältnisse nicht Rechnung trägt.

b) Dem Abnehmer und Konzessionsgeber gibt Abf. 3 erstmals das Recht, seinerseits als Kläger — mit dem Antrag auf Erleichterung seiner Belastung — das Schiedsgericht anzurufen.

Bei der Beurteilung des Anspruches wird sich das Gericht fragen müssen, wie es Lieferer und Abnehmer stellen würde, wenn der Lieferer auf den Zeitpunkt dieser Anrufung erstmals den Antrag aus § 1 gestellt hätte, und danach seine Entscheidung zu treffen haben. Um eine Benachteiligung des Abnehmers und Konzessionsgebers zu vermeiden, der regelmäßig sehr viel schwerer in der Lage ist, die Entwicklung der wirtschaftlichen Verhältnisse zu übersehen als der Lieferer, ist in § 18 der Verordnung über das Verfahren nunmehr angeordnet, daß über letztere Fragen von Amts wegen Beweis zu erheben ist.

Was als erhebliche Änderung der Verhältnisse anzusehen ist, unterliegt im Einzelfall der Entscheidung des Gerichts; allgemeine Regeln lassen sich nicht aufstellen. Es ist streitig geworden, ob die inzwischen naturgemäß eingetretene weitgehende Änderung der allgemeinen Ansichten über die Höhe der erlaubten und erforderlichen Abschreibungen und Rückstellungen eine erhebliche Veränderung der Verhältnisse im Sinne der Verordnung darstellt. Diese Frage wird im Regelfall zu bejahen sein.

8) Vorbemerkung vor Abf. 4. Am Ende der früheren Fassung von § 2 Abf. 2 sind jetzt drei Sätze gestrichen, von denen die letzten beiden dem Sinne nach in Abf. 5 dieses Paragraphen übernommen sind. Ausgefallen ist der erste dieser Sätze: „Die Entscheidungen des Schiedsgerichts sind unanfechtbar." Dieser Satz ist gestrichen, weil ja die Entscheidungen des Schiedsgerichts formal nicht mehr unanfechtbar, sondern durch Berufung an das Reichswirtschaftsgericht angreifbar sind. Der gestrichene Satz hatte aber nicht nur die Bedeutung, daß gegen die Schiedssprüche kein Rechtsmittel im technischen Sinne des Wortes zulässig sein sollte; er bedeutete vielmehr darüber hinaus, daß die Schiedssprüche nicht von anderen Stellen (insbesondere nicht von den ordentlichen Gerichten) sollten nachgeprüft oder sonst in Frage gestellt werden dürfen. Durch die Streichung des Satzes

war nicht beabsichtigt, diesen Gedanken aus der Verordnung zu entfernen, und in der Tat ist er auch jetzt noch Rechtens. Dies gilt ohne weiteres zwischen den Parteien eines Schiedsstreites; die bloße Existenz eines Rechtsmittelzuges gibt der letzten Entscheidung innerhalb desselben die Wirkung der res iudicata mit allen Konsequenzen. Das nämliche trifft auch nach der Konstruktion des § 1 Abs. 2 für die Abnehmer zu, für die ein mit einem Dritten geschlossener Konzessionsvertrag maßgebend ist, falls ein Schiedsstreit zwischen Lieferer und Konzessionsgeber in Rechtskraft erwachsen ist. Daß aber auch für Außenstehende die formal rechtskräftige Entscheidung eines Schiedsverfahrens nach wie vor unantastbar ist, ergibt sich aus der unveränderten Bestimmung des § 2 Abs. 2, daß die Entscheidungen als vertragliche Bestandteile gelten, wie ja auch in § 2 Abs. 3 die Entscheidungen des Schiedsgerichts und des Reichswirtschaftsgerichts direkt als „Abmachungen" in Bezug genommen sind. Besser wäre es immerhin gewesen, wenn der Gesetzgeber sich hierüber auch in der neuen Fassung ausdrücklich verhalten hätte.

Unbeschadet der vorstehenden Ausführungen ist eine Entscheidung eines Schiedsgerichts oder des Reichswirtschaftsgerichts dann anfechtbar, wenn diese Instanzen, ohne ausdrückliche oder wenigstens stillschweigende Zustimmung beider Teile die Entscheidung über einen Anspruch an sich gezogen haben, der nicht auf der Verordnung vom 1. Februar 1919 beruht. Eine durch einen solchen Schiedsspruch behandelte Frage könnte also in jeder zugelassenen Form zur Entscheidung der ordentlichen Gerichte gebracht werden, falls nicht die Parteien einen solchen Spruch eines Schiedsgerichtes haben rechtskräftig werden lassen und dadurch dessen Zuständigkeit nachträglich anerkennen.

⁹) „Gegen den Schiedsspruch ..... entsprechende Anwendung" Der Abs. 4 des § 2 bringt für die Schiedsstreite über die Lieferung von elektrischer Arbeit, Gas und Leitungswasser (nicht auch von Dampf und mechanischer Arbeit) als hauptsächlichste Neuerung der Novelle die Berufung an das Reichswirtschaftsgericht. Der Einführung der Berufung sind eingehende Erwägungen vorausgegangen. Daß man schließlich — entgegen dem Standpunkt bei der ersten Fassung der Verordnung — die Berufung zugelassen hat, hatte seinen Grund einerseits darin, daß, nachdem nun die Verordnung fast $3^{1}/_{2}$ Jahre in Wirksamkeit ist, Fälle dringender Notlage eines Werks, die die mit der Verlängerung des Rechtszugs verbundene Hinausschiebung einer endgültigen Entscheidung unerträglich gemacht hätten, nicht mehr zu erwarten sind; anderseits bestand, je mehr sich die Verhältnisse des Wirtschaftslebens übersehbar gestalteten

(und es ist zweifellos, daß dies heute mehr der Fall ist als im Februar 1919),
die Möglichkeit, das immer schon vorhandene Bedürfnis nach einer möglichst
einheitlichen Judikatur der Schiedsgerichte in grundlegenden Fragen durch
Einführung einer Rechtsmittelinstanz zu befriedigen, die außerdem lebhaft
geäußerten Wünschen gewisser Abnehmerkreise nachkam.

Als Berufungsgericht bot sich ganz von selbst das Reichswirtschaftsgericht dar, das für den nahe verwandten Fall der Abwälzung der Kohlen-
steuer bei der Lieferung von elektrischer Arbeit usw. gemäß Verordnung vom
24. Januar 1918 (Zentralbl. S. 13) bereits als Oberschiedsgericht bestimmt
gewesen war. Zwar ist es für dieses Gericht trotz der ebenerwähnten
Zuständigkeit im wesentlichen neu, daß seiner Zuständigkeit ein rein zivil-
rechtliches Rechtsverhältnis unterstellt wird, während seine sonstige Zuständigkeit nur Ansprüche umfaßt, die auf einen unmittelbaren Eingriff
des öffentlichen Rechts und der öffentlichen Gewalt in die Vermögens-
sphäre des einzelnen beruhen und die mit wenigen Ausnahmen auch nur
gegen den eingreifenden Fiskus gerichtet sind. Und diese neue Zuständigkeit
wird wohl dem noch nicht ganz entschiedenen — hier auch nicht zu ent=
scheidenden — Streit über den Charakter des Reichswirtschaftsgerichts
neue Nahrung geben. Allein all dies hatte zurückzutreten gegenüber der
Notwendigkeit, bei der heutigen Finanzlage des Reichs keine neuen Behörden
zu schaffen und gegenüber der Tatsache, daß der Aufbau der Senate des
Reichswirtschaftsgerichts (im allgemeinen 1 Jurist und 4 Sachverständige)
nicht nur theoretisch das Ideal eines Gerichts für Fälle der hier vorliegenden
Art bot, sondern auch in mehrjähriger Praxis sich das Vertrauen der
Wirtschaftskreise im höchsten Maß zu gewinnen verstanden hatte.

Abs. 4 spricht aus, daß die einmonatige Berufungsfrist von der Verkündung des Schiedsspruches an läuft. Die ungewöhnliche Regelung, daß
die Notfrist nicht durch die Zustellung, sondern durch die Verkündung in
Lauf gesetzt wird, hat ihren Grund darin, daß bei dem sehr locker geregelten
Zustellungsverfahren der Schiedsgerichte unnötige Streitigkeiten über den
Zeitpunkt der Zustellung sehr leicht möglich gewesen wären, während der Zeitpunkt der Verkündung leichter einwandfrei festzustellen ist. Für die Schieds=
gerichte bringt diese Regelung die moralische Verpflichtung, die wesentlichen
Urteilsgründe mündlich zu verkünden und die vollständige schriftliche Urteils=
ausfertigung möglichst zu beschleunigen, damit zwecklose vorsorgliche Be-
rufungen mit ihren Folgen der Kostenerhöhung und Verzögerung vermieden werden. Im übrigen vgl. über das Berufungsverfahren den
3. Abschnitt der Bekanntmachung über das Verfahren (unten S. 127).

Nach Artikel 2 des Gesetzes vom 16. Juni 1922 ist die Berufung zu=

lässig für alle Fälle, die bei seinem Inkrafttreten, d. h. nach Art. 4 des
Gesetzes am Tage der Verkündung, dem 23. Juni 1922 noch nicht entschieden waren. Die an diesem Tage verkündeten Schiedssprüche sind also
berufungsfähig. Die entsprechende Anwendbarkeit des Abs. 2 des § 2 für
das Verfahren vor dem Berufungsgericht hat insbesondere die Bedeutung,
daß auch die 2. Instanz ein konstitutives Urteil im Sinne der Anm. 6 und nur
ein solches zu fällen hat; auch das Berufungsurteil gilt als Bestandteil der vertraglichen Abmachungen und kann, was für § 44 der Verordnung über das
Reichswirtschaftsgericht von Wichtigkeit ist, eine Verpflichtung zu Leistungen
nicht aussprechen. Im übrigen sind für die entsprechende Anwendbarkeit
des § 2 Abs. 2 im Berufungsverfahren weitere Ausführungen nicht nötig.

[10]) „Die Wirkung . . . aufrechterhalten werden." In diesem
Absatz ist zunächst festgelegt, daß die Wirkungen des Schiedsspruchs frühestens mit seiner Rechtskraft (also mit Ablauf der Berufungsfrist, falls
keine Berufung eingelegt ist, mit dem Verzicht auf die Berufung oder ihre
Zurücknahme oder mit dem Erlaß des Urteils des Reichswirtschaftsgerichts)
beginnen dürfen; es ist also der sonst im Prozeß übliche Grundsatz verlassen,
daß die Wirkung des Urteils vorverlegt wird auf den Zeitpunkt des Ent-
stehens bzw. Fälligwerdens des Anspruchs (der Anspruch auf Vertragsänderung wäre an sich mit dem Eintreten seiner Voraussetzungen, d. h. in
den meisten Fällen mit dem Inkrafttreten der Verordnung entstanden und
mit der ersten Aufforderung des Lieferers an den Gegner zur Preiserhöhung
fällig) oder wenigstens auf den Zeitpunkt der Klageerhebung. Daraus folgt,
daß die Lieferer ein sehr großes, durch die Möglichkeit der Erwirkung einer einstweiligen Anordnung nicht ganz beseitigtes Interesse an der Beschleunigung
der Rechtshängigkeit und der Entscheidung haben, was die unerwünschte
Nebenwirkung hat, daß sie die von der Verordnung gewollte friedliche, ohne
Anrufung des Schiedsgerichts erfolgende Einigung zu vermeiden gezwungen
sind, vielmehr zum Prozessieren geradezu genötigt werden, während umgekehrt dem Gegner jedes Interesse an einer Beschleunigung des Verfahrens genommen wird. Die Preiserhöhung mag noch so begründet, die
Umstände, die sie begründen, seit noch so langer Zeit vorhanden sein: einsetzen darf die Preiserhöhung frühestens mit dem Tage der Rechtskraft
des Schiedsspruchs, soweit nicht der Erlaß einer einstweiligen Anordnung
dieses Ergebnis in der praktischen Durchführung ändert. Dies trifft zwar
bei der jetzigen Regelung in den meisten Fällen zu; immerhin ist es be-
dauerlich, daß der Gesetzgeber die Novelle nicht benutzt hat, um diesen
unerfreulichen Zustand aus der Welt zu schaffen.

Dagegen kann in einzelnen Fällen in Betracht kommen, daß die vor

dem Einsetzen der Wirksamkeit der schiedsrichterlichen Entscheidungen er-
littenen Verluste bei der Bemessung der Preiserhöhung für die Zukunft
berücksichtigt werden, wenn die Nichtberücksichtigung eine Gefährdung der
Lebensfähigkeit des Werkes mit sich bringen würde; doch ist hierbei Vorsicht
und besonders genaue Prüfung geboten.

Der hierdurch während einer etwaigen längeren Dauer des Verfahrens
heraufbeschworenen Gefährdung der berechtigten Interessen des Lieferers
kann nach seinem Ermessen das Schiedsgericht und das Berufungsgericht
vorbeugen durch die Ausübung seines Rechts einstweilige Anordnungen
zu erlassen. Deren Wirkung beginnt mit ihrer Verkündung. Das Gericht
kann demnach mit Wirkung von da an zum Inkrafttreten des Schiedsspruchs alles anordnen, was es im Schiedsspruch endgültig bestimmen
kann; praktisch also vor allem Preiserhöhungen mit sofortiger Wirkung,
aber auch Sicherheitsleistungen bei Konzessionsverträgen, Wegfall von
Abgaben an den Konzessionsgeber u. dgl. Falls sich die Verhältnisse während
des Prozesses ändern, kann das Gericht auch die einstweilige Anordnung
abändern, was für das Reichswirtschaftsgericht in § 31² der Verordnung
über das Verfahren ausdrücklich gesagt ist, aber auch für die Instanz gilt.
Durch den neuen letzten Satz dieses Absatzes ist jetzt die schon bisher
durchweg geübte Praxis der Schiedsgerichte ausdrücklich als berechtigt
erklärt, wonach die auf Grund der einstweiligen Anordnung während der
Zeit ihres Bestehens bis zur Rechtskraft des Schiedsspruchs gemachten
Leistungen ganz oder teilweise als endgültige behandelt werden.

Fraglich kann werden, was mit den auf Grund solcher einstweiligen
Anordnungen gemachten Leistungen wird, wenn ein von ihrem Inhalt
abweichender Spruch gefällt wird. Wenn das Gericht im endgültigen Spruch in
der Besserstellung des Lieferers so weit oder weiter geht, als es in der einstweiligen Anordnung gegangen war, wird es im Spruch einfach zu erkennen
haben, daß mit dem Tag vor dessen Inkrafttreten der Inhalt der einstweiligen Anordnung durch den des Spruchs ersetzt wird; ein rein provi-
sorischer Inhalt der einstweiligen Anordnung (wie etwa Sicherheitsleistung)
ist aufzuheben oder gegebenenfalls durch Anrechnung in den definitiven
Zustand zu überführen. Bleibt der Inhalt des Spruchs hinter dem der
einstweiligen Anordnung (vom Standpunkt des Lieferers aus gesehen)
zurück, so hat der Spruch die nötigen Bestimmungen über die Rückerstattung
des zuviel Gezahlten zu treffen; da dies — besonders im Fall des Konzessionsvertrages (Abf. 3) — unter Umständen zu unerwünschten Verwicklungen
Anlaß geben kann, so wird das Schiedsgericht den Inhalt der einstweiligen
Anordnung doch mit Vorsicht bemessen müssen.

Ob es sich überhaupt entschließt, von seiner Befugnis Gebrauch zu machen, wird vor allem von der Gefährdung der Interessen des Lieferers einerseits und anderseits davon abhängen müssen, wieweit der Abnehmer zu einer raschen Erhöhung der ihm obliegenden Leistungen fähig ist.

Regelmäßig wird zum Erlaß einer einstweiligen Anordnung gleichzeitig mit der Verkündung eines Schiedsspruches (und gleichlautend mit seinem Inhalt) Veranlassung gegeben sein, da die Schiedssprüche erst mit der Rechtskraft wirksam werden können und eine vorläufige Vollstreckbarkeit nicht vorgesehen ist. Um der Bestimmung Rechnung zu tragen, daß einstweilige Anordnungen nur „vor der Entscheidung" getroffen werden können, muß eine solche einstweilige Anordnung zeitlich und räumlich vor dem Schiedsspruch ihren Platz finden. Die Formel wäre etwa die: „Der Inhalt des nachfolgenden Schiedsspruches gilt als einstweilige Verordnung bis zur Rechtskraft des Schiedsspruches."

Exkurs I. (Zu §§ 1 und 2).

Anwachsen der Selbstkosten.

1. Ob die Selbstkosten, in Reichsmark ausgedrückt, gewachsen sind, wird bei der allgemeinen ungeheuren Steigerung aller Preise heute nicht besonders zu prüfen sein; das Steigen ist — auch bei reinen Wasserkraftwerken — selbstverständlich. Dagegen kann häufig streitig werden, was alles unter Selbstkosten zu verstehen ist. Im großen ganzen wird man sich hierbei der Definition von Siegel[1]) anschließen können, die besagt:

„Unter den Selbstkosten wird allgemein nicht bloß die Summe aller einzelnen Aufwendungen verstanden, die zur unmittelbaren Erzeugung der elektrischen Arbeit und zur Aufrechterhaltung des technischen und kaufmännischen Betriebs notwendig sind, sondern auch derjenige Betrag des Einkommens, der unter allen Umständen vorhanden sein muß, um eine bestimmte Mindestverzinsung der eingelegten Gelder und diejenigen Rücklagen zu bestreiten, die zu einer ordnungsmäßigen und auf sicheren Grundlagen beruhenden Geschäftsführung notwendig sind."

2. Unter den in dieser Definition zusammengefaßten Kategorien werden die „zur unmittelbaren Erzeugung der elektrischen Arbeit (und ebenso zur Erzeugung von Gas und Bereitstellung von Wasser) und zur Aufrechterhaltung des technischen und kaufmännischen Betriebs" notwendigen Ausgaben den Gerichten keine grundsätzlichen Schwierigkeiten bereiten; es handelt sich hier um unzweideutige Begriffe des täglichen geschäftlichen Lebens, deren Höhe jede ordnungsmäßige kaufmännische Buchführung ohne

---

[1]) Dr.-Ing. G. Siegel, „Der Verkauf elektrischer Arbeit", Berlin 1917, bei Springer, S. 95.

weiteres nachzuprüfen gestattet. Es gibt allerdings Schiedssprüche, die nicht die volle Summe dieser Ausgaben als Selbstkosten haben gelten lassen mit der Begründung, daß ein gewisser Teil dieser Ausgaben durch bessere Einrichtung des Betriebs zu vermeiden wäre. Dieser Standpunkt ist mindestens dann, wenn solche Verbesserungen ohne erhebliche Neuinvestitionen durchzuführen sind, durchaus zu billigen. Bei Konzernwerken mit zentraler Verwaltung gehört zu dieser Art Selbstkosten auch ein entsprechender Anteil an den Kosten der Zentralverwaltung.

Bei der Prüfung der Betriebskosten ist darauf zu achten, ob nicht Posten darin enthalten sind, bei denen die Übernahme auf den laufenden Betrieb eines Geschäftsjahres eine kaufmännisch zwar vielleicht zu empfehlende, aber den Abnehmer unbillig belastende Maßregel darstellt, deren Zugrundelegung insbesondere eine etwa zu ermittelnde gleitende Klausel unsachgemäß erhöhen würde. Hier wird oft Verweisung auf den Erneuerungsfonds oder Verteilung auf mehrere Jahre angezeigt sein.

3. Bestrittener ist schon, inwieweit die Verzinsung des im Werke arbeitenden Kapitals zu den Selbstkosten gehört. Selbstverständlich ist, daß die Lasten des entliehenen Kapitals (Darlehns- und Obligationszinsen) aufzubringen sind. Dagegen wird nicht selten den Werken ein Anspruch auf Dividende oder Gewinn auf ihr Eigenkapital bestritten. Dies widerspricht jedoch, wie schon die Anm. 19 bei § 1 andeutet, den geltenden Vorschriften. Unter A I zu 2b Ziff. 5 der Richtlinien ist grundsätzlich das Recht der Werke auf Dividende anerkannt; es ergibt sich auch ohne weiteres aus dem in den Richtlinien wiederholt ausdrücklich angegebenen Zwecke der Verordnung, neben der technischen auch die wirtschaftliche Leistungsfähigkeit der Werke zu erhalten. Ausnahmen gelten für die Erzeuger, die schon vor dem Kriege mit Verlust gearbeitet haben, soweit die Verluste nicht etwa daher kamen, daß das Werk noch in der Entwicklung begriffen war. In den sehr zahlreichen Fällen, in denen das Werk auf Kapitalneuaufnahmen über kurz oder lang angewiesen ist, muß es eine Verzinsung und Gewinnmöglichkeiten bieten, die ihm neues Kapital zugänglich machen. Es wäre aber unbillig, den schon ausgebauten Werken nicht das gleiche zu gewähren. Wie hoch eine solche Verzinsung äußerstenfalls sein darf und wie tief sie anderseits sinken kann, muß sich unter Anwendung der eben genannten Richtlinien aus den Umständen ergeben, wobei die Benutzung des Gesichtspunktes, daß sehr häufig aus Goldkapital nur Papierdividende gezahlt werden, nicht als durch die Verordnung verboten anzusehen ist, so wenig wie die Abstellung des zuzubilligenden Gewinnes auf Prozente des Verkaufspreises statt auf Prozente des Kapitals. Solche Erwägungen

können insbesondere herangezogen werden, wenn es sich darum handelt, im allgemeinen Interesse ein Werk für die Aufnahme von wichtigen Neuerungen durch Gewährung von Gewinnmöglichkeiten zu interessieren.

4. Streitig ist auch geworden, inwieweit die Steuern zu den Selbstkosten im Sinne der Verordnung gehören. Daß Grund= und Gewerbesteuern und ähnliche auf dem bloßen Vorhandensein eines Gewerbebetriebs ohne grundsätzliche Abstellung auf den erzielten Gewinn beruhende Steuern einerseits, und daß Umsatz=, Kohlen= und Verkehrssteuern anderseits Selbstkosten sind, ist einleuchtend; ebenso, daß die auf den Stamm des Vermögens gelegten Steuern (z. B. das Reichsnotopfer — im Gegensatz zu den darauf geschuldeten Zinsen) nicht dazu gehören. Bei der Einkommen= und Körperschaftssteuer wird man die Eigenschaft als Selbstkosten prinzipiell zu verneinen haben, da sie nur vom Geschäftsgewinn zu bezahlen sind. Doch muß bei ihrer regelmäßig sehr beträchtlichen Höhe das Gericht darauf achten, ob auch nach ihrem Abzug den Werken so viel Gewinn übrigbleibt, als ihnen bei Anwendung der Gesichtspunkte von Ziff. 3 zukommt.

5. Zweifelhaft kann auch sein, inwieweit Kapitalrückzahlungen und -tilgungen zu den Selbstkosten gehören. Die Frage wird nur insoweit zu bejahen sein, als solche Kosten zur Deckung eines Heimfallrechts, der Entwertung bei Konzessionsende oder dgl. bestimmt sind. (Wegen der Höhe der evtl. in Frage kommenden Beträge vgl. unten Ziff. 7.)

6. Am meisten bestritten ist die Frage der Abschreibungen und Rückstellungen. Es kann nicht die Aufgabe der Verfasser sein, zu diesem Problem, das im Brennpunkt des wirtschaftlichen Kampfes steht, endgültige Lösungen aufzustellen. Die praktische Erfahrung hat auch gelehrt, daß selbst in dem verhältnismäßig engen Kreis, den die Verordnung vom 1. Februar 1919 umfaßt, die Fälle ungemein verschieden sein und verschiedene Erledigung verlangen können. Wenn also auch den Schiedsgerichten ein allgemein gültiges Rezept zur Lösung dieser schwierigen Fragen weder gegeben werden will, noch gegeben werden kann, die Schiedsgerichte vielmehr auf Grund ihrer eigenen Erfahrung an jeden Fall nach seiner Eigenart herantreten müssen, so dürfte es doch möglich und nützlich sein, einige Gesichtspunkte hervorzuheben.

Zunächst ist hier auf die Richtlinien hinzuweisen. Der sie durchziehende Gedanke (Erhaltung der technisch=wirtschaftlichen Leistungsfähigkeit der Werke) hat für die hier behandelten Fragen seinen Ausdruck unter A I bei Ziff. 2 und 3 zu 2 b gefunden. Diese Stelle räumt den Werken einen Anspruch darauf ein, „durch ausreichende Abschreibungen oder Rückstellungen für den rechtzeitigen Ersatz der zu erneuernden Anlageteile Sorge

zu tragen", und erkennt gleichzeitig die wohl kaum bestrittene Tatsache an,
daß die bisher hierfür ausgeworfenen Summen — nicht Prozentsätze! —
nicht ausreichend waren. Damit ist gegeben, daß unter die Selbstkosten
so viel einzurechnen ist, als nötig ist, um die durch Abnutzung entstehende
Wertverminderung auszugleichen, und vor allem, um die Beträge bereit-
zustellen, die erforderlich werden, um, wenn die einzelnen Anlageteile
durch Altern oder Veralten abgängig werden, gleichartige bzw. gleichwertige
Teile neu zu beschaffen.

Dieser Grundsatz steht fest. Er bietet an sich den Werken alles, was sie
brauchen, um die vorsichtige Geschäftspolitik, die sie fast durchweg vor dem
Kriege ausgezeichnet hat, auch weiter zu betreiben; er bringt aber, richtig
angewandt, auch keine unbillige und ungerechtfertigte Belastung der Verbraucher. Denn werden die Ersatzbeschaffungen nicht aus Rückstellungen
gedeckt, so zerfällt entweder das Werk, oder es muß diese Beschaffungen aus
neuen Kapitalaufnahmen in Papiermark decken, und die letzterenfalls schon
nach den bloßen Vorschriften des Handelsgesetzbuches nötig werdenden
Abschreibungen müssen schon eine nahe Zukunft mehr belasten, als
dies eine verständige Rückstellungspolitik für Gegenwart und Zukunft tun
kann. Die etwaige Entlastung weniger Jahre wäre durch die Mehrbelastung der folgenden Jahre mehr als ausgeglichen, während umgekehrt
ein etwaiger Fehlgriff nach oben bei Rückstellungen später den Abnehmern
(ebtl. unter Anwendung des § 2 Abs. 3 der Verordnung) zugute kommen
muß. Die praktische Anwendung dieser Gedanken ist nun aber durch die bis
jetzt noch im Handelsgesetzbuch vorgeschriebene Gleichsetzung von Gold- und
Papiermark und deren daraus sich ergebenden Vermischung in den Büchern
und Bilanzen der Werke sowie durch die völlige Undurchsichtigkeit der Entwicklung des Wertes der Papiermark in der Zukunft außerordentlich
schwierig. Die Schiedsgerichte haben sich hier im großen ganzen so geholfen,
daß sie von den im Frieden erprobten Abschreibungsprozentsätzen für die
einzelnen Posten ausgegangen sind und diese in ihrer alten Höhe (gegebenenfalls unter Berücksichtigung der Überteuerung) auf die zuletzt angeschafften
Papierwerte und mit einem der jeweiligen Teuerung entsprechenden
Zuschlag für ältere Papier- und reine Goldwerte zur Anwendung gebracht
haben, wobei dann in der letzten Zeit mit ihrer fünfzig- und mehrfachen
Geldentwertung ganz mit Recht Abschreibungen oder richtiger Rückstellungs-
sätze von 100% und mehr keine Seltenheit waren. Um gemäß Richtlinie A VI
auch hier eine automatische Anpassung an die Veränderung der Teuerungs-
verhältnisse herbeizuführen, ist man bei Elektrizitätswerken zweckmäßigerweise nicht selten so verfahren, daß man für die Abschreibungen und Rück-

stellungen eine Jahresgebühr auf das Kilowatt (berechnet nach dem zur Zeit des Schiedsspruchs bestehendem Grad der Geldentwertung) in Ansatz gebracht und diese Gebühr im Verhältnis der Änderung der Kohlenpreise oder gewisser Standardzahlen (z. B. der Zuschläge der Preisstelle des Zentralverbandes der elektrotechnischen Industrie, wie sie regelmäßig in der E. T. Z. veröffentlicht werden, für die wichtigsten erneuerungsbedürftigen Gegenstände) gleitend gemacht hat. Ein Beispiel hierfür befindet sich unten bei der Richtlinie A VI, S. 68. Sehr häufig wird übrigens die übliche Kohlenklausel auch für diese Zwecke dienstbar gemacht werden können. In gleicher oder ähnlicher Weise sind in den rund $3^1/_2$ Jahren seit dem Inkrafttreten der Verordnung wohl mehr oder weniger alle Schiedsgerichte verfahren; es ist nicht ohne Interesse, festzustellen, daß kein Fall bekannt geworden ist, wo die Schiedsgerichte hierbei zu hoch, und sehr wenige, wobei sie zu niedrig gegriffen haben.

Besondere Schwierigkeiten innerhalb des schwierigen Problems machen die Fälle, in denen sich durch große Werkserweiterungen seit der Preisrevolution die Anlagekapitalien stärker als sonst nach der Papierseite hin verschoben haben. Daß diese Fälle bei der Selbstkostenberechnung voll zu berücksichtigen sind, bestimmt A I zu 2 b Ziff. 3 der Richtlinien; denn zu den den Werken obliegenden öffentlichen Aufgaben gehört insbesondere auch die Fürsorge für die möglichst vollständige Befriedigung des öffentlichen Bedürfnisses nach Strom, Gas und Wasser und damit auch die Erweiterung der vorhandenen Anlagen. Hier wird nicht selten vom Lieferer geltend gemacht, daß er in Erwartung einer möglichen sehr raschen Preissenkung die mit Papiermark errichtete Anlage mit einem erheblich höheren als dem friedensüblichen Prozentsatz abschreiben müsse („Überteuerungsabschreibung"). Gegenüber diesem Standpunkt ist Vorsicht geboten insbesondere, wenn der Lieferer anstrebt, in relativ kurzer Zeit auf ein geringes Vielfaches des Friedenswertes (man findet das Drei- bis Vierfache, auch noch weniger vertreten) abzuschreiben. Eine so starke Hebung des Werts der Papiermark ist wenig wahrscheinlich; eine geringe Erhöhung der Friedensprozentsätze wird hier im allgemeinen genügen und nicht einmal immer nötig sein.

Auf seiten der alten Abnehmer der stark erweiternden Werke findet man anderseits häufig die Forderung, daß die Mehrkosten der mit Papiermark gebauten Anlagen den neu versorgten Abnehmern allein zur Last fallen sollen. Dies ist jedoch im allgemeinen nicht richtig; aus dem in Ziff. 6 zu A I 2 b für einen Einzelfall aufgestellten, aber nach dem die Verordnung durchziehenden Prinzip der billigen Berücksichtigung der Interessen aller Beteiligten auch hierher anwendbaren Grundsatz der gleichen Behandlung aller Abnehmer folgt, daß grundsätzlich auch die alten Abnehmer an der Aufbringung dieser Mehrkosten zu beteiligen sind.

7. In den nächsten Jahren wird öfters die Frage auftauchen, ob unter der Verordnung auch die nachträgliche Erhöhung vereinbarter Rückkaufs= summen verlangt werden kann. Dies wird akut, wenn der Rückkaufspreis vertraglich nicht nach dem Geschäfts= oder Taxwert, sondern z. B. nach dem Buchwert oder Anschaffungspreis bestimmt ist. So gestellt, ist die Frage zu verneinen; wie in anderem Zusammenhang ausgeführt, muß zwischen der Selbstkostensteigerung und der beantragten Vertragsänderung ein Kausalzusammenhang bestehen, der so nicht gegeben ist. Dagegen wird man dem Lieferer sehr häufig nicht verwehren können, für den Verlust, der ihm durch die Rückzahlung von Goldmarkanlagen in Papiermark droht, ebenso Rückstellungen zu verlangen, wie wenn das Werk unentgeltlich an den Konzessionsgeber zurückfällt. Bestimmte Regeln über die zulässige Höhe solcher Rückstellungen lassen sich nicht geben. Der Lieferer hat aber in solchen Fällen die Wahl, statt der Anwendung der Verordnung unter dem Gesichtspunkt der Rückstellung vielmehr nach den allgemeinen Rechts= grundsätzen vor dem ordentlichen Gericht oder evtl. einem vertraglichen Schiedsgericht unmittelbar eine Änderung der einschlägigen vertraglichen Bestimmungen oder ihre Aufhebung zu verlangen. Zu entscheiden, wie weit er mit einem solchen Verlangen Aussicht auf Erfolg hat, geht über den Rahmen dieser Arbeit hinaus.

8. Zu beachten ist ferner bei allen Fonds, die dem Lieferer zugebilligt werden und aus denen nicht regelmäßige Entnahmen stattfinden, daß solche Fonds im allgemeinen im Betrieb mitarbeiten und daß ihnen die Früchte dieser Mitarbeit zuzufließen pflegen; diesfalls sind sie daher unter Berück= sichtigung von Zinsen und Zinseszinsen zu berechnen.

9. Schwierigkeiten, die unter die Frage der Selbstkosten fallen, können sich schließlich aus dem Verhältnis der Verordnung vom 1. Februar 1919 zu der in der Einleitung erwähnten Verordnung über Klein= und Straßen= bahnen vom 21. Februar 1920 (RGBl. S. 255) dann ergeben, wenn z. B. ein elektrisches Werk und eine Straßenbahn sich in der gleichen Hand be= finden. Grundsätzlich ist davon auszugehen, daß jedes der beiden Unter= nehmen für sich zu behandeln ist, also das jetzt fast regelmäßige Defizit des Straßenbahnbetriebes nicht auf die Strompreise gelegt werden darf. Doch steht dem gegenteiligen Verfahren nichts im Wege, wenn die Beteiligten damit einverstanden sind. In manchen Fällen wird man zu einem wirt= schaftlich befriedigenden Ergebnis auch dadurch kommen, daß man einen von früher bestehenden Verteilungsschlüssel bezüglich der gemeinsamen

Ausgaben von Werk und Straßenbahn dem relativ zurückgegangenen Umsatz der Bahn entsprechend ändert.

Exkurs II.

Richtlinien des Reichskommissars für die Kohlenverteilung.

Vorbemerkung.

Die Einleitung zu den Richtlinien sowie die Richtlinien A I und II sind (letztere wenigstens in den wesentlichen Punkten) schon im vorstehenden (Erläuterungen zu § 1 Ziff. 11 und 19 und zu § 2 sowie Exkurs I) besprochen. Es bleibt also außer kurzen Nachträgen zu A I und II noch die Erläuterung der Leitsätze von A III an vorzunehmen.

Richtlinie A I. Von der Verordnung werden lediglich Verträge betroffen, die vor dem Inkrafttreten der Verordnung, das heißt vor dem 4. Februar 1919[a]), geschlossen sind.

a) „Vor dem 4. Februar 1919." Die Verordnung vom 1. Februar 1919 ist erst durch die abändernde Verordnung vom 11. März 1920 auf die Lieferung von mechanischer Arbeit und Dampf ausgedehnt worden. In dieser Verordnung ist jedoch der 4. Februar 1919 als Stichtag auch für die Abänderung von Verträgen, die sich auf die Lieferung von mechanischer Arbeit erstrecken, beibehalten worden. Durch das Gesetz vom 9. Juni 1922 ist die Bestimmung des § 1 Abs. 1 der Verordnung vom 11. März 1920, wonach der 4. Februar 1919 maßgebend ist, nicht geändert worden. Infolgedessen bleibt dieser Termin bestehen. Der Klarstellung wegen ist dieser Zeitpunkt nochmals in den Richtlinien wiedergegeben worden.

Richtlinie A II. Der im § 1 Abs.1 der Verordnung vom 1. Febr. 1919 gebrauchte Ausdruck „infolge der Kriegsverhältnisse" wird nicht zu eng auszulegen sein. Die Kriegsverhältnisse im Sinne der Verordnung haben nicht mit dem Tage des Friedensschlusses aufgehört, sie umfassen vielmehr die ganze Umwälzung der Verhältnisse der Kriegs- und Nachkriegszeit.[a])

a) „Nachkriegszeit." Diesen sich auch heute noch ständig ändernden Verhältnissen haben die Schiedsgerichte, wie bereits in der Einleitung erwähnt ist, fast ausnahmslos durch gleitende Preise Rechnung zu tragen gesucht. Näheres hierüber siehe unter Richtlinie A VI.

Richtlinie A III. Es gibt eine große Anzahl von Elektrizitäts- und Gaswerken sowie eine Anzahl von Wasserwerken, welche neben der Selbsterzeugung auch noch elektrische Arbeit, Gas oder Wasser von Nachbarwerken beziehen und weiter verkaufen. In diesen Fällen werden auch die mit den Nachbarwerken[a]) abgeschlossenen Verträge unter den vorstehend angegebenen Gesichtspunkten zu prüfen sein.

a) „Nachbarwerken." Das Schiedsgericht wird also auch die mit den Nachbarwerken abgeschlossenen Verträge daraufhin zu prüfen haben, ob Preiserhöhungen erforderlich sind, damit es gemäß Richtlinie A V die Preiserhöhung zweckmäßigerweise auf die gesamte abgegebene elektrische Arbeit bzw. Gas oder Wasser durchschnittlich errechnen kann und nicht binnen kurzer Zeit in die Lage versetzt wird, das Verfahren von neuem aufnehmen zu müssen, weil das Nachbarwerk erst einige Zeit später als der Lieferer, der das Schiedsgericht angerufen hat, seine Anträge auf Preiserhöhung stellt.

Richtlinie A IV. In vielen Fällen haben Elektrizitäts-, Gas- und Wasserwerke von den Roheinnahmen vertragliche Abgaben an Dritte zu leisten. Da die Preiserhöhung den Zweck haben soll, die Leistungsfähigkeit des Lieferers zu erhalten, wird das Gericht in solchen Fällen auch die Frage zu prüfen haben, ob und wie weit die Preiserhöhung abgabepflichtig ist, denn der erstrebte Zweck würde teilweise verfehlt werden, wenn dem Lieferer ein Teil der zur Erhaltung seiner Lebensfähigkeit nötigen Preiserhöhung auf Grund der bestehenden Verpflichtung zur Leistung einer Abgabe von der Roheinnahme wieder entzogen würde. Bei der Entscheidung über diese Frage ist zu berücksichtigen, daß der Empfänger der Abgabe vielfach der Konzessionsgeber[a]) ist.

a) „Konzessionsgeber." Es kann der Fall eintreten, daß der Lieferer gegen den Konzessionsgeber auf Preiserhöhung klagt und daß, falls diesem Verlangen vom Schiedsgericht Folge gegeben wird, ein Teil der bewilligten Preiserhöhung wieder dem Konzessionsgeber in Form von Abgaben von der Bruttoeinnahme (Entschädigung für Benutzung von Wegen u. dgl.) zufließt. Das Schiedsgericht wird dabei die Frage zu prüfen haben, ob es nach Lage des Falles angezeigt ist, dem Wegeberechtigten usw. eine Erhöhung seiner Einnahmen zuzubilligen. Bejaht das Schiedsgericht diese Frage, so muß die Preiserhöhung, die der Lieferer erhält, gegebenenfalls entsprechend höher bemessen werden.

Richtlinie A V. Bei Elektrizitäts-, Gas- und Wasserwerken mit örtlich getrennten Erzeugungsstätten oder Bezugsquellen

verschiedener Art[a]) wird das Gericht die Preiserhöhung
zweckmäßigerweise auf die gesamte verkaufte elektrische
Arbeit bzw. Gas oder Wasser durchschnittlich errechnen;
dasselbe gilt von den Werken, die mit verschiedenen Kraftquellen arbeiten, z. B. mit Wasser- und Dampfkraft oder
auch mit Dampfkraft und Dieselmotoren oder Hochofengasmotoren, Koksofengasmotoren usw., und von den Werken,
die neben der eigenen Erzeugung von Gas noch Ferngas
beziehen und dergleichen mehr, da bei jeder Art der Erzeugung und des Bezugs sich die Selbstkosten in verschiedener
Weise erhöht haben können.

a) „Erzeugungsstätten oder Bezugsquellen verschiedener
Art." Voraussetzung ist, daß die getrennt erzeugte elektrische Arbeit bzw.
das Gas oder Wasser in dasselbe Leitungsnetz abgegeben wird; es liegt
kein Grund vor, beispielsweise diejenigen Abnehmer, die durch Wasserkraft erzeugte elektrische Arbeit erhalten, günstiger zu stellen als die Verbraucher von durch Dampfkraft erzeugter elektrischer Arbeit. Derselbe
Gesichtspunkt ist ausschlaggebend, wenn zum Teil bezogene, zum andern
Teil selbst erzeugte elektrische Arbeit in dasselbe Netz hineingeschickt wird.
Anders liegt der Fall, wenn die Netze unabhängig voneinander sind. In
diesem Fall ist das durch mit Wasserkraft erzeugte elektrische Arbeit gespeiste
Netz als ein selbständiges Unternehmen anzusehen, für das die Preiserhöhung
unabhängig von dem Netz festgestellt werden muß, das durch mit Dampfkraft
erzeugte elektrische Arbeit gespeist wird. Für Gas und Wasser gilt das
vorstehend Gesagte sinngemäß.

Richtlinie A VI. In der Regel wird es zweckmäßig und möglich sein,
          dafür Sorge zu tragen, daß die künftige Preisgestaltung der
          Veränderung der Erzeugungskosten tunlichst lange angepaßt
          bleibt. Es ist daher die Findung einer gleitenden Klausel[a])
          anzustreben, sei es auf der Grundlage des Kohlenpreises, sei
          es durch Lohn- oder Teuerungsklauseln, allein oder in Ver-
          bindung mit der Kohlenklausel. Zeigt sich, daß durch solche
          Klauseln den obwaltenden Verhältnissen nicht für längere
          Zeit Rechnung getragen werden kann, so ist die Entscheidung
          auf entsprechend kürzere Zeit zu beschränken.

a) „Gleitende Klausel". In der überwiegenden Mehrzahl der
Fälle sind die gleitenden Klauseln auf den Kohlenpreisen aufgebaut.
Eine solche „Kohlenklausel" lautet in allgemeiner Fassung z. B. wie folgt:

„Die vertraglich vorgesehenen Sätze für die Lieferung von Strom (oder Gas oder Wasser) haben zur Voraussetzung, daß die im Werk verfeuerten Kohlen frei Verwendungsstelle M. .. je 10 t (oder je ′. Wärmeeinheiten) kosten. Diese Strom= (oder Gas= oder Wasser=)Preise steigen bzw. fallen in gewissen Zeitabschnitten, z. B. monatlich, für jede angefangene (oder volle) Mark Kohlenpreisänderung um . . Pfg. je Kilowattstunde (bzw. cbm). Maßgebend ist der Preis der zur Verfeuerung gelangten Kohlen einschließlich aller Steuern und Unkosten frei Kesselhaus des Werkes (bzw. Richtpreis des in Betracht kommenden Syndikats bzw. der Preis, der vom Reichskohlenverband festgesetzt ist)."

Diese Kohlenklausel geht von dem Gedanken aus, daß sich nicht nur die Brennstoffkosten, sondern auch alle anderen Ausgaben bei der Erzeugung von elektrischer Arbeit (oder Gas oder Wasser) in ähnlichem Verhältnis wie die Kohlenpreise ändern. Diese Annahme trifft im allgemeinen zu. Dies geht schon daraus hervor, daß eine große Anzahl von Kohlenklauseln, die bald nach der Herausgabe der Verordnung von den Schiedsgerichten formuliert oder vereinbart wurden, heute noch in Kraft sind. Vgl. hierzu auch Siegel: „Betrachtungen über zeitgemäße Strompreispolitik", Elektrotechnische Zeitschrift 1921, Seite 1121, und Mitteilungen der Vereinigung der Elektrizitätswerke, Heft Nr. 297, Jahrg. 1921, Seite 333. Dort ist an Hand beliebig zusammengestellter Beispiele nachgewiesen, daß sich die unmittelbaren Erzeugungskosten der elektrischen Arbeit durch eine feste Zahl und einen Zuschlag ausdrücken lassen, gleich dem Produkt aus einem konstanten Faktor und den jeweiligen Kohlenpreisen pro Tonne. „Für unsere Verhältnisse — heißt es in der genannten Abhandlung — ist und bleibt für die absehbare Zukunft der Kohlenpreis ein so beherrschender Wirtschaftsfaktor, daß sich letzten Endes die Preise industrieller Erzeugnisse, bei denen die Kohle einen integrierenden Bestandteil bildet, in kürzeren oder längeren Fristen den Kohlenpreisen anpassen müssen." Man wird diesen Ausführungen um so mehr zustimmen können, als auch die Erfahrungen in neuester Zeit dauernd eine ähnliche Bewegung in den Kohlenpreisen und den Löhnen sowie bei allen Industrieprodukten erkennen lassen. Deshalb hat auch in einem Falle ein Schiedsgericht sogar bei einem Elektrizitätswerk, das ausschließlich mit Wasserkraft arbeitet, die Strompreise auf einer Kohlenklausel aufgebaut. Wohl wird hier und da darauf hingewiesen, daß unter den gegenwärtigen wirtschaftlichen Verhältnissen die Preisbewegung der einzelnen Selbstkostenteile sich verschieden gestalten könne, daß z. B. die Kohlenpreise infolge finanz= oder außenpolitischer Verhältnisse plötzlich stark in die Höhe gehen könnten, ohne daß die Löhne in gleichem Maße heraufgesetzt werden, oder aber daß umgekehrt eine Preisermäßigung der Kohlen eintreten könnte, ohne daß die Löhne in gleicher Weise folgen. Gewiß sind derartige Kombinationen denkbar, und man hat versucht, ihnen dadurch Rechnung zu tragen, daß man zunächst statt einer einheitlichen Klausel, die alle Verteuerungen umfaßt, eine getrennte Kohlenklausel, die ausschließlich das Anwachsen der Kohlenkosten und eine gesonderte Lohnklausel, die alle übrigen Verteuerungen berücksichtigt, eingeführt hat (Beispiel siehe unten). Man geht dabei von der Voraussetzung aus, daß alle übrigen Unkosten außer den Brennstoffkosten, also insbesondere auch die Reparaturen, sich in erster Linie in Abhängigkeit von den Löhnen verändern. Wollte man aber in dieser Richtung konsequent vorgehen, so müßte man für jeden einzelnen Kostenanteil eine besondere Klausel einführen. Eine solche Regelung würde zwar eine engere Anpassung an die Schwankungen der einzelnen Kostenanteile herbeiführen, würde aber letzten Endes zu einer solchen Komplikation der Stromverrechnung und einer solchen Unübersichtlichkeit führen, daß neue Schwierigkeiten entstehen müssen. Zudem würde ein praktischer Vorteil nicht erzielt werden, da, worauf Siegel in der erwähnten Arbeit hinweist, bei Berücksichtigung längerer Zeiträume — und darauf kommt es vor allem an — sowohl für den Abnehmer wie für den Erzeuger aller Wahrscheinlichkeit nach sich das gleiche Ergebnis herausstellen würde, als wenn eine einzige Kohlenklausel, die alle Verteuerungen einschließt, angewendet worden wäre. Es wird sich daher nur in ganz wenigen Ausnahmefällen als zweckdienlich erweisen, getrennte Klauseln in Erwägung zu ziehen, dann z. B., wenn ein Großabnehmer einen wesentlichen Teil der Gesamterzeugung beansprucht und es notwendig wird, die Strompreise innerhalb kürzerer Zeiträume so eng als möglich den Erzeugungskosten anzupassen.

Bei der Aufstellung der Kohlenklausel werden die Gerichte darauf zu achten haben, daß der Kohlenpreis, der den Strompreisänderungen zugrunde gelegt wird, den Verhältnissen des Einzelfalles möglichst Rechnung trägt. Syndikatspreise oder sonstige allgemeine Preisnotierungen haben den Nachteil, daß sie die schwer ins Gewicht fallende Änderung der Frachtsätze außer acht lassen; sie werden daher nur dort als Grundlage am Platze sein, wo der Kohlenpreis lediglich einen allgemeinen Maßstab für die Wirtschaftslage darstellen soll, z. B. bei Wasserkraftanlagen, Kraftwerken auf Gruben (siehe auch Richtlinie B II) oder Anlagen, bei denen sehr verschiedenartige Antriebsarten in Frage kommen. Werden bei Dampfkraftwerken verschiedene Kohlensorten verfeuert, so kann es zweckmäßig sein, an Stelle des Preises pro Tonne Kohle den Preis für eine bestimmte

Anzahl Wärmeeinheiten zur Grundlage der Klausel zu machen. Nicht zu empfehlen sind — abgesehen von besonders gelagerten Einzelfällen — Klauseln, bei denen der tatsächliche Verbrauch des Kraftwerkes an Brenn= stoff je Kilowattstunde zugrunde gelegt wird, weil dann dem Lieferer ein Anreiz fehlt, die Kohlenkosten herabzudrücken. In allen diesen Fällen soll im Schiedsspruch gleichzeitig festgesetzt werden, welche Unkosten in den Kohlenpreis mit eingeschlossen werden sollen (siehe auch Richtlinie B I); in vielen Fällen ist der Preis frei Kesselhaus des Kraftwerkes gewählt worden, so daß zu den Kohlenkosten nicht nur Frachten, Steuern und Be= halbungskosten, sondern auch Löhne für die Kohlenbewegung sowie für die Unterhaltung der Kohlenförderanlage eingerechnet werden. Dabei muß darauf geachtet werden, daß diese letztgenannten Unkosten bei Fest= setzung des Kohlenklauselfaktors nicht doppelt berücksichtigt werden. Auch wird man in solchen Fällen dem Abnehmer im Schiedsspruch das Recht zugestehen müssen, die Belege für die Berechnung der Kohlenpreise durch einen unparteiischen Sachverständigen auf seine Kosten nachprüfen zu lassen.

Weiterhin ist bei der Festsetzung der Kohlenklausel zu erwägen, nach welchen Zeiträumen jeweils die Änderungen der Strompreise eintreten sollen (siehe auch Richtlinie B IV). Bei der sich überstürzenden Ver= änderung der Wirtschaftslage, die in der letzten Zeit jede Kalkulation be= sonders erschwert hat, wird man dem Lieferer nicht zumuten können, sich für längere Zeiträume als für einen Monat festzulegen. Neuere Schieds= gerichte sehen daher fast ausnahmslos monatliche Veränderung der Preise vor. Dabei kann der vielfach geübte Brauch, die Durchschnittskohlenpreise des der Strompreisberechnung vorausgehenden Monats zugrunde zu legen, bei der überaus raschen Veränderung der Kohlenpreise für den Lieferer dann eine schwere Schädigung bedeuten, wenn es sich um Groß= abnehmerverträge handelt, die dem Lieferer einen von den Selbstkosten wenig verschiedenen Strompreis zubilligen. In solchen Fällen wird zu erwägen sein, ob nicht die Kohlenpreise des Verrechnungsmonats selbst zugrunde gelegt werden können.

In neuerer Zeit werden in wachsendem Umfang Formen von Strom= preisen angewendet, bei denen die Bezahlung der elektrischen Arbeit in der Erhebung einer festen Gebühr, meist Leistungsgebühr genannt, und einer Arbeitsgebühr für die tatsächlich verbrauchten Kilowattstunden besteht. Die feste Gebühr umfaßt meist die Ausgaben für den Kapitaldienst, also für Verzinsung, Abschreibung, Erneuerung, Heimfalltilgung und dgl. Auch hierbei kann man mit einer Kohlenklausel auskommen, wobei lebig=

lich für die Leistungsgebühr ein anderer Maßstab für die Veränderung gefunden werden muß als für die Arbeitsgebühr. — Man hat auch erwogen, für die Veränderung der Leistungsgebühr den Geldwert zugrunde zu legen, was jedoch nicht als zweckmäßig bezeichnet werden kann, da der Geldwert zu stark wechselt und häufig nicht durch wirtschaftliche, sondern durch politische Rücksichten bestimmt wird. Will man für die Leistungsgebühr einen besonderen Maßstab zugrunde legen, so können, wie dies in neuerer Zeit von Schiedsgerichten bereits durchgeführt worden ist, die Zuschläge gemäß den vom Zentralverband der deutschen elektrotechnischen Industrie veröffentlichten Listen bestimmt werden.

Einige Beispiele mögen das Gesagte veranschaulichen:

a) **Berücksichtigung verschiedener Kohlensorten:** Es wird der Kohlendurchschnittspreis der verfeuerten Kohle festgestellt, indem die Mengen der inländischen Steinkohle und der ausländischen sowie die hierfür bezahlten Beträge frei Werk ermittelt werden. Hierzu kommt bei den angelieferten Braunkohlenbriketts $\frac{6,5}{10}$ des angelieferten Gewichts, bei sonstigen Braunkohlenprodukten $\frac{3}{10}$ des angelieferten Gewichts, während die tatsächlich hierfür bezahlten Beträge voll in Rechnung gestellt werden. Die so umgerechnete Gesamtmenge in die Gesamtsumme der tatsächlich bezahlten Beträge geteilt, ergibt den Durchschnittskohlenpreis.

Beispiel. Verfeuerte Kohlenmengen in einem Monat:

Steinkohlen . . . . 3025 t frei Werk 1250000.— M.

Auslandskohle . . . . 500 t　„　„　500000.— „

Braunkohlenbriketts 200 t, eingesetzt

mit $\dfrac{200 \times 6,5}{10}$ . . . . 130 t

Rohbraunkohle 150 t, eingesetzt

mit $\dfrac{150 \times 3}{10}$ . . . . 45 t　„　„　100000.— „

———————————————————

3700 t　　1850000.— M.

somit Durchschnittspreis pro 10 t $\dfrac{1850000}{3700}$ . . . . . . 5000.— „

b) **Berücksichtigung des Heizwertes:** Als Grundlagen für die Strompreise gelten die durchschnittlichen Brennstoffkosten des Kraftwerkes im Geschäftsjahre 1913/14, die mit .. Pfg. für 10 000 WE frei Kraftwerk ermittelt sind. Erhöhen oder ermäßigen sich die durchschnittlichen Brenn-

stofffosten frei Kesselhaus um x %, so werden die Grundstrompreise um
b · x% erhöht bzw. erniedrigt. Die Feststellung der durchschnittlichen
Brennstofffosten erfolgt allmonatlich. Nach den so festgesetzten Brennstoff=
kosten werden alsdann die Zuschläge im nächsten Monat berechnet. Auf
Verlangen des Abnehmers muß der Stromlieferer einem von ersterem
benannten unparteiischen Sachverständigen alle Unterlagen für die Be=
rechnung der Zuschläge vorlegen.

c) Lohnflausel. Es wird der mittlere Tagelohn (für 24 Stunden
berechnet) für Heizer und Maschinisten ermittelt und hiervon der mittlere
Tagelohn dieser Arbeiter im Jahre 1914 abgezogen. Die Differenz wird
mit einem von dem Schiedsgericht ermittelten Faktor multipliziert und
das Produkt als Lohnzuschlag dem Grundpreis bzw. dem Kohlenflausel=
zuschlag hinzugerechnet. Maßgebend für die Ermittlung des Tagelohnes
sind die Sätze des Tarifvertrages. Zur Ermittlung des Faktors stellte in
einem Falle das Schiedsgericht zunächst fest, daß zur Zeit der Fällung des
Schiedsspruches die Gesamtsteigerung für die Betriebsausgaben ausschließ=
lich der Kohlenkosten, also die Steigerung des auf Gehälter, Löhne, Unter=
haltungs= und Reparaturkosten usw. entfallenden Anteils gegenüber der
Vorkriegszeit a Pfg. je kWh ausmachte. Die Lohnausgaben für 24 Stun=
den betrugen im Jahre 1914 (zwei 12 stündige Schichten) im Durchschnitt
M. 8,— und in der dem Schiedsspruch unmittelbar vorhergehenden Zeit
M. 45,— (drei 8 stündige Schichten). Die Differenz stellte sich demnach
auf M. 37,— d. h. für eine Mark Lohnkostensteigerung berechnet sich der

Zuschlag auf $\dfrac{a \text{ Pfg.}}{37}$. Der jeweils auf die Lohnsteigerung entfallende Zu=

schlag berechnet sich hiernach für andere Zeiten wie folgt: Der Durch=
schnittslohn für Heizer und Maschinisten für die 8 stündige Schicht betrage
M. 240,—; der Tagelohn (24 Stunden) ergibt sich somit zu M. 720,—,
der Mehrpreis gegenüber 1914 also zu 720 — 8 = M. 712,—, so daß der

Lohnzuschlag $\dfrac{712 \cdot a}{37}$ Pfg. je kWh beträgt.

d) Klausel für die feste Gebühr auf Grund der Listen des
Zentralverbandes: Für jedes an der Übergabestelle durchschnittlich
festgestellte Kilowatt der Inanspruchnahme hat der Abnehmer zu zahlen

1. einen festen Betrag von A Mark für Verzinsung,

2. einen veränderlichen Betrag für Abschreibung und Erneuerung,
der wie folgt errechnet wird: Für Abschreibung und Erneuerung ist vor
dem Jahre 1915 auf jedes Kilowatt der Inanspruchnahme ein Betrag

von B Goldmark entfallen. Dieser Betrag wird mit einer Ziffer verviel=
fältigt, die auf Grund der letztmalig vor der Rechnung veröffentlichten
Tabelle des Zentralverbandes der Deutschen Elektrotechnischen Industrie
für Dampfturbinen, Generatoren, Transformatoren und Schaltapparate
ermittelt wird. Das Mittel aus den Zuschlägen dieser genannten Posi=
tionen wird, da sich die Listen auf den dreifachen Grundpreis beziehen,
mit 3 multipliziert, der so errechnete Zuschlag durch 100 dividiert, gibt
den Vervielfältigungsfaktor für den veränderlichen Betrag.

Beispiel: Die Anlagekosten des Kraftwerkes für 1 kW der Höchst=
entnahme für das Jahr 1914 seien z. B. mit M. 300,— ermittelt. Die
Gebühr zu 1. für die Verzinsung ergibt sich somit für jedes Kilowatt und
Jahr zu 6% gerechnet zu M. 18,—. (Es handelt sich hierbei um Gold=
mark; der Betrag wird je nach der Lage des Falles eine Korrektur erfahren
müssen.) Die Gebühr zu 2. hätte sich, falls für Abschreibungen und Er=
neuerungen ein Satz von 5% angewendet worden war, zu M. 15,— ergeben.
Für einen bestimmten Monat ergeben die Listen des Zentralverbandes
für die genannten Positionen im Mittel einen Zuschlag von 3200%. Die
Vervielfältigungsziffer für die Gebühr unter 2. ergibt sich somit zu

$$\frac{3200 \times 3}{100} = 96;$$ es kommt somit für jedes Kilowatt ein Zuschlag von

$96 \times 15 = $ M. 1440,— zur Berechnung.

Ausdrücklich sei darauf hingewiesen, daß es sich bei den vorgenannten
Beispielen um bestimmt gedachte Fälle handelt, daß daher die angegebenen
Formen nicht ohne weiteres verallgemeinert werden können, sondern daß
vielmehr jeder einzelne Fall für sich betrachtet werden muß.

Richtlinie A VII. Es wird nicht immer nötig sein, die Vertragspreise
zu erhöhen; es kann vielmehr mitunter auch in Frage kommen,
dem Lieferer durch Wegfall bestehender Lasten und Be=
schränkungen[a]) und verwandte Maßnahmen[b]) die durch die
Verordnung erstrebte Hilfe zuteil werden zu lassen.

a) „Wegfall bestehender Lasten und Beschränkungen."
Hierbei wird es sich in erster Linie um vertragliche Abgaben von den Roh=
oder Reineinnahmen handeln. Näheres hierüber siehe unter Richtlinie A IV.

In einem Falle hatte ein Lieferer an den Konzessionsgeber von seinen
Roheinnahmen vertraglich eine auf eine bestimmte Summe festgesetzte
Abgabe zu leisten. Auf Antrag des Konzessionsgebers hat das Schiedsgericht
diesen Betrag erheblich erhöht. Eine Begründung hierfür ist in dem Schieds=
spruch nicht gegeben. Die Entscheidung dürfte zu Unrecht erfolgt sein, denn

die Verordnung stellt als obersten Gesichtspunkt die Erhaltung der Lebens-
und Leistungsfähigkeit der Werke im Interesse der Allgemeinheit hin.
Dieser Zweck wird aber nicht erreicht, wenn das Schiedsgericht in seiner
Entscheidung den Abnehmer (Konzessionsgeber) günstiger stellt, als er vorher
gestanden hat. Wenn ein Schiedsgericht daher derartigen Anträgen der
Abnehmer Folge zu geben beabsichtigt, so muß es den Fall ganz besonders
sorgfältig prüfen und auch in seiner Entscheidung begründen. Abgesehen
von ganz besonders gelagerten Ausnahmefällen wird das Schiedsgericht
derartige Anträge der Abnehmer ablehnen müssen.

b) „Verwandte Maßnahmen." Hier wird vor allem an eine Erhöhung der Mieten für Elektrizitäts-, Gas- und Wassermesser zu denken
sein. Die Verlängerung von Verträgen, die in der früheren Fassung noch
erwähnt war, ist gestrichen. Sie ist kaum praktisch geworden, es steht aber
nichts im Wege, daß trotz der Streichung im Bedarfsfalle ein Schiedsgericht
als verwandte Maßnahme auch eine Vertragsverlängerung anordnet.

Richtlinie A VIII. Liegt der Zeitpunkt der letzten Preisvereinbarung
so weit zurück, daß der Lieferer nicht mehr in der Lage ist,
die Höhe seiner damaligen Selbstkosten nachzuweisen[a]) (vgl.
§ 44 Handelsgesetzbuch), so wird das Schiedsgericht zweckmäßigerweise die Durchschnitte der Selbstkosten in der Zeit
vom 1. Januar 1909 bis zum Kriegsausbruch mit den gegenwärtigen Selbstkosten in Vergleich stellen. Lagen zur Zeit
des Abschlusses der letzten Preisvereinbarungen tatsächliche
Selbstkosten des Lieferers nicht vor, weil beispielsweise zu
dieser Zeit das Werk noch im Bau war und der Preisvereinbarung nur rechnerisch ermittelte oder durch Vergleich
mit Werken, die unter gleichen Bedingungen arbeiten,
gewonnene Zahlen zugrunde gelegt wurden, so wird das
Schiedsgericht ebenfalls die Selbstkosten der Friedensjahre mit
den gegenwärtigen Selbstkosten in Vergleich stellen können, sofern es die Überzeugung gewonnen hat, daß der Lieferer bei
Abschluß der Preisvereinbarung die Anwendung der Sorgfalt
eines ordentlichen Kaufmannes nicht außer acht gelassen hat.

a) „nachzuweisen". Es sollen dem Lieferer dadurch keine Nachteile
erwachsen, daß er seine Bücher und Belege nur während der durch § 44 des
Handelsgesetzbuches vorgeschriebenen Zeit aufbewahrt hat.

Richtlinie A IX. Es ist möglich, daß in einzelnen Fällen trotz des
erfahrungsgemäß geringen Anteils, den im allgemeinen die

Ausgaben für elektrische Arbeit, Gas und Wasser an den Selbstkosten des Abnehmers zu haben pflegen, die nach den Vorschriften der Verordnung und der Richtlinien sich ergebenden Änderungen der Leistungen des Abnehmers diesen so schwer belasten, daß seine Konkurrenzfähigkeit gegenüber unter bisher gleichen Verhältnissen arbeitenden Betrieben oder seine wirtschaftliche Existenz überhaupt ernstlich bedroht wird. In solchen Fällen stehen also schwerwiegende Einzelinteressen dem Allgemeininteresse an der Erhaltung der Leistungsfähigkeit der Elektrizitäts-, Gas- und Wasserwerke gegenüber. Die an sich mögliche Bejahung der Frage, ob die Gefährdung des Einzelinteresses so schwerwiegend ist, daß in dem betreffenden Fall das Allgemeininteresse dagegen zurückzutreten hat, bedarf einer besonders genauen Prüfung.

Es kann in einzelnen Fällen unbedenklich sein, die Erhöhung der Leistungen des Abnehmers niedriger zu halten, als sich bei Anwendung der Vorschriften sonst ergeben würde; jedoch ist dabei immer zu beachten, daß die Lieferer im allgemeinen zahlreiche Abnehmer haben und die Entlastung eines derselben zu Unbilligkeiten gegen die anderen führen könnte. Möglich ist auch, daß eine Reihe in gleichen Verhältnissen stehender Abnehmer vorhanden ist; dann besteht bei Herabsetzung der Leistungen des gerade prozessierenden Abnehmers die Möglichkeit, daß auch die anderen Abnehmer gleiche Erleichterungen verlangen und damit eine unbillige Belastung der noch verbleibenden Abnehmer oder eine Gefährdung der Lebensfähigkeit des Lieferers herbeiführen.

In Fällen, in denen nach dem zu Eingang dieses Abschnitts Gesagten unter Berücksichtigung aller dort angegebenen Umstände die Belastung des Abnehmers als zu groß angesehen wird, kann es unter Umständen in Frage kommen, die dem Lieferer nach den Vorschriften der Verordnung und der Richtlinien zuzubilligende Verbesserung seiner Lage erst dann eintreten zu lassen, wenn er dem Abnehmer die Möglichkeit gewährt hat, den Vertrag durch Kündigung zu lösen und der Abnehmer von dieser Möglichkeit keinen Gebrauch gemacht hat. Auch hierbei aber hat das Gericht darauf zu achten, daß nicht, insbesondere durch Fortfall des fraglichen Abnehmers oder (beim Vorhandensein zahlreicher Abnehmer mit gleich oder ähnlich gelagerten Verhältnissen), durch eine große Zahl von Kündigungen dieser Art die Lebensfähigkeit des Werks zerstört oder eine übermäßige Belastung der sonstigen Abnehmer herbeigeführt wird. Wenn das Gericht dazu kommt, die Preiserhöhung von der Anbietung des Kündigungsrechts abhängig zu machen, so hat es die Fristen und Bedingungen der Kündigung im einzelnen zu bestimmen, wobei der Zeit, die der Abnehmer regelmäßig zur Ersatzbeschaffung braucht, Rechnung zu tragen ist. Das Gericht kann auch dem Lieferer frei stellen, dem Abnehmer statt der Kündigung die Übernahme einer geringeren statt der an sich ausgesprochenen Preiserhöhung anzubieten; die erstere hat es ebenfalls schon in der Entscheidung zu bestimmen. Die Frist für die Kündigung hat das Gericht so zu bestimmen, daß die Kündigung keinesfalls früher als acht Wochen nach Verkündigung der Entscheidung wirksam werden kann. Das Gericht kann auch eine längere Frist bestimmen. Eine solche längere Frist wird meistens zweckmäßig sein.

Hat der Lieferer für den Abnehmer besondere Aufwendungen (z. B. Legung einer besonderen Leitung, Errichtung einer eigenen Umformeranlage, Aufstellung besonderer Maschinen u. dgl.) gemacht, so ist, wenn das Gericht die Preiserhöhung von der Anbietung des Kündigungsrechts abhängig macht, in der Entscheidung gleichzeitig festzusetzen, in welchem Umfang und in welcher Weise der Abnehmer dem Lieferer für diese Aufwendungen zu entschädigen hat; die Erfüllung oder Sicherstellung der hiernach zu machenden Leistungen ist zur Voraussetzung der Ausübung des Kündigungsrechts zu machen.

<h2 style="text-align:center">Erläuterung.</h2>

1. Klagen über eine das wirtschaftlich erträgliche Maß überschreitende Belastung der Abnehmer durch eine an sich (d. h. vom Standpunkt der Richtlinien und der Lebensfähigkeit des Lieferwerks aus gesehen) gerechtfertigte Preiserhöhung für Strom, Gas und Wasser haben zur Neueinfügung vorliegender Richtlinie (der hauptsächlichsten Neuerung neben der Berufung) geführt.

2. An den Anfang gestellt ist die Feststellung, daß in der Regel die Ausgaben für Strom, Gas und Wasser nur mit sehr niederen Sätzen

(höchstens 3 bis 5%) in die Selbstkosten der Verbraucher einzugehen pflegen. Die Schiedsgerichte werden daher in diesem Regelfall von der Anwendung der Richtlinie abzusehen haben, wenn nicht ganz besondere Umstände eine andere Entscheidung gebieten. Aber auch, wenn diese Kosten eine erheblichere Rolle spielen, muß das Gericht (immer vorausgesetzt, daß bei völliger oder teilweiser Versagung einer Preiserhöhung die Lebensfähigkeit des Lieferers bedroht ist) zunächst untersuchen, ob der Abnehmer sich nicht durch Abwälzung, evtl. gemäß § 5 der Verordnung, helfen kann; nur, wenn dies wiederum zu verneinen ist, kommt die Anwendung der Richtlinie überhaupt in Frage.

3. Will das Gericht die Anwendung der Richtlinie in Erwägung ziehen, so ist ihm durch ihren Inhalt zunächst aufgegeben, zwischen dem Allgemeininteresse an der Aufrechterholtung der technisch-wirtschaftlichen Leistungsfähigkeit des Lieferers und dem privaten speziellen Interesse an der Aufrechterhaltung der Lebensfähigkeit des Abnehmers abzuwägen. Ergibt diese Abwägung, daß die letztere als mindestens gleichwertig zu berücksichtigen ist, so öffnen sich hierzu dem Schiedsgericht nach der Richtlinie mehrere Wege:

a) Das Gericht kann die Preise, die der Abnehmer zu bezahlen hat, etwas niedriger halten, als an sich nach der Lage des Lieferers gerechtfertigt wäre. Das ist auch bisher schon im Sinne von § 2² der Verordnung nicht selten geschehen. Die Richtlinie weist die Gerichte nur darauf hin, daß bei solchem Verfahren zu überlegen ist, ob es nicht als Präzedenzfall benutzt werden kann und dadurch eine größere Gefährdung des Lieferers eintritt, als sich an sich aus dem vorliegenden Einzelfall ergäbe, oder ob nicht, um dies abzuwenden, eine im Einzelfall möglicherweise über das zulässige und erträgliche Maß hinausgehende Mehrbelastung anderer Abnehmer nötig würde.

b) Sollte das Gericht aus dem zuletzt genannten Grunde Bedenken tragen, einen niedrigeren Preis festzusetzen, so ist es berechtigt, dem Abnehmer mit den Maßgaben der Ziff. 4 die Möglichkeit einer Lösung des ganzen Vertragsverhältnisses zu eröffnen. Ein besonderer, hierauf gerichteter Antrag des Abnehmers ist nicht vorgeschrieben; das Gericht wird aber gut tun, einen solchen abzuwarten. Auch die Kündigungsmöglichkeit soll aber das Gericht nicht zubilligen, falls hierdurch wieder (infolge dadurch ausgelöster Kündigungen gleichartiger Abnehmer) eine Zerstörung der Lebensfähigkeit des Lieferers oder eine unerträgliche Mehrbelastung seiner anderen Abnehmer einträte. Was das Gericht tun soll, wenn sich Ruin des Lieferers und des Abnehmers als unausweichliche Alternative gegenüberstehen, darüber sagt die Richtlinie nichts. Das Gericht wird dann je nach den Verhältnissen des Einzelfalls durchhauen müssen.

4. Dieses Kündigungsrecht kann das Gericht nach der Richtlinie

dem Abnehmer nicht direkt zusprechen; es kann vielmehr nur den Eintritt der von ihm an sich als richtig gehaltenen Preiserhöhung davon abhängig machen, daß der Lieferer dem Abnehmer das Kündigungsrecht anbietet. Dieser etwas auffallende Umweg war zu wählen, weil es zweifelhaft schien, ob ein solches Kündigungsrecht ohne gesetzliche Ermächtigung (die nicht vorliegt) gegeben werden könne; die gewählte Form geht von der Erwägung aus, daß dem Schiedsgericht keinesfalls verboten sei, seinen Spruch an die Erfüllung irgendeiner von ihm für richtig gehaltenen Bedingung seitens des Lieferers zu knüpfen. Ob dieser Umweg rechtlich tragbar ist, wird letzten Endes das Reichswirtschaftsgericht zu entscheiden haben; die Frage dürfte jedoch zu bejahen sein.

5. Wenn das Gericht wegen der Gefährdung des Lieferers durch eine große Zahl von Kündigungen Bedenken hat, die Preiserhöhung an das Angebot der Kündigung zu knüpfen, so soll es weiter nach dem Leitsatz dem Lieferer die Wahl lassen können, ob er trotzdem die Kündigung riskieren oder sich mit einem geringeren Preis begnügen will. Eines von beiden hat er dann dem Abnehmer anzubieten; den in Frage kommenden geringeren Preis hat das Gericht schon in seinem Spruch zu bestimmen.

6. Wenn das Gericht im Falle von Ziff. 4 und 5 das Kündigungs= recht zuspricht, so hat es die Bedingungen der Kündigung und deren Frist festzusetzen. Letzteres muß es tun (das „hat zu tun" des Textes wird durch die nachfolgende Bemerkung „sollte eine Abweichung nicht stattfinden" bestätigt, nicht abgeschwächt); und es darf — gleichfalls zwingend — diese Frist nicht kürzer als auf 8 Wochen nach der Verkündung seines Spruchs bestimmen. Dies ist deshalb angeordnet, damit nicht im Falle der Berufung dem Reichswirtschaftsgericht bereits ein fait accompli vorliegt und damit letzteres die Möglichkeit behält, eine einstweilige Anordnung zu erlassen. Die in der Richtlinie genannten 8 Wochen sind die gesetzliche Minimalfrist. Rich= tigerweise werden die Gerichte jedoch eine erheblich längere Frist wählen, um beiden Beteiligten die Möglichkeit zu geben, sich einzurichten. Bezüg= lich des Abnehmers ist dies in der Richtlinie ausdrücklich vorgeschrieben.

7. Von besonderer Wichtigkeit im Falle der Kündigung ist der letzte Absatz der Richtlinie, der wegen der besonderen Wichtigkeit der in Frage stehenden Interessen gleichfalls für zwingend erklärt ist. Er soll den Lieferer davor schützen, daß ihm nicht die besonderen Aufwendungen, die er für den kündigenden Abnehmer gemacht hat, ersatzlos verloren gehen. Die hierbei in Betracht kommenden Fälle sind in der Richtlinie ziemlich erschöpfend aufgezählt; in Frage kommen könnte etwa noch die Anbringung besonderer, anderweit nicht zu verwertender Zähler.

Das Gericht hat festzusetzen, ob und in welchem Umfang zu entschädigen ist. Die Frage nach dem „ob" wird im allgemeinen nur dann zu verneinen sein, wenn der Lieferer die durch die Kündigung entbehrlich werdende Anlage ohne besondere Kosten anderweit verwerten kann. Im übrigen wird das Gericht zu prüfen haben, inwieweit sich durch das Zweckloswerden dieser Sonderaufwendungen (nicht etwa durch die Kündigung selbst) das Vermögen des Lieferers vermindert; in dieser Höhe hat es ihm Entschädigung zuzusprechen. Vor der Leistung oder Sicherstellung der Entschädigung kann wirksam nicht gekündigt werden. Entschädigung und Kündigung haben äußerstenfalls gleichzeitig zu erfolgen.

8. Nicht ganz leicht ist das sich aus der Anwendung der Richtlinie ergebende Resultat mit der Bestimmung in § 2 der Verordnung zu vereinbaren, daß der Inhalt des Schiedsspruchs Bestandteil der vertraglichen Festsetzungen wird. Die Frage wird dahin zu entscheiden sein, daß der Rechtszustand, der sich beim Ablauf der Kündigungsfrist bzw. durch die Wahl des Lieferers im Falle der Ziff. 5 ergibt, als Vertragsinhalt gilt.

9. Ausdrücklich sei darauf hingewiesen, daß die Richtlinie nach ihrem ganzen Inhalt nur für unmittelbare Verbraucher, jedenfalls aber nicht für den Fall des § 1 Abf. 2 der Verordnung (Konzessionsvertrag) gilt. Für Unterverteiler elektrischer Arbeit wird er nur in Betracht kommen, wenn in ihr Absatzgebiet auch andere Erzeuger liefern.

10. In Anbetracht des etwas verwickelten Inhalts der Richtlinie wird ein Beispiel für die Urteilsformel nicht unwillkommen sein.

A. Im Falle der Ziff. 4 wird die Formel unter Berücksichtigung von Ziff. 6 etwa lauten können:

1. „Die vertraglichen Preise erhöhen sich vom heutigen Tage ab um x Pfennig für jede Mark, um die sich der Kohlenpreis frei Werk über a Mark je Tonne erhebt.

2. Diese Preiserhöhung tritt nicht ein, wenn nicht der Lieferer dem Abnehmer das Recht der Kündigung des zwischen den Parteien bestehenden Vertrags in der in Ziff. 3 angegebenen Weise innerhalb von 14 Tagen nach Verkündung dieses Schiedsspruchs durch eingeschriebenen Brief anbietet."

3. Das nach Ziff. 2 anzubietende Kündigungsrecht muß etwa folgenden Inhalt haben:

„Die Kündigung wirkt auf den ersten Tag des ersten (evtl. zweiten) nach dem Tage der Urteilsverkündung beginnenden Kalenderjahrs (evtl. Halbjahrs). Sie ist dem Lieferer binnen 8 Wochen nach dem Zugang des Angebots zu 2 durch eingeschriebenen Brief zu erklären.

4. Bis zum Eintritt der Wirkung der Kündigung hat der Abnehmer die

Preise von Ziff. 1 (oder die Preise der einstweiligen Anordnung oder einen sonst festzusetzenden Preis) zu bezahlen."

B. Im Falle der Ziff. 5 würde die Ziff. 2 des Tenors zu A folgenden Wortlaut haben:

2. „Diese Preiserhöhung tritt nicht ein, wenn nicht innerhalb von zwei Wochen nach Verkündung des Schiedsspruchs der Lieferer dem Abnehmer anbietet: entweder ein Kündigungsrecht gemäß Ziff. 3 oder die Fort= setzung des Vertrags mit der Kohlenklausel $^2/_3$ x."

C. Im Falle der Ziff. 7 käme noch folgendes hinzu:

5. „Die Kündigung ist nur wirksam, wenn der Abnehmer spätestens gleichzeitig mit ihrer Erklärung an den Lieferer als Entschädigung für die Wegnahme der zu ihm gelegten Leitung einen Betrag von y Mark bezahlt hat. Ist die Kündigung danach unwirksam, so tritt Ziff. 1 des Schieds= spruchs mit dem dort bezeichneten Tage bedingungslos in Kraft."

11. In vielen Verträgen ist dem Lieferer ein Monopol in der Art eingeräumt, daß der Abnehmer oder Konzessionsgeber verpflichtet ist, seinen ganzen Bedarf von dem Lieferer zu beziehen. Beim Steigen des Bedarfs kommt es dabei nicht ganz selten vor, daß der Lieferer erklärt, zwar eine bestimmte Menge (z. B. das bisher bezogene Maximum) zum alten oder einem mäßig erhöhten Preis liefern zu können, während er weitere Mengen nur zu einem in größerem Ausmaß erhöhten Preis ab= geben kann. Schließt sich das Gericht von sich aus oder auf Grund Ein= vernehmens der Parteien dem an (möglich wäre, wie oben S. 67/68 aus= geführt, auch die Vornahme einer Durchschnittsberechnung), so wird es manchmal in analoger Anwendung der Richtlinie A IX die größere Preis= erhöhung für die Zusatzmenge davon abhängig machen dürfen, daß dem Abnehmer oder Konzessionsgeber für diese Zusatzmenge ein Rücktritts= bzw. Kündigungsrecht angeboten wird.

Richtlinie B I. Bei Feststellung der Brennstoffpreise zu den in Betracht kommenden Zeitpunkten[a]) wird im allgemeinen von den Preisen des Brennstoffes frei Verbrennungsstelle auszugehen sein, weil auch die Transportkosten von der Grube bis zur Verbrennungsstelle sowie die Behaldungs= kosten in der Regel nicht vorauszusehende Steigerungen erfahren haben[b]).

a) „in Betracht kommenden Zeitpunkten." Die in Betracht kommenden Zeitpunkte sind einmal die Zeit, zu der die letzten Preis=

abmachungen getroffen worden sind, bzw. die Zeit vom 1. Januar 1919 bis zum Kriegsausbruch (Richtlinie A VIII) und die Gegenwart.

b) Siehe Erläuterungen zu Richtlinie A VI.

Richtlinie B II. Bei Unternehmen, die zur Erzeugung elektrischer Arbeit im eigenen Betriebe erzeugte Brennstoffe verwenden, wird unter Erhöhung der Brennstoffpreise im allgemeinen die tatsächliche Steigerung der Erzeugungskosten der Brennstoffe zu verstehen sein. Diese soll jedoch nicht höher angesetzt werden, als die Erhöhung der amtlich festgesetzten Preise (zur Zeit Brennstoff-Verkaufspreise des Reichskohlenverbandes). Unter gewissen Umständen kann geltend gemacht werden, daß die Kosten zu einem der in Betracht kommenden Zeitpunkte[a]) außergewöhnliche waren, weil beispielsweise das Bergwerk sich noch im Zustande der Erschließung[b]) befand. In solchen Fällen würde es unbillig sein, diese außergewöhnlichen Kosten zugrunde zu legen.

a) „in Betracht kommende Zeitpunkte." Vgl. Richtlinie B I.

b) „Erschließung." Bei der Neuerschließung eines Bergwerkes sind die Betriebskosten naturgemäß wesentlich höher als bei vollem Betriebe. Es würde unbillig sein, diese außergewöhnlich hohen Kosten für Brenn= stoffe bei der Bemessung der Preiserhöhungen zu berücksichtigen. Die zu den in Betracht kommenden Zeiten auf den Nachbarwerken geltenden Brennstoffkosten können dem Schiedsgericht bei seinen Entscheidungen einen Anhalt bieten.

Richtlinie B III. Durch die Einführung des Achtstundenarbeitstages hat sich bei den meisten Elektrizitätswerken die Zahl der be= schäftigten Arbeiter um etwa $\frac{1}{3}$ vermehrt, ohne daß dadurch eine Produktionssteigerung eingetreten ist. Das Gericht wird daher die hierdurch verursachte Erhöhung der Selbstkosten neben der durch die Lohnerhöhung herbeigeführten bei Bemessung der Preiserhöhungen außer der Erhöhung der Brennstoffkosten auch die sonstigen Mehrkosten (Reparatur= kosten, Kosten für Betriebs- und Schmiermaterialien usw.) zu berücksichtigen haben.

Richtlinie B IV. Setzt das Schiedsgericht die Preiserhöhungen nicht für einen bestimmten Zeitraum fest, sondern entscheidet dahin, daß sich die Preiserhöhung beispielsweise je nach dem

Steigen und Fallen der Brennstoffpreise ändern[a]) soll, so sind in der Entscheidung auch die Zeitpunkte anzugeben, zu denen die Änderung einzutreten hat. Bei allgemein geltenden Tarifpreisen ist es zweckmäßig zu bestimmen, daß die Festsetzung der Zuschläge vierteljährlich[b]) auf Grund der in dem abgelaufenen entsprechenden Zeitabschnitt erfolgten Veränderungen der Selbstkosten mit Geltung für den folgenden Zeitabschnitt vorzunehmen sind.

a) „ändern." Vgl. Richtlinie A VI.

b) „Vierteljährlich." Die weitere Entwicklung der Lage ist so unsicher, daß die Zeiträume, für die die Zuschläge festgesetzt werden, möglichst kurz bemessen werden müssen. In der Tat hat die Praxis erwiesen, daß auch bei den allgemein geltenden Tarifpreisen vierteljährliche Bestimmung nicht mehr aufrechterhalten werden kann; die Preisänderung erfolgt fast ausnahmslos in monatlichen Zwischenräumen (siehe auch Erläuterung zu Richtlinie A VI).

Richtlinie B V. Kommen Abnehmer in Betracht, die nach Pauschaltarifen bezahlen, so ist es zweckmäßig, in der Entscheidung auszusprechen, daß die Pauschaltarife[a]) sich in gleichen Verhältnissen erhöhen wie die durchschnittlichen Verkaufspreise bei gleichartigen Abnehmern, die nach Zählertarifen bezahlen.

a) „Pauschaltarife." Durch diese Bestimmung sollen die Pauschalabnehmer gleichartigen Abnehmern, die nach Zählertarifen bezahlen, gleichgestellt werden, so daß die Pauschalabnehmer auch zur Aufbringung der Mehrkosten mit beitragen.

Richtlinie C I. Die Gaswerke gewinnen aus der Kohle nicht nur Gas, sondern auch Koks, Teer, Ammoniak usw. Der hieraus erzielende Erlös beeinflußt natürlicherweise die Selbstkostenrechnungen der Werke. Die Preisentwicklung für diese Erzeugnisse schwankt jedoch sehr stark[a]), worauf bei der Entscheidung besonders zu achten ist.

a) „schwankt . . . . . sehr stark." Zu gewissen Zeiten konnten die Werke die sogenannten Nebenerzeugnisse (Koks, Teer, Ammoniak usw.) mit gutem Gewinn absetzen. Zu andern Zeiten wurden nur Erlöse erzielt, die kaum die Selbstkosten bei der Gewinnung dieser Nebenerzeugnisse deckten. Wie sich die Preisentwicklung in Zukunft gestalten wird, ist nicht zu übersehen. Die Schiedsgerichte müssen daher den Versuch machen, bei Bemessung der gleitenden Preisklauseln für die Gaspreise auf die Nebenerzeugnisse Rücksicht zu nehmen.

Richtlinie C II. Bei Ferngasbezug aus Kokereien[a]) müssen die Verhältnisse nach Lage des Einzelfalles beurteilt werden. Lieferer, die vor Ausbruch des Krieges Ferngas mit Verlust[b]) abgaben, haben selbst beim Vorliegen der Voraussetzungen des § 1 Abs. 1 der Verordnung vom 1. Februar 1919 keinen Anspruch auf eine so weitgehende Erhöhung der Lieferpreise, daß jetzt aus der Lieferung ein Gewinn erzielt wird. Die Preiserhöhung wird jedoch so zu bemessen sein, daß dem Ausbau dieser Art der Gasversorgung nicht entgegengewirkt wird, denn das Ferngas hat für die Bevölkerung namentlich der Industriebezirke eine besonders große Bedeutung.

a) „Kokereien.“ Diese Richtlinie stellt eine Ergänzung der Richtlinie C I für die Ferngaswerke dar.

b) „Mit Verlust.“ Die Ferngaslieferungsverträge stammen zum Teil noch aus Zeiten, in denen die Kokereien ohne Gewinnung von Nebenprodukten arbeiteten. Eine Verwendungsmöglichkeit für das Gas war damals kaum vorhanden, und infolgedessen lieferten die Kokereien es zum Teil als Ferngas zu außerordentlich geringen Preisen. Inzwischen haben sich infolge der Fortschritte der Technik für das Kokereigas vielerlei Verwendungsmöglichkeiten (Kesselfeuerung, Verwendung in Gaskraftmaschinen usw.) gefunden. Die Kokereien hätten also die Möglichkeit, das Gas, falls die Lieferungsverträge nicht bestanden hätten, wesentlich günstiger zu verwerten. Dieser Zustand bestand aber schon vor Ausbruch des Krieges, und es würde unbillig sein, bei Bemessung der Preiserhöhungen den Wert zugrunde zu legen, den das Kokereigas gegenwärtig oder vor Ausbruch des Krieges für andere Erzeuger hatte.

Richtlinie C III. Bezüglich der Brennstoffpreise, der verkürzten Arbeitszeit, der Verteuerung der Selbstkosten durch die Lohnerhöhungen, die erhöhten Reparaturkosten, Kosten für Betriebs- und Schmiermaterialien usw. gilt das unter B I bis B III (Abschnitt Elektrizitätswerke) Gesagte.

Richtlinie C IV. Setzt das Schiedsgericht die Preiserhöhungen nicht für einen bestimmten Zeitraum fest, sondern entscheidet dahin, daß sich die Preiserhöhungen beispielsweise je nach

dem Steigen und Fallen der Kohlenpreise[a]) ändern, so ist
es zweckmäßig zu bestimmen, daß die Höhe des Preis-
zuschlages jedesmal auf Grund des durchschnittlichen Kohlenpreises frei Werk für einen bestimmten Zeitraum[b]) zu ermitteln ist.

a) „Steigen und Fallen der Kohlenpreise." Vgl. Richtlinie A VI.

b) „Bestimmten Zeitraum." Vgl. Richtlinie B IV.

Richtlinie C V. Für Orte, in denen noch verschiedene Gaspreise für
das den häuslichen Zwecken dienende Gas (Leuchtgas und
Kochgas) bestehen, kann als Preiserhöhung auch die Festsetzung eines entsprechenden Einheitspreises in Betracht
kommen. Diese Regelung bietet auch außerhalb des Rahmens
dieser Verordnung liegende allgemeine Vorteile (Ersparnis
an Gasmessern und infolgedessen Anschlußmöglichkeit weiterer
Gasabnehmer).

Die Praxis hat dieser Richtlinie in den meisten Fällen ent-
sprochen.

Richtlinie D I. Bei den Wasserwerken handelt es sich, soweit sie
nicht mit natürlichem Gefälle arbeiten, wie bei den Elektrizitätswerken, um Erzeugung von Energie, die hier zur
Hebung und Fortleitung von Wasser verwendet wird, wobei
dieses durch Umwandlung des Grund- und Oberflächenwassers in Trinkwasser veredelt wird.

Richtlinie D II. Der für den Wasserwerksbetrieb erforderliche
Brennstoffverbrauch wird durch die Förderhöhe beeinflußt,
auf die das Wasser zu heben ist. Auch sind zahlreiche Wasserwerke gezwungen, das Wasser ein-, zwei- oder mehrmalig
zu heben, weil die Reinigung des Wassers durch Filtrations-
einrichtungen, eine Enteisenung oder andere betriebliche
Umstände dies bedingen. Schließlich werden die Kohlenunkosten auch durch die Entfernung der Werke von den
Kohlengruben und die Transportbedingungen[a]) stark beeinflußt. Aus diesen und anderen Gründen weisen die Wasserpreise der einzelnen Werke weitgehende Verschiedenheiten
auf, die bei der Bemessung der Preisänderungen zu berücksichtigen sind. Einen gewissen Anhalt können aber die Preise,

zu denen das Wasser tarifmäßig von dem einzelnen Werk bisher geliefert worden ist, bieten. Neben der Verwendung von Dampfkraft kommen bei Wasserwerken fast alle Arten motorischer Kraft zur Verwendung. Die Preisentwicklung, insbesondere der flüssigen Brennstoffe, hat sich derartig gestaltet, daß die Aufstellung von allgemein gültigen Grundsätzen für die Abwälzung des entstandenen Mehraufwandes für Brennstoffkosten usw. nicht möglich ist.

a) „Kohlengruben und Transportbedingungen." Vgl. Richtlinie B I.

Richtlinie D III. Zu beachten ist, daß die Brennstoffkosten bei vielen Wasserwerken im Verhältnis zu den Gesamtunkosten nicht die gleiche Rolle spielen wie bei den Elektrizitäts- und Gaswerken. Die Ausgaben für Gehälter, Löhne, Putz- und Schmiermittel, für Unterhaltung und Reparaturen der Maschinen, Rohrleitungen und Armaturen nehmen bei dem überwiegenden Teil der Wasserwerke einen größeren Prozentsatz der Gesamtunkosten in Anspruch als die Brennstoffkosten. Das Gericht wird deshalb seine Entscheidung unter Berücksichtigung der Eigenart der einzelnen Anlage zu treffen haben. Hinsichtlich der dabei zu berücksichtigenden Gesichtspunkte wird auf den Abschnitt Elektrizitätswerke[a] (B III) verwiesen.

a) „Elektrizitätswerke." Vgl. S. 82.

Richtlinie D IV. Bezüglich der Feststellung der Brennstoffpreise zu den in Betracht kommenden Zeitabschnitten gilt das zu B I (Abschnitt Elektrizitätswerke)[a] Gesagte.

a) „Elektrizitätswerke." Vgl. S. 81.

Richtlinie D V. Setzt das Gericht die Preiserhöhungen nicht für einen bestimmten Zeitraum fest, sondern entscheidet dahin, daß die Preiserhöhungen beispielsweise je nach dem Steigen und Fallen der gesamten laufenden Ausgaben der Brennstoffpreise, der Löhne usw. sich ändern, so sind die Ausführungen unter C IV (Abschnitt Gaswerke)[a] zu beachten.

a) „Gaswerke." Vgl. S. 84.

Richtlinie D VI. Bei Pauschal- und Mindestsätzen[a], zu denen eine beliebige, beziehungsweise dem Höchstmaß nach festgesetzte

Anzahl von Kubikmetern Wasser bezogen werden kann, wird
das Gericht zweckmäßigerweise so zu entscheiden haben, daß
diese Sätze sich im gleichen Verhältnisse wie die durchschnittlichen Verkaufspreise bei gleichartigen Abnehmern erhöhen.

a) „Pauschal= und Mindestsätzen." Durch diese Bestimmung
sollen die Pauschalabnehmer gleichartigen Abnehmern, deren Verbrauch
durch Wassermesser festgestellt wird, gleichgestellt werden, so daß die
Pauschalabnehmer auch zur Aufbringung der Mehrkosten mit beitragen.

§ 3.

Der Reichswirtschaftsminister kann Richtlinien[1]) für die Ent=
scheidungen der Schiedsgerichte und des Reichswirtschaftsgerichts
aufstellen. Er kann diese Befugnis durch eine seiner Aufsicht unter=
stehende Stelle ausüben und das Nähere über deren Zusammen=
setzung und Tätigkeit anordnen[2]).

Erläuterungen.

[1]) „Richtlinien." Vgl. vorne S. 11 und Vorbemerkung vor § 1
der Erläuterung. Der Reichswirtschaftsminister ist nicht verpflichtet, Leit=
sätze für alle Fälle der Verordnung aufzustellen; für Dampf und mechanische
Arbeit ist es nicht geschehen.

[2]) „eine seiner Aufsicht unterstehende Stelle." Durch die
Bekanntmachung vom 1. Februar 1919 in der Fassung der BM. vom
16. Juni 1922 ist die Befugnis zum Erlaß der Richtlinien auf den Reichs=
kommissar für die Kohlenverteilung übertragen, der auch nach § 2 dieser
Bekanntmachung dieselben abzuändern oder zu ergänzen berechtigt ist.
Die Richtlinien nebst etwaigen Abänderungen und Ergänzungen sind im
Deutschen Reichs= und Preußischen Staatsanzeiger zu veröffentlichen.

§ 4.

1. Die Parteien können über die Zusammensetzung des Schieds=
gerichts Vereinbarungen treffen[1]).

2. Kommt eine Vereinbarung nicht zustande, so werden Zu=
sammensetzung, Einrichtung und Zuständigkeit des Schiedsgerichts
vom Reichswirtschaftsminister bestimmt[2]).

3. Der Reichswirtschaftsminister erläßt auch die Vorschriften über
das Verfahren für die Schiedsgerichte (Abs. 1 u. 2)[3]) und ergänzende
Bestimmungen zu der Verordnung über das Reichswirtschaftsgericht[2]).

Erläuterungen.

¹) „Vereinbarungen treffen." Um nach Möglichkeit den Bedürf=
nissen des Einzelfalls Rechnung zu tragen und die unerwünschte Schaffung
neuer Behörden zu vermeiden, ist den Beteiligten in erster Linie Vertrags=
freiheit über die Schiedsgerichte gewährt. Ist in dem Vertrag, dessen
Abänderung auf Grund der Verordnung begehrt wird, bereits ein Schieds=
gericht vorgesehen, so können sich die Parteien — auch stillschweigend —
darauf einigen, daß dieses auch für die Ansprüche aus der Verordnung in
Funktion treten soll; ohne eine solche Einigung kann dagegen ein solches
vor dem Inkrafttreten der Verordnung vereinbartes Schiedsgericht nicht
als für die Ansprüche aus der Verordnung zuständig angesehen werden, da
die besonders durch die Verordnung geschaffene Lagerung der Verhältnisse
besondere Schiedsgerichte fordert. Der Wortlaut der Stelle unterstützt
mindestens nicht die gegenteilige Meinung. Anders kann im Einzelfall die
Sache dann liegen, wenn die alte Schiedsklausel besonders umfassender
Natur ist.

Liegt ein solches von vornherein verabredetes Schiedsgericht nicht vor,
oder findet eine Einigung auf ein vertragliches oder an sich nicht zuständiges
Schiedsgericht nicht statt, so ist das durch die Verordnung vorgesehene
Schiedsgericht in Gang zu setzen.

Die im vorigen Absatz geschilderte Regelung gilt bei der Lieferung von
Dampf und mechanischer Arbeit ebenfalls mit der Maßgabe, daß hier die
Verordnung nicht die Listenschiedsgerichte wie bei elektrischer Arbeit usw.
kennt, sondern freie Wahl der Schiedsrichter vorsieht.

²) „Vom Reichswirtschaftsminister bestimmt." Die Vor=
schriften über Zusammensetzung und Einrichtung der Schiedsgerichte, die
kraft Gesetzes eintreten, falls eine Einigung über ein anderweitiges
Schiedsgericht nicht erfolgt, sind in der Verordnung des Reichswirtschafts=
ministers vom 16. Juni 1922 (vgl. unten S. 94 ff.) enthalten, ebenso die
Zusätze zu der Verordnung über das Reichswirtschaftsgericht, dessen Zu=
ständigkeit übrigens von der Frage, wie das Schiedsgericht erster Instanz
zustande kam und zusammengesetzt war, völlig unabhängig ist.

³) Die Vorschriften über das Verfahren der Schiedsgerichte gelten für
alle Schiedsgerichte, einerlei, ob sie frei vereinbart oder auf Grund der
§§ 1—11 der BM. über das Verfahren einberufen sind.

§ 5.

1. Wenn infolge der Anwendung dieser Verordnung¹) Ab=
nehmern von elektrischer und mechanischer Arbeit, Dampf, Gas und

Leitungswasser eine besondere erhebliche Erhöhung der Selbstkosten für von ihnen zu bewirkende Lieferungen und Leistungen[2] entsteht, sind diese Abnehmer berechtigt, Erhöhung der vertraglichen Preise[3] solcher Lieferungen und Leistungen von ihren Abnehmern[4] und von Dritten im Sinne des § 1 Abs. 2[5] zu verlangen.

2. Der Reichswirtschaftsminister bestimmt, welchen Arten von Abnehmern das Recht des Absatzes 1 zukommt. § 3 Satz 2 findet Anwendung[6].

3. Die Entscheidung über den Anspruch des Absatzes 1 erfolgt nach Maßgabe der Bestimmungen des § 2[7].

Vorbemerkung: Der eine Grundgedanke der Verordnung ist der, Abhilfe zu schaffen, wenn bei langfristigen Verträgen der eine Teil eben infolge der Langfristigkeit in Schwierigkeiten gerät; dann soll der andere Teil durch Mehrleistung diese Schwierigkeiten beheben. Es gilt nun Vorsorge zu treffen, daß nicht dieselben Schwierigkeiten sich ergeben, wenn der andere Teil seinerseits auch wieder auf Grund langfristiger Verträge zu liefern hat, deren Inhalt durch die Mehrleistung affiziert wird. Diesem Bedürfnis trägt § 5 Rechnung.

<h3 style="text-align:center">Erläuterungen.</h3>

[1] „Infolge der Anwendung dieser Verordnung." Die Veränderung in der Lage des Abnehmers von elektrischer Arbeit, Gas und Leitungswasser (des „ersten Abnehmers" im Gegensatz zum „weiteren Abnehmer") muß infolge der Anwendung dieser Verordnung erfolgt sein. Es kann sich also nur um Änderungen handeln, die nach dem Inkrafttreten dieser Verordnung entstanden sind; es handelt sich aber anderseits um alle solche Änderungen, auch um solche auf Grund rein freiwilliger Einigung, da auch hierbei anzunehmen ist, daß sie unter dem Druck dieser Verordnung zustande gekommen sind.

[2] „Erhöhung der Selbstkosten für von ihnen zu bewirkende Lieferungen und Leistungen." Nicht jede Erhöhung der Selbstkosten kommt in Betracht, sondern nur eine besonders erhebliche. Siehe hierzu unten Ziff. 7.

[3] „Erhöhung der vertraglichen Preise." Hierin liegt die Rücksicht vor allem auf langfristige Lieferungs- und Leistungsverträge; bei bereits abgewickelten Leistungen und Lieferungen kommt, da § 2 Abs. 2 jede Rückwirkung der Preiserhöhung von elektrischer Arbeit, Gas und

Leitungswasser ausschließt, eine nachträgliche Selbstkostenerhöhung nicht in Betracht. Dagegen ist die Langfristigkeit der Lieferungspflicht nicht Voraussetzung des Anspruchs; auch für eine einmalige noch nicht vollzogene Lieferung oder Leistung kann gegebenenfalls, wenn inzwischen durch diese Verordnung die Selbstkosten für elektrische Arbeit, Gas und Leitungswasser entsprechend gestiegen sind, Preiserhöhung verlangt werden.

⁴) „Abnehmer." Siehe unten Ziff. 7.

⁵) „Dritte." Auch hier kommen — z. B. bei Straßenbahnen — Konzessionsverträge im Sinne des § 1 Abs. 2 in Betracht.

⁶) Um nicht eine allzu große Unsicherheit in das ganze Wirtschaftsleben zu tragen, mußte es vermieden werden, daß ein jeder Abnehmer von elektrischer Arbeit, Gas und Leitungswasser die Mehrbelastung auf die weiteren Abnehmer im Weg des Schiedsgerichtsprozesses abzuwälzen versuchen könne. Eine Beschränkung in dieser Beziehung war um so eher angängig, als erfahrungsgemäß in den weitaus meisten Fällen der Anteil, den die Auslagen für elektrische Arbeit, Gas und Leitungswasser an den Selbstkosten haben, sehr gering, deren Erhöhung für die Gesamtselbstkosten also ziemlich bedeutungslos ist; tatsächlich ist denn auch von dieser Abwälzungsbefugnis, wenigstens in einem Schiedsverfahren, noch kein Gebrauch gemacht worden. Nach der Verordnung kann überhaupt nur eine besonders erhebliche Erhöhung, d. h. eine solche, die über das normale Durchschnittsmaß wesentlich hinausgeht, in Betracht gezogen werden; es erschien aber ferner im Interesse der Übersichtlichkeit der Wirtschaftsgestaltung notwendig, auch diese besonders erhebliche Erhöhung nur bei Industrien und Unternehmungen, bei denen die Selbstkosten durchweg in besonders hohem Maße von den Kosten für elektrische Arbeit affiziert werden, und auch da nur für genau zu umschreibende Gruppen abwälzen zu lassen. Dem Reichswirtschaftsminister ist daher mit dem Recht der Delegation auf den Reichskommissar für die Kohlenverteilung die Befugnis übertragen, die Gruppen zu bestimmen, denen das Recht der Abwälzung zusteht; dies hat der Reichskommissar für die Kohlenverteilung durch die Anordnung vom 26. Februar 1919 (R.Anz. Nr. 50) getan, die folgendermaßen lautet:

„Die Unternehmer von elektrisch betriebenen Straßenbahnen und Kleinbahnen, die Unternehmer von Ladestationen für Akkumulatoren und die Unternehmer von elektrochemischen und elektrothermischen Betrieben sind berechtigt, wenn für die von ihnen zu bewirkenden Lieferungen und Leistungen infolge der Verordnung vom 1. Februar 1919 über die schiedsgerichtliche Erhöhung von Preisen bei der Lieferung von elektrischer Arbeit, Gas und Leitungswasser ihnen eine besonders erhebliche Erhöhung ihrer Selbstkosten entsteht, Erhöhung der vertraglichen Preise ihrer Lieferungen und Leistungen von ihren Abnehmern und von Dritten im Sinne des § 1, Abs. 2 der genannten Verordnung (Konzessionsgeber) zu verlangen.

Die Bestimmung weiterer Arten von Abnehmern bleibt vorbehalten."

Hierzu ist zu bemerken:

a) Zunächst hat der Reichskommissar nur vier Gruppen von Abnehmern elektrischer Arbeit als abwälzungsberechtigt bezeichnet, bei denen anzunehmen ist, daß stets (wie bei den Bahnen und bei den Ladestationen) oder sehr häufig durch die Strompreisverteuerung eine besonders erhebliche Erhöhung der Selbstkosten herbeigeführt wird.

b) Für den Bahnunternehmer ist nunmehr eine weitergreifende Hilfe geschaffen durch die nach ähnlichen Grundsätzen wie die vorliegende Verordnung aufgebaute Verordnung über die schiedsgerichtliche Erhöhung von Beförderungspreisen usw. vom 21. Februar 1920 (Reichsgesetzbl. S. 255).

c) Bei den Unternehmern von elektrotechnischen und elektrothermischen Betrieben ist vor allem an die Stickstoff-, Karbid-, Elektrostahl-, Aluminiumwerke u. dgl. gedacht. Es kommen jedoch nicht bloß diese in Betracht, bei denen der elektrisch betriebene Prozeß den Hauptgegenstand des Betriebes darstellt; vielmehr trifft Wortlaut und Sinn der Anordnung ebenso diejenigen Betriebe, bei denen der Prozeß nur einen Teil des ganzen Fabrikationsgangs darstellt. In diesen Fällen wird allerdings recht häufig beim Endprodukt (der „zu bewirkenden Lieferung") eine besonders erhebliche Erhöhung der Selbstkosten durch die Strompreiserhöhung nicht mehr festzustellen sein.

d) Von dem Vorbehalt, weitere Gruppen zu benennen, hat der Reichskommissar für die Kohlenverteilung keinen Gebrauch gemacht.

e) Auch über diese Ansprüche entscheidet ein Schiedsgericht, für welches die entsprechenden §§ der Verordnung über das Verfahren Anwendung finden. Es ist — schon weil die Schiedssprüche keinerlei rückwirkende Kraft haben — dringend zu empfehlen, daß die abwälzungsberechtigten Abnehmer von elektrischer Arbeit, Gas und Leitungswasser, sobald ihr Lieferer wegen Preiserhöhung an sie herantritt, ihrerseits sofort ihren Abnehmern mit demselben Verlangen nähern können, damit nicht ein Vakuum entsteht, während dessen sie höhere Preise bezahlen müssen, aber nur die alten niederen Preise erhalten. Wenn irgend angängig, wird eine Verbindung der beiden Verfahren anzustreben sein, wozu die Verordnung über das Verfahren (§ 17) die nötigen Handhaben gibt.

§ 6.

Hängt die Entscheidung eines Rechtsstreits ganz oder zum Teil von einer auf Grund dieser Verordnung getroffenen Entscheidung ab, so hat das Gericht auf Antrag einer Partei anzuordnen, daß die Verhandlung bis zur Entscheidung der auf Grund dieser Verordnung zur Entscheidung berufenen Stellen auszusetzen ist[1]).

Erläuterung.

[1]) Es ist nicht ausgeschlossen, daß in bereits anhängigen Prozessen der Anspruch des § 1 eine Rolle spielt, sei es, daß der Lieferer den Versuch gemacht hat, auf Grund der allgemeinen Vorschriften des bürgerlichen Rechts sich eine Preiserhöhung zu verschaffen, sei es, daß er in einem Rechts= streit über den vertragsmäßigen Preis den neuen Anspruch auf Preis= erhöhung im Weg der Klageerweiterung einführt. In solchen Fällen soll den Beteiligten die Möglichkeit gegeben sein, vorab die Entscheidung der durch die Verordnung gegebenen Instanzen über die Preiserhöhung herbeizuführen.

§ 7.

Die Anwendung dieser Verordnung kann durch Vereinbarungen der Parteien nicht ausgeschlossen oder beschränkt werden[1]). Die Zuständigkeit des Schiedsgerichts und die Anwendung der Vor= schriften dieser Verordnung wird nicht dadurch ausgeschlossen, daß ein die fraglichen Verhältnisse betreffendes Verfahren vor den ordent= lichen Gerichten anhängig ist[2]).

Erläuterungen.

[1]) „Die Anwendung . . . . kann . . . . nicht ausgeschlossen oder beschränkt werden." Durch diese Stelle soll klargestellt werden, daß, wie immer der Inhalt der Abmachungen zwischen den Parteien sein mag, der Anspruch des § 1 und ebenso der des § 2 Abf. 3 nicht ausgeschlossen werden kann. Dies ist insbesondere auch dann zu beachten, wenn während des Krieges Teilabänderungen stattgefunden haben, auch wenn in den= selben ausdrücklich gesagt ist, daß damit jede weitere Erhöhung aus= geschlossen sein solle. Daß in Fällen der letzteren Art der Preiserhöhungs= anspruch unter dem Gesichtspunkt der Voraussehbarkeit scheitern kann, ändert nichts daran, daß er jedenfalls der Prüfung durch das Schieds= gericht nicht entzogen werden darf. Auch auf Vereinbarungen entsprechen=

den Inhalts, die nach dem Inkrafttreten der Verordnung getroffen worden sind, findet die Vorschrift Anwendung.

²) „Die Zuständigkeit .... anhängig ist." Durch diese Vorschrift wird die Einrede der Rechtshängigkeit vor einem anderen Gericht im schiedsgerichtlichen Verfahren ausgeschlossen.

§ 8.

1. Diese Verordnung hat Gesetzeskraft. Sie tritt mit dem Tage der Verkündung in Kraft.

2. Der Reichswirtschaftsminister bestimmt den Zeitpunkt des Außerkrafttretens.

Erläuterungen.

Zu Abs. 1. Die Nationalversammlung hatte innerhalb der durch das Übergangsgesetz gestellten Frist von ihrem Recht, die Außerkraftsetzung der Verordnung zu beschließen, keinen Gebrauch gemacht; die Verordnung hat daher die ihr verliehene Gesetzeskraft behalten, die nunmehr durch das Gesetz vom 9. Juni 1922 bekräftigt ist.

Zu Abs. 2. Wenn durch den Reichswirtschaftsminister die Verordnung aufgehoben würde, so würden mangels anderweiter Anordnung die Entscheidungen, die die Schiedsgerichte bis dahin gefällt haben, gemäß ihrem Inhalt auch über den Zeitpunkt des Außerkrafttretens hinaus weiterwirken. Eine solche anderweite Anordnung könnte nur durch Gesetz getroffen werden. Die gelegentlich vertretene Ansicht, daß mit einer etwaigen Aufhebung der Verordnung die Schiedssprüche, sei es vom Tage der Aufhebung an, sei es gar vom Erlaß an, ihre Wirkung verlieren müßten, ist zweifellos unrichtig. Diese Auffassung wird bestätigt durch § 6 Abs. 2 der Verordnung vom 21. Februar 1920 (RGBl. S. 255) über die schiedsgerichtliche Erhöhung von Straßenbahnfahrpreisen usw. Diese Stelle entspricht vollkommen der vorliegenden; nur ist noch ausdrücklich gesagt, daß, wenn der Reichsverkehrsminister das Außerkrafttreten anordnet, er dabei bestimmen kann, daß die schwebenden Schiedsverfahren zu Ende zu führen sind, und daß bis zu einem von ihm zu bezeichnenden Zeitpunkt die früher getroffenen Vereinbarungen noch im Sinne des § 2 Abs. 3 angefochten werden können. Hier ist also als selbstverständlicher Sinn der Sache vorausgesetzt, daß diese früheren Festsetzungen in Kraft bleiben; dasselbe muß auch für die Verordnung vom 1. Februar 1919 gelten.

Nicht ganz selten findet sich in Vergleichen und ja auch in nach dem 4. Februar 1919 ganz neu abgeschlossenen Verträgen, Schiedssprüchen die Klausel, daß zu einem späteren Zeitpunkt eine neue Regelung nach den Bestimmungen der Verordnung vom 1. Februar 1919 erfolgen soll, auch wenn diese etwa nicht mehr in Kraft, bzw. wie wenn sie an sich anwendbar wäre. Gegen die Wirksamkeit einer solchen Klausel bestehen keine Bedenken; die Zuständigkeit des Reichswirtschaftsgerichts als Berufungsinstanz war bei neuen Verträgen durch eine solche Abrede allerdings nicht erreicht, da sie nicht durch Verabredung zwischen Privaten begründet werden kann. Für die Wirksamkeit einer solchen Abrede ist letzteres jedoch regelmäßig unschädlich.

2. Die Verordnung über das Verfahren. (Verordnung über die Schiedsgerichte für die Erhöhung von Preisen bei der Lieferung von elektrischer oder mechanischer Arbeit, Dampf, Gas und Leitungswasser sowie über das Reichswirtschaftsgericht als Berufungsinstanz vom 16. Juni 1922 (RGBl. S. 511.)

1. Zusammensetzung, Einrichtung und Zuständigkeit der Schiedsgerichte.

§ 1.

Haben die Beteiligten eine Vereinbarung über die Zusammensetzung des Schiedsgerichts nicht getroffen, so gelten bei Lieferung von elektrischer Arbeit, Gas und Leitungswasser die Bestimmungen der §§ 2 bis 8, bei Lieferung von mechanischer Arbeit und Dampf die Bestimmungen der §§ 2 und 3 und 6 bis 8.

Erläuterungen.

1. Vgl. Anmerkung 1 zu § 4 der Verordnung (oben S. 88).

2. Für die Entscheidung erster Instanz kommen folgende vier Arten von Gerichten in Betracht:

a) Freigebildete Schiedsgerichte. Die Parteien haben das Recht, ohne jede Rücksicht auf die Vorschriften in § 1 bis 9 dieser Bekanntmachung für die Entscheidung der Ansprüche aus der Verordnung ein ihnen gut erscheinendes Schiedsgericht zu vereinbaren. Für die Zusammensetzung der Schiedsgerichte ist in diesem Fall nur der Schiedsvertrag und subsidiär die CPO. maßgebend. Dagegen finden auch auf diese Schiedsgerichte die Bestimmungen in Abschnitt 2 und 3 dieser Bekanntmachung Anwendung, wie sich aus § 2 Abf. 4 der Verordnung vom 1. Februar 1919 und aus der Überschrift der vorliegenden Verordnung ergibt.

b) Listenschiedsgerichte bei der Lieferung von Gas,

Waffer und Elektrizität, die eintreten, wenn eine Vereinbarung im Sinne von a nicht erfolgt ist. Für diese gelten sämtliche folgenden Vorschriften.

c) Schiedsgerichte bei Lieferung von Dampf und mechanischer Arbeit, die, wenn eine Vereinbarung nach a) nicht erfolgt, nach den §§ 2 und 3, 6 bis 8 der Bekanntmachung zusammenzusetzen sind. Schiedsrichterlisten gibt es hier nicht.

d) Die nach der Reichsmietengesetzgebung zuständigen Stellen. Diese haben, wie zu § 10 auszuführen ist, nicht die Verordnung vom 1. Februar 1919, sondern die Mietengesetzgebung anzuwenden. Eine Berufung an das Reichswirtschaftsgericht besteht hier selbstverständlich nicht.

3. Entsprechend dem Grundsatz, daß die Schiedsgerichte durch freie Vereinbarung gebildet werden können, können auch in den Fällen oben 2b und 2c durch Vertrag Änderungen der Vorschriften im Abschnitt V und IV dieser Verordnung vereinbart werden. Nur die Vorschrift, daß die Entscheidungen verkündet werden müssen, ist wegen § 2 Abs. 2 der Verordnung vom 1. Februar 1919 und wegen der Berufungsfrist nicht abdingbar.

§ 2.

1. Das Schiedsgericht besteht aus einem Obmann und zwei Beisitzern.

2. Das Schiedsgericht kann in besonders wichtigen Fällen beschließen, daß die Zahl der Beisitzer auf vier erhöht wird; es hat in diesem Falle anzuordnen, auf welche Weise die weiteren Schiedsrichter bestimmt werden.

Erläuterung.

In Fällen von sehr großer Tragweite wird das Bedürfnis entstehen können, durch eine Vergrößerung des Schiedsgerichts auch von Amts wegen eine möglichst umfassende Prüfung zu gewährleisten. Eine solche Vergrößerung wird insbesondere auch in Frage kommen, wenn von Anfang an oder durch Verbindung von Verfahren gemäß § 17 mehr als zwei Parteien an dem Verfahren beteiligt sind, ebenso auch im Falle der Nebenintervention (§ 14).

§ 3.

1. Der Schiedskläger und der Schiedsbeklagte wählen je einen Beisitzer. Der Kläger hat dem Gegner den von ihm gewählten Beisitzer schriftlich mit der Aufforderung zu bezeichnen, seinerseits binnen

einer einwöchigen Frist ein Gleiches zu tun. Die Frist läuft von dem Zeitpunkte des Zugehens der Aufforderung.

2. Nach fruchtlosem Ablauf der Frist wird der Beisitzer auf Antrag des Klägers von dem Präsidenten des für den Wohnsitz des Gegners zuständigen Oberlandesgerichts ernannt. Dies gilt auch, wenn der Antrag auf schiedsgerichtliche Entscheidung gegen mehrere Personen gemeinschaftlich gestellt wird und diese sich nicht innerhalb der Frist über die Person des Schiedsrichters einigen. Haben die mehreren Beklagten ihren Sitz in verschiedenen Oberlandesgerichtsbezirken, so hat der Kläger die Wahl. Hat die Schiedssache auf den Betrieb eines Unternehmens Bezug, so ist an Stelle des Wohnsitzes des Unternehmers der Ort maßgebend, an dem die unmittelbare Verwaltung des Betriebes geführt wird.

3. Sobald die Bezeichnung des Beisitzers der Gegenseite zugegangen ist, ist der bezeichnende Teil daran gebunden.

Erläuterungen.

1. Die Bezeichnung des Schiedsrichters wird zweckmäßig wegen des Nachweises der Frist durch eingeschriebenen Brief unter Rückschein erfolgen.

2. Maßgebend für die Zuständigkeit des Oberlandesgerichtspräsidenten ist zunächst der Wohnsitz des Gegners. Ist der Gegner ein „Unternehmen" (im Gegensatz zu den Privatpersonen und den öffentlichen Körperschaften in ihrer Eigenschaft als Konzessionsgeber), so tritt an die Stelle des Wohnsitzes „der Ort, an dem die unmittelbare Verwaltung des Betriebes geführt wird, auf den die Streitsache Bezug hat". Der Ton ist dabei auf den Begriff „unmittelbare Verwaltung" zu legen; bei den zahlreichen „Konzern"=werken kommt also nicht der Ort der Zentralverwaltung, sondern derjenige in Betracht, in dem sich die spezielle örtliche Betriebsleitung befindet.

3. Richtet sich die Klage gegen mehrere Beteiligte, und wird dem Schiedskläger bis zum Ablauf der achttägigen Frist von ihnen kein Schieds=richter bezeichnet, so steht es ihm, falls sich die Betriebssitze der Gegner im Sinne der Ziff. 2 in verschiedenen Oberlandesgerichtsbezirken befinden, frei, zu wählen, von welchem Oberlandesgerichtspräsidenten er den Schieds=richter bestimmen lassen will.

4. Bei der Anrufung des Oberlandesgerichtspräsidenten wird der Kläger im Interesse der Beschleunigung gut daran tun, die maßgebenden Vorschriften genau zu bezeichnen und insbesondere auch die Liste der Schieds=

richter (s. unten S. 97/98 ff.) beizufügen, da auch der Oberlandesgerichtspräsident an diese gebunden ist.

5. Es ist streitig geworden, inwieweit der Präsident des Oberlandesgerichts bei Anträgen nach § 3 eine sachliche Prüfung vorzunehmen hat. In einem Falle hat ein Oberlandesgerichtspräsident dahin entschieden, daß eine solche sachliche Prüfung nicht vorzunehmen, sondern auf einen formal ordnungsmäßigen Antrag ohne weiteres der Schiedsrichter aus den Listen zu ernennen sei, und daß es nur dem Schiedsgericht selbst zustehe, die Frage, ob die Verordnung vom 1. Februar 1919 anwendbar sei u. dgl., zu prüfen und zu entscheiden. Dem ist beizutreten; es würde dem Zweck der Verordnung widersprechen, wenn eine von ihr nicht zu diesem Zweck bestimmte Stelle durch Ablehnung der Ernennung eines Schiedsrichters (und ebenso des Obmanns nach § 6) ein Ergebnis herbeiführen würde, das einer Klagabweisung gleichkäme.

§ 4.

1. Die Beisitzer müssen aus Listen ausgewählt werden, die der Reichskommissar für die Kohlenverteilung aufstellt.

2. Aufzustellen sind je besondere Listen
    der Lieferer von elektrischer Arbeit,
       „   „   „   „   Gas,
       „   „   „   „   Leitungswasser,
       „   Vertreter von Gemeinden und Gemeindeverbänden,
       „   gewerblichen Verbraucher von elektrischer Arbeit, Gas und Leitungswasser,
       „   Weiterverbraucher von elektrischer Arbeit, Gas und Leitungswasser (§ 5 der Verordnung vom 1. Februar 1919).

3. Die Beisitzer können aus jeder Liste ausgewählt werden.

Erläuterung.

Die einzelnen Arten der Beteiligten sind nicht an diejenige Liste gebunden, die die Namen ihrer Berufsgenossen enthält; es kann also z. B. ein klagendes Gaswerk seinen Schiedsrichter auch aus der Liste der Lieferer von elektrischer Arbeit entnehmen usw.

§ 5.

1. Der Reichskommissar für die Kohlenverteilung stellt die Listen (§ 4) nach Anhörung der Landeszentralbehörden und der Organi

sationen der Beteiligten auf, legt sie dem Reichswirtschaftsministerium zur Genehmigung vor und veröffentlicht die genehmigten Listen.

Bis zur Veröffentlichung der nach Abs. 1 aufgestellten Listen sind vorläufige Listen maßgebend, die der Reichskommissar bekanntmacht.

Erläuterung.

Die derzeit geltenden Listen der Schiedsrichter sind unten S. 130 abgedruckt. Eine Änderung oder Vergrößerung der Listen ist in nächster Zeit nicht zu erwarten. Veränderungen bei den in den Listen genannten Personen sind am Ende der Listen (S. 151) aufgeführt.

§ 6.

1. Die beiden Beisitzer wählen den Obmann.

2. Kommt eine Wahl nicht zustande, so wird mangels anderweiter Verständigung der Obmann von dem Präsidenten des Oberlandesgerichts ernannt, in dessen Bezirk der Beklagte seinen Wohnsitz hat. § 3 Abs. 2 Satz 3 und 4 gilt entsprechend.

3. Der Oberlandesgerichtspräsident soll den Obmann aus der Zahl der besonders geeigneten richterlichen Beamten oder Rechtsanwälte oder der beamteten Techniker seines Bezirks wählen; er kann auch andere geeignete Personen wählen.

Erläuterungen.

1. Kommt die Obmannswahl nicht zustande, so ist zunächst die Möglichkeit vorgesehen, daß die Beisitzer sich darüber einigen, ob ein dritter und wer den Obmann bestimmen soll. Mangels einer Verständigung hierüber entscheidet der Oberlandesgerichtspräsident nach Abs. 2.

2. Dem Oberlandesgerichtspräsidenten ist freigestellt, den Obmann aus der Zahl der besonders geeigneten (d. h. der nach ihrer sonstigen dienstlichen und außerdienstlichen Tätigkeit in Fragen der vorliegenden Art bewanderten) Richter und Rechtsanwälte seines Bezirks oder der im Bezirk angestellten beamteten Techniker (Techniker der Reichsbahn, technische Beamte der Regierungen oder der Kommunen usw.) zu wählen. Doch ist er daran nicht gebunden; er kann auch (und wird in vielen Fällen mit Vorteil für die Sache) andere Personen, z. B. Hochschullehrer, Beamte außer Dienst oder sachkundige Männer in anderen Dienststellungen oder aus den freien Berufen bezeichnen.

3. Wegen der Prüfung der Sachlage durch den Oberlandesgerichtspräsidenten vgl. Anm. 5 zu § 3.

§ 7.

1. Das vorschriftsmäßig gebildete Schiedsgericht bleibt für die Anträge auf Änderung der Entscheidungen und Einigungen (§ 2 Abs. 3 der Verordnung vom 1. Februar 1919) zuständig.

2. Jedoch kann bei Einleitung des Verfahrens auf Abänderung einer Entscheidung oder einer Einigung jede Partei den von ihr gewählten oder für sie bestimmten Beisitzer abberufen oder durch einen anderen ersetzen.

3. Die Parteien können vereinbaren, daß der Obmann abberufen werde.

4. In den Fällen der Nr. 2 und 3 finden die §§ 3, 4 und 6 entsprechende Anwendung.

Erläuterungen.

1. Wie oben zu § 2 der Verordnung bei Ziff. 10 (S. 58) ausgeführt, können die Entscheidungen der Schiedsgerichte und des Reichswirtschaftsgerichts sowie nach Inkrafttreten der Verordnung gerichtlich oder außergerichtlich geschlossene Einigungen späterhin wegen veränderter Umstände durch einen neuen Antrag auf schiedsgerichtliche Entscheidung angefochten werden. Für diese weitere Entscheidung ordnet der vorliegende § 7 grundsätzlich die Zuständigkeit des gleichen Schiedsgerichts an, vor dem das erste Verfahren gespielt hatte, einerlei, ob ein freigebildetes oder ein ListenSchiedsgericht tätig gewesen war; letzteres ergibt sich aus den Worten „vorschriftsmäßig". Es wird jedoch dem § 4 Abs. 1 der Verordnung durch vorliegenden Paragraphen nicht vorgegriffen; die Parteien können also für die Entscheidung über die Wiederaufnahme nach § 2 Abs. 3 der Verordnung sich auf ein völlig neues Schiedsgericht einigen.

2. Außer dem Recht der Parteien, vereinbarungsgemäß ein neues Schiedsgericht zu bilden, ist aber auch jeder Partei ein einseitiges Rückberufungsrecht bezüglich des Schiedsrichters ihrer Seite (gleichgültig, ob er von ihr berufen oder nach § 3 bestellt ist) neu eingeräumt. An der Zweckmäßigkeit dieser Neuerung kann man im Hinblick auf die Notwendigkeit möglichster Kontinuität zweifeln. Wird von dem Recht Gebrauch gemacht, was nur gleichzeitig mit der Einleitung des Verfahrens (über diese § 13 Anm. 6) geschehen kann, so bleibt das Schiedsgericht in seinem sonstigen Bestand (Obmann, 2. Beisitzer und Schriftführer) unberührt. Die Abberufung ist an keine Form gebunden; es muß also die Erklärung gegenüber irgendeinem der Beteiligten (Partei, Obmann oder abberufenem Schiedsrichter) als genügend angesehen werden.

Mit der Abberufung, die ohne weiteres das Amt des Schiedsrichters beendet, hat die abberufende Partei einen anderen Schiedsrichter zu benennen; macht sie von diesem Rechte keinen Gebrauch, so ergibt die entsprechende Anwendung des § 3, daß sie trotzdem an die Abberufung gebunden ist, und daß der Gegner die Benennung eines neuen Schiedsrichters durch Fristsetzung und eventuelle Anrufung des Oberlandesgerichtspräsidenten in die Wege leiten kann.

3. Ein Ausfluß des Rechts der Parteien auf freie Neugestaltung des Schiedsgerichts ist in Abs. 3 ausdrücklich erwähnt: die Parteien können auf dem Weg der Vereinbarung den Obmann des alten Schiedsgerichts abberufen. Der neue Obmann wird, wie die Bezugnahme auf § 6 ergibt, durch die Beisitzer bestimmt, denen daher entsprechende Mitteilung zu machen ist.

4. Ausdrücklich sei darauf hingewiesen, daß, auch wenn der Schiedsspruch seinerzeit in die Berufungsinstanz gelangt und dort ein Endurteil gefällt oder eine Einigung getroffen worden war, die Wiederaufnahme nach § 2 Abs. 3 trotzdem zulässig ist und sich nach den Regeln des vorliegenden Paragraphen vollzieht.

§ 8.

1. Die Vorschriften der §§ 1 bis 6 gelten entsprechend, wenn ein Mitglied des Schiedsgerichts stirbt oder aus einem anderen Grunde wegfällt.

2. Ein Mitglied des Schiedsgerichts kann aus denselben Gründen und unter denselben Voraussetzungen abgelehnt werden, welche zur Ablehnung eines Richters (Zivilprozeßordnung §§ 41 ff.) berechtigen. Die Ablehnung kann außerdem erfolgen, wenn ein Mitglied die Erfüllung seiner Pflichten ungebührlich verzögert. Über die Ablehnung entscheidet der Oberlandesgerichtspräsident endgültig.

Erläuterungen.

1. Wenn ein Mitglied des Schiedsgerichts stirbt, sein Amt niederlegt, nach Abs. 2 dieses Paragraphen mit Erfolg abgelehnt wird oder sonstwie ausscheidet, so ist ein neuer Schiedsrichter nach den allgemeinen Vorschriften (§ 3) zu bezeichnen. Dies gilt auch im Fall des § 7.

2. Die hier in Betracht kommenden §§ 41 und 42 ZPO. haben folgenden Wortlaut:

§ 41. Ein Richter ist von der Ausübung des Richteramts kraft Gesetzes ausgeschlossen:

1. in Sachen, in welchen er selbst Partei ist oder in Ansehung welcher er zu einer Partei in dem Verhältnisse eines Mitberechtigten, Mitverpflichteten oder Regreßpflichtigen steht;

2. in Sachen seiner Ehefrau, auch wenn die Ehe nicht mehr besteht;

3. in Sachen einer Person, mit welcher er in gerader Linie verwandt, verschwägert oder durch Adoption verbunden, in der Seitenlinie bis zum dritten Grade verwandt oder bis zum zweiten Grade verschwägert ist, auch wenn die Ehe, durch welche die Schwägerschaft begründet ist, nicht mehr besteht;

4. in Sachen, in welchen er als Prozeßbevollmächtigter oder Beistand einer Partei bestellt oder als gesetzlicher Vertreter einer Partei aufzutreten berechtigt ist oder gewesen ist;

5. in Sachen, in welchen er als Zeuge oder Sachverständiger vernommen ist;

6. in Sachen, in welchen er in einer früheren Instanz oder im schiedsrichterlichen Verfahren bei der Erlassung der angefochtenen Entscheidung mitgewirkt hat, sofern es sich nicht um die Tätigkeit eines beauftragten oder ersuchten Richters handelt.

§ 42. Ein Richter kann sowohl in den Fällen, in welchen er von der Ausübung des Richteramts kraft Gesetzes ausgeschlossen ist, als auch wegen Besorgnis der Befangenheit abgelehnt werden.

Wegen Besorgnis der Befangenheit findet die Ablehnung statt, wenn ein Grund vorliegt, welcher geeignet ist, Mißtrauen gegen die Unparteilichkeit eines Richters zu rechtfertigen.

Das Ablehnungsrecht steht in jedem Falle beiden Parteien zu.

In allen vorstehend aufgezählten Fällen ist also das Recht auf Ablehnung gegeben. Nach § 43 ZPO. kann eine Partei nicht mehr ablehnen, wenn sie, ohne den ihr bekannten Ablehnungsgrund geltend zu machen, sich vor dem abzulehnenden Richter in eine Verhandlung eingelassen oder Anträge gestellt hat.

3. Über das Verfahren bei der Ablehnung sind ausdrückliche Vorschriften nicht gegeben; insbesondere greift § 1045 ZPO. nicht Platz. Das Ablehnungsgesuch kann also sowohl bei dem zur Entscheidung berufenen Oberlandesgerichtspräsidenten als auch beim Schiedsgericht eingereicht werden. Dieses hat das Ablehnungsgesuch unverzüglich an den Oberlandesgerichtspräsidenten weiterzugeben. Der Präsident entscheidet in erster und letzter Instanz über das Gesuch.

4. In analoger Anwendung der entsprechenden Judikatur des Reichsgerichts wird das Schiedsgericht ermächtigt sein, in Fällen offensichtlichen Mißbrauchs des Ablehnungsrechts ein Ablehnungsgesuch insofern unberücksichtigt zu lassen, als es trotz dessen Vorliegens seine Tätigkeit fortsetzt. Im übrigen wird man in analoger Anwendung des § 47 der ZPO. davon ausgehen müssen, daß während des Schwebens eines Ablehnungsgesuchs

das Schiedsgericht sich auf die unbedingt nötigen richterlichen Handlungen zu beschränken hat. Es wird also insbesondere im Falle der Dringlichkeit über einen Antrag auf einstweilige Anordnung entscheiden können.

5. Was als ungebührliche Verzögerung der Amtsübung anzusehen ist, muß der Oberlandesgerichtspräsident von Fall zu Fall entscheiden. Um ihm die Entscheidung zu erleichtern, sollte der Ablehnende den Antrag schriftlich genau begründen. Bei der Entscheidung wird einerseits auf die durch die Zeitverhältnisse gegebenen Verkehrserschwerungen und etwaige persönliche Behinderungsgründe des betreffenden Schiedsrichters, anderseits auf das durch § 2 Abf. 4 der Verordnung gegebene Interesse des Schiedsklägers an rascher Entscheidung Rücksicht zu nehmen sein. Auch lange Krankheit des Schiedsrichters kann eine „ungebührliche" Verzögerung herbeirufen; das Wort „ungebührlich" ist im vorliegenden Fall objektiv zu verstehen.

§ 9.

Das Schiedsgericht tritt am Wohnsitze des Obmanns zusammen, sofern der Obmann über den Zusammentritt nicht anderweit bestimmt.

Erläuterung.

Die Vorschrift gilt zunächst nur für die erste Sitzung; für weitere Sitzungen kann das Schiedsgericht einen anderen Ort bestimmen. Der Ort des regelmäßigen Zusammentretens oder der Ort, an dem der Schieds=spruch gefällt worden ist, ist als Erfüllungsort für die dem Schiedsgericht gegenüber den Parteien obliegenden Pflichten anzusehen.

§ 10.

Wird die Änderung einer Abmachung beantragt, die die Lieferung von elektrischer oder mechanischer Arbeit, Gas, Dampf und Leitungs=wasser durch den Vermieter an den Mieter für den Gebrauch der Mieträume betrifft, und ist die Verpflichtung zur Lieferung als Teil des Mietvertrags anzusehen, so finden die §§ 2 bis 9 keine Anwendung. Es entscheiden alsdann die im Reichsmietengesetz vom 24. März 1922 und den dazu erlassenen Ausführungsbestimmungen vorgesehenen Stellen.

Erläuterungen.

Wie schon oben S. 40 ausgeführt, ist davon auszugehen, daß auf die in vorliegendem Paragraphen bezeichneten Fälle die Verordnung überhaupt keine Anwendung findet. Die ausdrückliche Festlegung dieses Standpunktes im Gesetz bzw. der Verordnung ist unterblieben, aber die Bekanntmachung

zieht in dem vorliegenden Paragraphen ganz unzweideutig die Konse=
quenzen dieses Standpunktes. Es kann daher für die vorliegenden Fälle
ganz auf die Literatur zum Reichsmietengesetz verwiesen werden. Daß
eine Pflicht zur Lieferung von elektrischer Arbeit usw., die zwischen Vermieter
und Mieter begründet ist, sich als nicht für den Gebrauch der Mieträume
bestimmt und nicht als Bestandteil des Mietvertrags darstellte, ist, wenn
überhaupt denkbar, dann ein so seltener Fall, daß hiefür die allgemeinen
Bestimmungen ausreichen.

<h2 style="text-align:center">§ 11.</h2>

Die Mitglieder und Schriftführer sind zur Amtsverschwiegenheit
verpflichtet.

<h3 style="text-align:center">Erläuterungen.</h3>

Es wirft sich hier die Frage auf, unter welcherlei Rechtsschutz die
Innehaltung dieser Verpflichtung und der weiteren nicht ausdrücklich er=
wähnten Pflichten der Schiedsrichter (Unparteilichkeit, Unbestechlichkeit)
gestellt ist. Es gilt hier zunächst der § 336 StGB., der die Rechts=
beugung unter Strafe stellt. Die Wahrung der Amtsverschwiegenheit
steht nicht unter dem Schutze des allgemeinen Strafrechts; es wird
aber anzunehmen sein, daß auch für die Schiedsrichter in dieser Be=
ziehung die Vorschriften der Verordnung vom 3. Mai 1917 gelten, da
die Verordnung vom 1. Februar 1919 noch aus den Tatsachen der Kriegs=
wirtschaft hervorgegangen ist und die Schiedsgerichte daher als kriegswirt=
schaftliche Organisationen anzusehen sein dürften.

Die Amtsverschwiegenheit ist gegenüber dem Berufungsgericht teil=
weise aufgehoben (vgl. zu § 31 unten S. 127).

<h2 style="text-align:center">II. Verfahren vor den Schiedsgerichten.</h2>

<h2 style="text-align:center">§ 12.</h2>

Ist ein Schiedsgericht auf Grund der Vereinbarung der Be=
teiligten oder nach den §§ 1 bis 8 zusammengetreten, so gelten für
das Verfahren die Vorschriften der §§ 13 bis 26.

<h3 style="text-align:center">Erläuterung.</h3>

Die in den folgenden Paragraphen gegebenen Vorschriften gelten
sowohl für die auf Grund der vorhergehenden Bestimmungen dieser
Bekanntmachung als für die frei gebildeten Schiedsgerichte.

§ 13.

Der Antrag auf Entscheidung ist schriftlich zu stellen. Er soll unter Darlegung der Sachlage und Angabe der Beweismittel begründet werden; der Schiedskläger soll die ihm zugänglichen Beweisurkunden, insbesondere Vertragsurkunden und Briefe beifügen.

Erläuterungen.

1. Die Schriftform des Antrags ist zwingend vorgeschrieben; mündlich gestellte Anträge sind unbeachtlich.

2. Die Bekanntmachung sagt nicht, an wen der Antrag zu leiten ist; zweckmäßig wird er an das Schiedsgericht zu Händen des Obmanns zu richten sein. Über die Person des Obmanns kann der Antragsteller das Nötige regelmäßig bei dem von ihm bezeichneten Schiedsrichter erfahren. Gelangt der Antrag an einen der Beisitzer, so wird dieser ihn dem Obmann auf raschestem Wege zu übermitteln haben. Der Obmann hat den Antrag auf jeden Fall der Gegenseite und gegebenenfalls den Schiedsrichtern mitzuteilen.

3. Da nach § 2 Abs. 2 der Verordnung die Entscheidung im Rahmen der Anträge der Parteien zu erfolgen hat, so muß der Antragsteller in dem Antrag genau bezeichnen, welchen Inhalt die von ihm beantragte Entscheidung haben soll, welche Abänderung der bestehenden Abmachungen er also erzielen will. Ebenso genau hat er anzugeben, welche einstweilige Anordnung er etwa beantragt. Der Antrag kann auch auf Feststellung gehen; dies wird besonders dann in Betracht kommen, wenn der Beklagte nach § 5 der Verordnung abwälzungsberechtigt ist und durch sofortige Klage erreichen will, daß die Abwälzung gleichzeitig mit der Mehrbelastung eintritt.

4. Im Interesse der raschen Abwicklung des Verfahrens wird der Kläger gut daran tun, die Klage so vollständig wie möglich zu machen und auch schon die nötigen Korrespondenzen, Vertragsurkunden und Aufstellungen derselben beizufügen.

5. Mangels entgegenstehender Bestimmungen und im Hinblick auf die Vorschrift des § 15 Abs. 2 ist die Einrichtung und Unterzeichnung des Antrags durch einen mit schriftlicher Vollmacht versehenen Vertreter als zulässig zu erachten.

6. Was im vorstehenden von der Schiedsklage gesagt ist, gilt entsprechend auch von dem Antrag gemäß § 2 Abs. 3 der Verordnung. Während aber das Schiedsverfahren mit der Benennung des eigenen Schiedsrichters

an den Gegner beginnt, beginnt das Wiederaufnahmeverfahren, wenn es sich nicht gegen eine ohne Anrufung eines Schiedsgerichts getroffene Einigung richtet, durch einen nach § 13 zu gestaltenden Antrag an den Obmann, oder wenn dieser abberufen und noch nicht ersetzt ist, an die Schiedsrichter oder einen derselben.

§ 14.

1. Das Schiedsgericht verhandelt und entscheidet in nichtöffent= licher Sitzung. Der Obmann soll Personen, die ein Interesse an der Entscheidung haben oder deren Vertretern die Anwesenheit bei der Sitzung gestatten, falls sie dies unter Glaubhaftmachung ihres In= teresses vorher schriftlich beantragt haben und nicht die zu große Zahl der Beteiligten eine Behinderung der Verhandlung befürchten läßt.

2. Die Personen, denen die Anwesenheit gestattet ist (Nr. 1), dürfen von dem ihnen bekanntgewordenen Inhalt der Verhandlung nur zur Wahrung ihrer berechtigten Interessen Gebrauch machen.

3. Die Vorschriften der §§ 66 bis 68 der ZPO. über die Neben= intervention finden entsprechende Anwendung. Der Nebeninter= venient kann ohne mündliche Verhandlung zurückgewiesen werden, wenn er sein Interesse nicht glaubhaft macht.

4. Die Nebenintervention erfolgt durch schriftliche Erklärung an das Schiedsgericht. Dieses hat alsbald den Beteiligten Mitteilung von der Erklärung zu machen.

Erläuterungen.

1. Die Bekanntmachung geht von der Klage, die sie in § 13 bespricht, unmittelbar zur Verhandlung über. Es versteht sich aber von selbst und ergibt sich auch aus § 16 Abs. 1, daß in allen nicht ganz einfachen Fällen eine weitere Vorbereitung der Verhandlung durch Schriftsätze unerläßlich und notfalls vom Vorsitzenden herbeizuführen ist. Die Schriftsätze sind ebenso wie die Klage dem Gegner mitzuteilen; vertrauliche Mitteilungen seitens einer Partei an das Schiedsgericht sind grundsätzlich unzulässig.

2. Die Verhandlung erfolgt in nicht öffentlicher Sitzung; sollte ein Schiedsgericht Öffentlichkeit für nötig halten, so würde dem, wenn die Parteien zustimmen, nichts entgegenstehen.

3. Anderen Personen als den Parteien oder ihren Vertretern soll der Obmann die Anwesenheit im Termin (nicht das Verhandeln) gestatten,

wenn sie ein Interesse an der Entscheidung haben und unter Glaubhaft=
machung dieses Interesses vor der Verhandlung einen entsprechenden
schriftlichen Antrag gestellt haben. Das „soll" bedeutet, daß der Obmann
einen solchen ordnungsmäßig begründeten Antrag nicht ohne schwer=
wiegende Gründe ablehnen darf; ein solcher Grund wäre z. B. nach der
vorliegenden Stelle, daß die Zahl der Zuzulassenden durch ihr Übermaß eine
Behinderung der Verhandlung befürchten ließe, wie dies etwa im Falle
des Konzessionsvertrages möglich ist.

4. Die den Zugelassenen im zweiten Satz des § 5 auferlegte Ver=
schwiegenheitspflicht ist nicht unter Strafschutz gestellt, doch macht ihre Ver=
letzung gemäß § 823² BGB. schadenersatzpflichtig.

5. Abf. 3 bringt eine nicht unerhebliche Neuerung gegenüber dem
bisherigen Rechtszustand, die Zulassung der Nebenintervention. Sie soll
ermöglichen, daß vor allem die weiteren Abnehmer des Abnehmers oder
die Vorlieferer des Lieferers für eine sachgemäße Vertretung ihrer Inter=
essen von Anfang an sorgen können und daß, ähnlich wie dies § 18 auf
anderem Wege anstrebt, zusammenhängende Lieferverhältnisse nach Mög=
lichkeit in einem Verfahren erledigt werden. Die in dem Paragraphen an=
gezogenen Vorschriften der ZPO. werden im Nachstehenden nur soweit
besprochen, als die Bekanntmachung Abweichungen von der Regelung der
ZPO. enthält; im übrigen kann auf die bekannten Kommentare der ZPO.
verwiesen werden.

6. § 66 ZPO. hat folgenden Wortlaut:

„Wer ein rechtliches Interesse daran hat, daß in einem zwischen anderen
Personen anhängigen Rechtsstreite die eine Partei obsiege, kann dieser Partei
zum Zwecke ihrer Unterstützung beitreten.

Die Nebenintervention kann in jeder Lage des Rechtsstreits bis zur rechts=
kräftigen Entscheidung desselben auch in Verbindung mit der Einlegung eines
Rechtsmittels erfolgen."

Da ein rechtliches Interesse hier kaum je gegeben sein dürfte, so
bedeutet die entsprechende Anwendbarkeit dieser Stelle, daß jedes nicht
allzu entferntes Interesse, insbesondere ein wirtschaftliches, genügt, um
die Nebenintervention zu rechtfertigen. Die Nebenintervention kann (und
soll natürlich) zurückgewiesen werden, wenn ein genügendes Interesse nicht
glaubhaft gemacht wird.

7. § 67 ZPO. hat folgenden Wortlaut:

„Der Nebenintervenient muß den Rechtsstreit in der Lage annehmen, in
welcher sich dieser zur Zeit seines Beitritts befindet; er ist berechtigt, Angriffs=
und Verteidigungsmittel geltend zu machen und alle Prozeßhandlungen

wirkſam vorzunehmen, inſoweit nicht ſeine Erklärungen und Handlungen mit Erklärungen und Handlungen der Hauptpartei in Widerſpruch ſtehen."

Das bedeutet im ordentlichen Verfahren, daß, wenn etwa die Haupt= partei einzelne Behauptungen des Gegners, oder gar den geſamten Klag= anſpruch anerkennt, der Nebenintervenient mit einer widerſprechenden Behauptung nicht mehr gehört werden kann, ſondern, daß das Gericht an die Diſpoſitionen der Hauptpartei über den Prozeß gebunden iſt. Da im Schiedsverfahren aber im weſentlichen das Offizialprinzip gilt, ſo wird dieſer Grundſatz des § 67 im Schiedsverfahren nicht als zwingend angeſehen werden können, es ſteht vielmehr den Schiedsgerichten frei, auch trotz An= erkenntniſſes der Hauptpartei in die Sache hineinzuſteigen. Sollte das Schiedsgericht auf Grund des Anerkenntniſſes erkennen, ſo wäre das dem Nebenintervenienten übrigens unſchädlich, da er nach Feſtlegung des ab= weichenden Standpunktes im Vorprozeß denſelben in dem von ihm als Hauptpartei zu führenden Prozeß immer noch vorbringen kann.

8. Der Nebenintervenient muß allerdings mit Rückſicht auf die Vor= ſchrift des § 68 ſämtliche ihm bekannten Angriffs= und Verteidigungsmittel ſchon im Vorprozeß vorbringen; denn § 68 ZPO. lautet folgendermaßen:

„Der Nebenintervenient wird im Verhältniſſe zu der Hauptpartei mit der Behauptung nicht gehört, daß der Rechtsſtreit, wie derſelbe dem Richter vorgelegen habe, unrichtig entſchieden ſei; er wird mit der Behauptung, daß die Hauptpartei den Rechtsſtreit mangelhaft geführt habe, nur inſoweit gehört, als er durch die Lage des Rechtsſtreits zur Zeit ſeines Beitritts oder durch Erklärungen und Handlungen der Hauptpartei verhindert worden iſt, Angriffs= oder Verteidigungsmittel geltend zu machen, oder als Angriffs= oder Ver= teidigungsmittel, welche ihm unbekannt waren, von der Hauptpartei ab= ſichtlich oder durch grobes Verſchulden nicht geltend gemacht ſind."

Einer weiteren Erläuterung bedarf dieſe Vorſchrift hier nicht.

9. Die Nebenintervention erfolgt durch eine ſchriftliche Erklärung des Nebenintervenienten an das Schiedsgericht, das verpflichtet iſt, die Be= teiligten alsbald von dem Vorgang in Kenntnis zu ſetzen.

§ 15.

1. Die Parteien ſind zur mündlichen Verhandlung der Sache zu laden. Die Ladung erfolgt durch eingeſchriebenen Brief. Der Obmann kann eine andere Art der Ladung anordnen.

2. Die Parteien können ſich in der mündlichen Verhandlung, ſoweit nicht das perſönliche Erſcheinen angeordnet iſt, durch eine mit ſchriftlicher Vollmacht verſehene Perſonen vertreten laſſen. Der Obmann kann das perſönliche Erſcheinen der Parteien oder ihrer

gesetzlichen Vertreter anordnen. Sind die Parteien oder ihre Vertreter trotz rechtzeitiger Ladung nicht erschienen, so wird gleichwohl in der Sache verhandelt und entschieden.

3. Eine einstweilige Anordnung kann ohne mündliche Verhandlung erlassen werden. Vor dem Erlaß ist der Gegner zu hören.

Erläuterungen.

1. Damit, daß ausdrücklich gesagt ist, die Parteien seien zur mündlichen Verhandlung zu laden, ist gegeben, daß grundsätzlich vor dem Schiedsgericht in Rede und Gegenrede verhandelt werden soll. Im Einverständnis aller Beteiligten kann davon abgesehen werden.

2. Irgendein Zwangsmittel, um das etwa angeordnete persönliche Erscheinen der Parteien herbeizuführen, hat das Schiedsgericht nicht; insbesondere gibt es auch kein Versäumnisverfahren gegen nicht erschienene (oder vertretene) Parteien. Vielmehr wird dann auf Grund der Aktenlage und des Vortrags des erschienenen Teils entschieden.

3. Ist die Ladung nicht rechtzeitig erfolgt, d. h. derart, daß der Geladene in billiger Beachtung aller Umstände nicht mehr zur mündlichen Verhandlung erscheinen konnte, so wird diese vertagt werden müssen. Der Obmann wird dafür sorgen müssen, daß er einen sicheren Beleg für den Zeitpunkt des Zugehens der Ladung in die Hände bekommt (Rückschein, Zustellungsurkunde).

4. Die einstweilige Anordnung verlangt keine mündliche Verhandlung; wohl aber, daß der Gegner „gehört", d. h. daß ihm Gelegenheit zur Gegenäußerung auf einstweilige Anordnung gegeben wird. Es genügt vollkommen, daß er sich schriftlich auf den ihm schriftlich mitgeteilten Antrag hat äußern können.

5. Aus der Bestimmung, daß der Gegner vor Erlaß einer einstweiligen Anordnung gehört werden muß, folgt, daß die Verordnung für die erste Instanz nur an eine auf Antrag zu erlassende einstweilige Anordnung denkt. Ob damit als ausgeschlossen erklärt sein soll, daß einstweilige Anordnungen auch von Amts wegen erlassen werden, ist zweifelhaft. Ein praktisches Bedürfnis hierzu hat sich jedenfalls noch nicht gezeigt.

§ 16.

1. Das Schiedsgericht kann den Beteiligten aufgeben, binnen einer bestimmten Frist Tatsachen zur weiteren Aufklärung des Sachverhalts anzugeben und Beweismittel, insbesondere Urkunden, vorzulegen oder Zeugen zu stellen.

2. Bei Versäumung der Frist kann das Schiedsgericht nach Lage der Sache ohne Berücksichtigung der nicht beigebrachten Beweismittel entscheiden.

Erläuterungen.

1. Wenn eine Partei die von ihr erforderten tatsächlichen Aufklärungen nicht gibt, ist das Schiedsgericht berechtigt, entsprechend nachteilige Unterstellungen zuungunsten dieser Partei vorzunehmen.

2. Der Beweiseinzug kann weiter von der Erlegung des geforderten Kostenvorschusses abhängig gemacht werden (§ 25 Abs. 3). Wird er nicht geleistet, so greift ebenfalls Abs. 2 Platz.

3. Wenn ein verlangter Zeuge nicht gestellt wird, so wird das Schiedsgericht, wenn er für erhebliche Tatsachen in Betracht kommt, zweckmäßig ihn nach § 20 durch das ordentliche Gericht vernehmen lassen, statt nach Abs. 2 zu verfahren.

§ 17.

1. Das Schiedsgericht kann die Verhandlung und Entscheidung mehrerer Sachen verbinden und die Verbindung wieder aufheben.

2. Auf übereinstimmenden Antrag der Parteien kann das Schiedsgericht die Sache an ein anderes Schiedsgericht zur gemeinschaftlichen Verhandlung und Entscheidung mit einer dort anhängigen Sache abgeben. Das Schiedsgericht, an das die Sache abgegeben ist, wird mit der Verkündung des Beschlusses für das weitere Verfahren zuständig.

Erläuterungen.

1. Eine Verbindung mehrerer Sachen liegt schon dann vor, wenn in einem und demselben Antrag mehrere Gegner verklagt werden; die Verfahren gegen diese kann das Schiedsgericht voneinander trennen (z. B. wenn die Sache in Beziehung auf einen der Beklagten spruchreif ist, gegen einen anderen noch nicht). Eine Verbindung mehrerer von Anfang an selbständiger Verfahren kann zunächst nur da in Betracht kommen, wo in beiden Fällen alle drei Schiedsrichter identisch sind, außerdem im Fall des Abs. 2. In letzterem Falle müssen von dem „anderen" Schiedsgericht die beiden Fälle verbunden werden.

2. Die Vorschrift des Abs. 2 ist deswegen gegeben, um im Falle, daß zwischen Erzeuger und Verbraucher ein Zwischenlieferer eingeschaltet ist, und im Falle des § 5 der Verordnung (Abwälzung) eine einheitliche Entscheidung zu ermöglichen. Klagt z. B. ein Elektrizitätswerk gegen einen Unterverteiler, mit dem es einen Stromlieferungsvertrag hat, und klagt

gleichzeitig vor einem anderen Schiedsgericht der Unterverteiler gegen seinen Konzessionsgeber auf Tariferhöhung wegen seiner erhöhten Stromkosten, so wird zweckmäßig das letztere Schiedsgericht den Rechtsstreit vor das mit der ersten Sache befaßte Schiedsgericht verweisen. Dieses wird dann zu erwägen haben, ob nicht nach § 2 Abs. 2 der Bekanntmachung die Zahl seiner Mitglieder zu erhöhen wäre.

§ 18.

1. Das Schiedsgericht ist verpflichtet, für gründliche Aufklärung des Sachverhalts zu sorgen. Es kann auf Antrag oder von Amts wegen Beweis erheben, insbesondere auch Zeugen und Sachverständige vernehmen, die freiwillig vor ihm erscheinen. Im Falle des § 2 Abs. 3 der Verordnung vom 1. Februar 1919 ist es verpflichtet, von Amts wegen zu untersuchen, ob eine erhebliche Änderung gegenüber dem in der Entscheidung berücksichtigten oder dem zur Zeit der Einigung vorliegenden Tatbestand eingetreten ist.

2. Zur Beeidigung eines Zeugen oder eines Sachverständigen ist das Schiedsgericht nicht befugt.

Erläuterungen.

1. Die gegenüber dem früheren Zustand erheblich geänderte Fassung dieses Paragraphen spricht deutlich den Gedanken aus, daß das Verfahren vor dem Schiedsgericht ein Offizialverfahren ist, bei welchem dem Gericht die völlige Aufklärung des Sachverhaltes obliegt. Auch die Betreibung des Verfahrens liegt ihm grundsätzlich ob, doch muß es für zulässig angesehen werden, daß die Parteien mit Wirkung auch für das Gericht das Ruhen des Verfahrens vereinbaren. Sachlich hat sich das Schiedsgericht nicht auf die von den Parteien vorgebrachten Punkte zu beschränken; vielmehr ist, soweit nicht ausdrücklich die Behauptungen der Gegenseite von den Parteien als richtig zugegeben sind, das Schiedsgericht verpflichtet, auch auf bloßes Bestreiten oder auf allgemeine Behauptungen hin (soweit sie nicht so allgemein sind, daß mit ihnen nichts anzufangen ist) die Aufklärung herbeizuführen. Eine solche Regelung hat sich als notwendig erwiesen, weil insbesondere dem Abnehmer, der in die den Ansprüchen des Lieferers zugrunde liegenden Verhältnisse nur sehr schwer hineinsehen kann, sehr häufig die Aufstellung konkreter Behauptungen unmöglich ist; dadurch soll ihm jedoch seine Rechtsverfolgung auf keinen Fall erschwert werden.

2. Besonders verschärft ist das Offizialprinzip im Fall des § 2 Abs. 3 der Verordnung vom 1. Februar 1919, weil hier die am Schluß der Ziffer 1

angeführte Erschwerung der Prozeßlage des Abnehmers besonders groß ist. Wenn z. B. der erste Schiedsspruch oder der erste Vergleich eine gleitende Klausel eingeführt hat, so kann der Abnehmer nur ganz unvollkommen erkennen, ob diese Klausel mit den Änderungen der Wirtschaftslage nicht seinem Lieferer Vorteile gewährt, die größer sind, als es der Zweck der Verordnung erfordert. In den vorbereitenden Verhandlungen ist es ausdrücklich abgelehnt worden, dem Abnehmer dadurch eine Erleichterung seiner Beweislage zu gewähren, daß man, wie dies vorgeschlagen worden war, den Lieferer zu regelmäßiger eingehender Rechnungslegung verpflichtet; eine solche würde eine kaum zu ertragende Belästigung des Lieferers, eine Vermehrung unproduktiver Arbeit und unter Umständen eine Gefährdung schutzbedürftiger Geschäftsgeheimnisse herbeiführen. Wenn also auch die Anordnung einer solchen regelmäßigen Rechnungslegung durch das Schiedsgericht nicht ausdrücklich verboten ist, so werden doch die Schiedsgerichte richtig handeln, wenn sie davon absehen; um so mehr ist es richtig, daß § 18 zwingt, von Amts wegen zu prüfen, ob seit dem letzten Schiedsspruch oder der letzten Einigung eine erhebliche Veränderung der wirtschaftlichen Verhältnisse eingetreten ist. Das Gericht wird zweckmäßigerweise auch, wenn es eine solche erhebliche Veränderung verneint und daher die Klage abweist, der schwierigen Lage des Abnehmers im Kostenpunkt Rechnung tragen, wenn festzustellen ist, daß der Lieferer durch eine zumutbare Auskunftserteilung die Erhebung der Klage hätte ersparen können.

3. Aus § 18 in Verbindung mit § 20 Abs. 1 folgt, daß das Schiedsgericht nicht befugt ist, Zeugen und Sachverständige zu laden oder gar zu beeidigen; es kann Sachverständige nur durch Vertragsschluß, Zeugen nur durch Ersuchen oder Gestellung seitens der Parteien vor sein Forum ziehen.

§ 19.

Die Befugnisse aus den §§ 16, 18 stehen außer der Sitzungen dem Obmann zu.

Erläuterung.

Diese Vorschrift gibt dem Obmann insbesondere das Recht, die Aufforderung zur Bezeichnung von Beweismitteln und Angabe von aufklärenden Mitteilungen schon vor der Sitzung ohne Beschluß des Schiedsgerichts an die Parteien zu richten. Von dieser Befugnis wird reichlichster Gebrauch zu machen sein, damit das Schiedsgericht bei seinem Zusammentritt einen möglichst vollständigen Tatbestand vorfindet und nicht zu Vertagungen genötigt wird.

§ 20.

1. Eine von dem Schiedsgericht oder dem Obmann für erforderlich erachtete richterliche Handlung, zu der sie nicht befugt sind, hat auf Antrag einer Partei das zuständige Gericht vorzunehmen, sofern es den Antrag für zulässig erachtet.

2. Dem Gerichte, das die Beeidigung eines Zeugen oder Sachverständigen vorzunehmen hat, stehen auch die Entscheidungen zu, die im Falle der Verweigerung des Zeugnisses oder des Gutachtens notwendig werden.

Erläuterung.

Die Vornahme richterlicher Handlungen (außer Zeugen- und Sachverständigenvernehmung, vor allem Augenschein und Anordnung zur Vorlegung von Urkunden) darf das Schiedsgericht nicht selbst vornehmen, sondern die beteiligte Partei hat sie bei dem zuständigen Gericht zu beantragen. Zuständig ist in entsprechender Anwendung des § 1045 ZPO. bei Schiedsgerichten, die auf freier Einigung beruhen, dasjenige Amts- oder Landgericht, auf das die Parteien sich geeinigt haben, in allen anderen Fällen dasjenige Amts- oder Landgericht, das für die gerichtliche Geltendmachung des Anspruchs zuständig wäre, also bei Streitwerten unter M. 10000.— das Amtsgericht, bei Streitwerten über M. 10000.— das Landgericht des Wohnsitzes bzw. Sitzes des Beklagten. Praktisch ist die ganze Vorschrift nicht geworden.

§ 21.

1. Zu den Verhandlungen wird ein Schriftführer zugezogen, der von dem Obmann durch Handschlag an Eides Statt zu treuer und gewissenhafter Führung seines Amtes verpflichtet wird.

2. Über die Verhandlungen wird eine Niederschrift aufgenommen, die deren wesentlichen Teil festzuhalten hat. Sie soll Ort und Tag der Verhandlung und die Bezeichnung der mitwirkenden Personen und der Beteiligten enthalten. Sie soll den anwesenden Beteiligten vorgelesen oder zur Durchsicht vorgelegt und von ihnen unterschrieben werden. Sie ist von dem Obmann und dem Schriftführer zu unterzeichnen.

Erläuterungen.

1. Der Schriftführer wirkt erst von der ersten Verhandlung an mit; mit den Vorbereitungen dafür (Ladungen usw.) hat er nichts zu tun. Über

seine weiteren Funktionen siehe Abs. 2 und § 23. Seine Zuziehung ist obligatorisch.

2. Da nicht ausdrücklich das Gegenteil gesagt ist, darf der Schrift=
führer auch weiblichen Geschlechts sein.

3. Die über die Verhandlungen aufzunehmende Niederschrift soll dazu beitragen, für das Wiederaufnahmeverfahren nach § 2 Abs. 3 der Ver=
ordnung vom 1. Februar 1919 die nötigen Grundlagen zu sichern. Sie muß daher alles, was außerhalb des sonstigen Akteninhalts in der Ver=
handlung an erheblichen Tatsachen zur Sprache kommt, festhalten und darf demnach keinesfalls zu kurz gefaßt werden.

§ 22.

Der Schiedsspruch ist zu verkünden. Er enthält außer der Ent=
scheidung die Namen der Mitglieder, die bei der Entscheidung mit=
gewirkt haben, eine gedrängte Darstellung des Sach= und Streit=
standes und die Entscheidungsgründe und ist vom Obmann zu unter=
schreiben.

Erläuterungen.

1. Zu verkünden ist der „Schiedsspruch im engeren Sinne", d. h. die Urteilsformel.

2. Die Verkündung ist wegen § 2 Abs. 4 der Verordnung vom 1. Februar 1919 unerläßlich, da erst mit ihr die Wirkung des Schiedsspruchs und da mit ihr der Lauf der Berufungsfrist beginnt; demgemäß ist der Tag der Verkündung auch auf der Ausfertigung des Schiedsspruchs zu vermerken (vgl. unten zu § 23).

3. Ebenso wichtig ist eine erschöpfende, wenn auch gedrängte Dar=
stellung des Tatbestands, insbesondere wegen des Wiederaufnahme=
verfahrens nach § 2 Abs. 3 der Verordnung, und um dem Berufungs=
gericht die Arbeit zu erleichtern.

4. Die Erfahrung hat gezeigt, daß sich die Schiedsgerichte häufig die Begründung ihrer Sprüche sehr leicht machen. Wenn auch anzunehmen ist, daß das Bewußtsein von der Möglichkeit einer Nachprüfung durch das Berufungsgericht dies bessern wird, so ist doch ausdrücklich darauf hinzu=
weisen, daß das Schiedsgericht es sich selbst und den Parteien schuldig ist, genau und ausführlich über die Gründe Auskunft zu geben, die zu seinem Spruch geführt haben.

§ 23.

1. Die Entscheidungen des Schiedsgerichts sind von dem Schrift=
führer auszufertigen; er bescheinigt die Übereinstimmung mit der

Urschrift und den Tag der Verkündung, bei nicht verkündeten einstweiligen Anordnungen den Tag des Erlasses.

2. Die Entscheidungen sind den Beteiligten, soweit sie nicht in ihrer Gegenwart verkündet sind, in der im § 15 Abs. 1 vorgeschriebenen Weise mitzuteilen.

Erläuterungen.

1. Sämtliche Entscheidungen des Schiedsgerichts, insbesondere aber der Schiedsspruch mit Gründen, sind auszufertigen, d. h. in beglaubigter Abschrift den Parteien zugänglich zu machen. Die Ausfertigung besorgt der Schriftführer. Auf die Ausfertigung hat der Schriftführer den Tag der Verkündung bzw. des Erlasses zu vermerken; der Vermerk ist von ihm zu unterzeichnen.

2. Die Bestimmung in Abs. 2 bedeutet, daß, wenn die Parteien im Verkündungstermin nicht anwesend waren, der Schiedsspruch ihnen eingeschrieben zuzustellen ist, falls nicht der Obmann eine andere Zustellungsform angeordnet hat; daß ein Exemplar des Schiedsspruchs jeder Partei auf jeden Fall zuzufertigen ist, einerlei ob sie im Verkündungstermin anwesend war oder nicht, ergibt sich aus Abs. 1.

3. Da die Berufungsfrist mit dem Tag der Verkündung läuft, so ist die Bescheinigung des Tags der Verkündung von besonderer Wichtigkeit.

§ 24.

Die von den Beteiligten dem Schiedsgericht vorgelegten Unterlagen sind zu sammeln und bei der Gemeindebehörde des Orts, an dem das Schiedsgericht zusammentritt, aufzubewahren. Im Falle einer Berufung werden die Akten dem Reichswirtschaftsgericht übersandt und bleiben alsdann daselbst.

Erläuterungen.

1. Auch diese Vorschrift ist wegen des Wiederaufnahmeverfahrens wichtig.

2. Wie und wie lange die Gemeinde bzw. das Reichswirtschaftsgericht die Akten aufzubewahren hat, ist nicht gesagt; sie werden sie wie ihre übrigen Akten zu behandeln haben.

3. Es wird sich empfehlen, in den Tatbestand des Schiedsspruchs aufzunehmen, welcher Gemeinde die Akten zur Aufbewahrung übergeben worden sind.

§ 25.

1. Das Schiedsgericht ist berechtigt, Gebühren für seine Tätigkeit und Erstattung der anläßlich seiner Tätigkeit erwachsenen baren Auslagen zu verlangen. Wenn nicht eine Vereinbarung der Beteiligten oder besondere, anderweite Berechnung rechtfertigende Umstände vorliegen, wird die Tätigkeit des Schiedsgerichts abgegolten durch die Gebühren, die nach dem deutschen Gerichtskostengesetz in seiner jeweilig geltenden Fassung das ordentliche Gericht erster Instanz im gleichartigen Falle zu erheben hätte. Der Streitwert ist nach der Lage des Einzelfalls festzusetzen. Das Schiedsgericht darf den Streitwert nicht auf mehr als das Fünffache der jeweiligen Jahresbeträge, höchstens jedoch auf die Summe von 2 Millionen Mark festsetzen. Hält es jedoch aus besonderen Gründen die Festsetzung eines höheren Streitwertes für angemessen, so hat es die Akten zur Entscheidung darüber dem Reichswirtschaftsgericht vorzulegen, das in der Besetzung des § 32 entscheidet. Die Verhandlungsgebühr kommt auch für eine nicht kontradiktorische Verhandlung zur Erhebung, sofern einer der beiden Teile zur Sache verhandelt. Die Gebühren des § 23 Abf. 2 des Gerichtskostengesetzes sind mit 10/10 anzusetzen. Die §§ 21, 22 Abf. 2 und 23 a des Gerichtskostengesetzes finden im Falle des Vergleichs keine Anwendung.

2. Die gemäß Ziffer 1 erfolgte Festsetzung des Streitwertes ist auch für die Bemessung der Gebühren der Parteivertreter maßgebend.

3. Der Obmann kann für die Gerichtskosten vom Kläger und für die Kosten der Beweisaufnahme von der Partei, die sie veranlaßt, einen Kostenvorschuß einfordern und den weiteren Fortgang des Verfahrens von der Zahlung des Kostenvorschusses abhängig machen.

4. Das Schiedsgericht setzt im Schiedsspruch oder durch einen besonderen Beschluß die Kosten des Verfahrens fest und spricht aus, wer sie zu tragen hat. Der Beschluß kann ohne mündliche Verhandlung gefaßt werden; die Parteien sind vorher zu hören. Wird der Beschluß ohne mündliche Verhandlung gefaßt, so finden § 23 Satz 1 und § 25 dieser Verordnung Anwendung.

5. Die Entscheidung über die Höhe der Kosten ist durch Beschwerde anfechtbar, auch wenn zur Hauptsache eine Entscheidung nicht ergeht oder ein Rechtsmittel nicht eingelegt wird. Die Beschwerde ist innerhalb eines

Monats beim Reichswirtschaftsgericht einzulegen. Die Frist läuft bei einer auf Grund mündlicher Verhandlung verkündeten Entscheidung von der Verkündung, bei einer nicht verkündeten Entscheidung vom Zugang an die beschwerdeführende Partei. Alle Kostenentscheidungen haben den Hinweis auf dieses Beschwerderecht zu enthalten.

Erläuterungen.

1. In ihrer bisher gültigen Fassung hatte die Verordnung keinerlei bindende Vorschriften über die Bemessung der Vergütung für die schiedsrichterliche Tätigkeit enthalten. Nunmehr ist eine solche Regelung innerhalb eines gewissen Rahmens getroffen; dieselbe schließt sich im großen ganzen an die bisher vom Reichskommissar für die Kohlenverteilung geübte Praxis an. Wenn nicht besondere Umstände oder Vereinbarungen vorliegen (hierüber s. Ziff. 2 u. 3), so finden die Regeln des Gerichtskostengesetzes Anwendung. Nach dessen § 18 steht demgemäß dem Schiedsgericht zu:

eine volle Gebühr a) für die mündliche Verhandlung (auch wenn nur eine der Parteien verhandelt),

b) für die Anordnung einer Beweisaufnahme,

c) für eine andere Entscheidung (also insbesondere für den Schiedsspruch).

Ferner steht dem Schiedsgericht die volle Gebühr zu für die Aufnahme eines Vergleichs vor dem Schiedsgericht; insofern ist durch die Verordnung der §§ 23 und 23a des GKG. abgeändert, um dem Schiedsgericht möglichst nahezulegen, auf Vergleiche hinzuwirken. Aus demselben Grunde hat die Verordnung auch im Vergleichsfall die vollen gesetzlichen Sätze für Beweisaufnahme und Verhandlung zugebilligt. Eine eingehende Darlegung der Grundsätze des Gerichtskostengesetzes würde im übrigen über den Rahmen dieser Arbeit hinausgehen; es kann hierfür auf die bekannten Ausgaben des GKG. verwiesen werden (vgl. auch Ziff. 4).

2. Abweichend vom GKG. erfolgt auf Grund der Bestimmungen der Bekanntmachung die Festsetzung des Streitwerts, soweit es sich um Änderung wiederkehrender Leistungen (als solche ist jede Änderung der Stromusw. Preise anzusehen) handelt (soweit es sich um einmalige Leistungen handelt, ist deren nötigenfalls durch Schätzung zu ermittelnder Wert bis zur Höhe von 2 Millionen M. maßgebend). Bei der Festsetzung des Streitwerts ist zunächst darauf aufmerksam zu machen, daß immer nur der zwischen den Parteien streitige Teil als Streitwert in Betracht kommen kann; was streitig ist, hat nötigenfalls das Schiedsgericht durch Befragen zu ermitteln. Läuft der fragliche Vertrag bis zu 5 Jahren, so ist Streitwert höchstens

die Summe der strittigen Leistungen; häufig wird es richtig und im Sinne der Verordnung geboten sein, einen geringeren Wert anzunehmen. Läuft der Vertrag länger als 5 Jahre, so ist trotzdem das Fünffache der Jahresleistungen das Höchstmaß des der Berechnung zugrunde zu legenden Streitwerts (wegen kleinerer Objekte s. u. Ziff. 3). Das Wievielfache im einzelnen Fall zugrunde gelegt wird, soll nach der Absicht des Gesetzes von den Umständen des Falles abhängen; je schwieriger der Fall und je größer die dem Schiedsgericht erwachsene Arbeitslast, um so mehr wird es berechtigt sein, den Höchstsatz zu wählen. Auf keinen Fall darf das Schiedsgericht von sich aus mit dem so errechneten Streitwert über 2 Millionen M. hinausgehen; gegebenenfalls muß es die Akten hierwegen dem Reichswirtschaftsgericht vorlegen (s. unten Ziff. 3).

3. Die Ausführungen zu Ziff. 1 und 2 gelten nur für den Regelfall; für besondere Fälle sieht die Bekanntmachung zwei Möglichkeiten der Abweichung nach oben vor (die Frage der Abweichung nach unten braucht nicht besprochen zu werden, da hierdurch die Parteien ja nicht benachteiligt werden).

a) Wenn „besondere, eine anderweite Berechnung rechtfertigende Umstände" vorliegen, so kann das Schiedsgericht — unbeschadet der Streitwertfestsetzung, die es autonom nicht über die Grenze von 2 Millionen M. erhöhen darf — eine andere Berechnungsweise zugrunde legen als die Vorschriften des Gerichtskostengesetzes. Dies wird einerseits bei ganz kleinen Streitwerten in Frage kommen, bei denen die unveränderte Anwendung des Gerichtskostengesetzes möglicher Weise eine unwürdig niedrige Honorierung der Schiedsrichter zur Folge haben würde, andererseits bei besonders schwierigen und verantwortungsvollen Objekten, wo bei Anwendung des Gerichtskostengesetzes die Honorierung außer Verhältnis zur Arbeit und Verantwortung des Schiedsgerichts stünde (für die großen Objekte vgl. auch unten bei b). Insbesondere kommt auch der Fall in Frage, daß mehr als drei Schiedsrichter tätig waren. Das Schiedsgericht kann in solchen Fällen seine Honorierung nach beliebigem Ermessen frei festsetzen; diese Festsetzung kann in der Beschwerdeinstanz vom Reichswirtschaftsgericht ebenso frei nachgeprüft und geändert werden. Einen gewissen Anhaltspunkt für die Gebührenbemessung in solchen Fällen werden manchmal die Rechtsanwaltsgebührenordnung, die Sätze des Gerichtskostengesetzes für die höhere Instanz oder die Sätze geben können, die nach den bestehenden Gepflogenheiten der beteiligten Kreise ein Gutachter vom Rang der jeweiligen Schiedsrichter für die entsprechende Tätigkeit zu verlangen hätte. In gewissen Fällen kann auch eine Anlehnung an die Regel des § 48 Abs. 2 der Verordnung über das Reichswirtschaftsgericht (5 % des Objektes) in Frage kommen.

b) In besonderen Fällen kann das Schiedsgericht durch Antrag an das Reichswirtschaftsgericht eine Erhöhung der 2 Millionengrenze herbeiführen. Ein solcher besonderer Fall kann z. B. vorliegen, wenn das Objekt schon in seinen einfachen oder in seinem bis zu fünffachen Jahresbetrag die Grenze erheblich übersteigt, oder, wenn die Vertragsdauer so lang und die in Frage kommenden Interessen so gewichtig sind, daß die Zugrundelegung von bloß 5 Jahren nicht angemessen ist; ein besonderer Fall kann aber auch in der besonderen Wichtigkeit oder Schwierigkeit eines großen Objektes gegeben sein. Will das Schiedsgericht aus solchen Gründen einen höheren Streit= wert festgesetzt haben, so legt es den Antrag mit den Akten und einer entsprechenden Begründung dem Reichswirtschaftsgericht vor. Dieses ent= scheidet über solche Anträge in der Besetzung von 1 rechtskundigen Vor= sitzenden und den 2 aus der Liste bestimmten Schiedsrichtern (vgl. § 32, 27). Hat das Schiedsgericht auf Grund dieser Streitwertfestsetzung durch das Reichswirtschaftsgericht seine Kosten festgesetzt, so ist gegen diese Festsetzung immer noch die Beschwerde der Ziff. 5 dieses Paragraphen gegeben.

Die Vorschriften der Ziff. 1 dieses Paragraphen gelten ferner nur, wenn das Schiedsgericht mit den Parteien nichts anderes vereinbart hat, was unter allen Umständen zulässig ist. Es empfiehlt sich für die Schieds= gerichte, mit den Parteien rechtzeitig eine solche Vereinbarung zu treffen, die jeden Streit und ebenso auch die Beschwerde nach Ziff. 5 dieses Para= graphen ausschließt; ebenso zulässig und empfehlenswert ist es, eine Ver= einbarung über den Streitwert mit den Parteien herbeizuführen.

Eine Streitwertfestsetzung muß das Schiedsgericht unter allen Um= ständen ausdrücklich vornehmen; dies ist schon wegen der Beschwerde und deshalb geboten, weil hiervon nach Ziff. 2 dieses Paragraphen die Gebühren der eventuellen Parteivertreter abhängen.

4. Hervorzuheben ist, daß für die einstweiligen Anordnungen nach dem GKG. besondere Gebühren nur dann berechnet werden dürfen, wenn nicht eine gleichartige Entscheidung in der Hauptsache ergangen ist. Endet also das Verfahren durch Schiedsspruch oder Vergleich, so sind Gebühren für die einstweilige Anordnung überhaupt nicht zu berechnen. Im übrigen sind jeweils $^{5}/_{10}$ der vollen Gebühr zu erheben; dabei ist aber darauf zu achten, daß regelmäßig der Streitwert der einstweiligen Anordnung kleiner sein wird, als der der Hauptsache.

5. Die Verteilung der Kosten unter die Parteien regelt sich nach dem allgemeinen Grundsatz, daß der Unterliegende alle Kosten trägt, bei teil= weisem Unterliegen die Kosten ratierlich zu verteilen sind. Die Verteilung ist im Tenor des Schiedsspruchs zu regeln.

6. Die Höhe der Kosten ist entweder im Schiedsspruch oder in einem besonderen Beschluß festzusetzen. Ein solcher besonderer Beschluß ist nötig, wenn das Verfahren ohne Spruch (durch Vergleich oder Klagezurücknahme) endet; er ist aber auch im Falle des Spruchs zulässig. Der Beschluß kann entweder auf Grund mündlicher Verhandlung oder ohne solche gefaßt werden (also auch durch schriftliche Abstimmung); im letzteren Fall ist er auszufertigen und zuzustellen, im ersteren wie ein Schiedsspruch zu behandeln.

7. Von dem Recht, Vorschuß zu erheben, wird der Obmann im Interesse der Vermeidung späterer Streitigkeiten, Klagen und Verzögerungen zweckmäßig meist Gebrauch machen. Sollte eine Klage auf das Honorar des Schiedsgerichts nötig werden, so haben die Schiedsrichter gemeinsam zu klagen. Zuständig ist auch das Gericht des Ortes, in dem der Schiedsspruch gefällt wurde (s. oben zu § 9 dieser Verordnung).

8. Wenn der Beweiskostenvorschuß nicht gezahlt wird, so ist die Bestimmung, daß der Fortgang des Verfahrens von der Zahlung abhängig gemacht werden kann, sinngemäß dahin auszulegen, daß die Erhebung des Beweises von der Zahlung abhängig gemacht, im übrigen aber nach § 16 Abs. 2 verfahren wird.

9. Darüber, ob das Schiedsgericht außer seinen Kosten und Auslagen auch Parteikosten als erstattungsfähig erklären kann, spricht sich die Bekanntmachung nicht aus. Danach wird man annehmen müssen, daß es in das Ermessen des Schiedsgerichts gestellt sein soll, ob und welche Auslagen der Partei es in die von ihm festzusetzenden und zu verteilenden Kosten des Verfahrens einbeziehen will. In der bisherigen Praxis sind in weitaus den meisten Fällen ohne Rücksicht auf die Verteilung der gerichtlichen Kosten jeder Partei ihre eigenen Kosten stillschweigend oder ausdrücklich zugeschieden worden. Nur in ganz wenigen Fällen haben die Schiedsgerichte die Parteikosten für erstattungsfähig erklärt. Diese Praxis ist nicht ohne Bedenken.

10. Nach der neuen Ziff. 2 des § 25 ist für die Anwaltsgebühren die Festsetzung des Streitwerts gemäß § 25¹ maßgebend, d. h. der Streitwert, der gemäß Abs. 5 vom Schiedsgericht oder Reichswirtschaftsgericht festgesetzt ist, oder derjenige, auf den sich die Parteien mit dem Schiedsgericht geeinigt haben. § 93 Rechtsanwaltsgebührenordnung wird hierdurch nicht berührt.

11. Gegen die Kostenfestsetzung — nicht gegen die Kostenverteilung (und nur gegen die Kostenfestsetzung, nicht gegen eine vereinbarte Kostenberechnung) — ist innerhalb eines Monats nach Verkündung oder bei nicht verkündeten Beschlüssen seit Zustellung die Beschwerde beim Reichswirtschaftsgericht (nicht, wie bisher, beim Reichskommissar für die

Kohlenverteilung) gegeben. Beschwerden, die bis zum Inkrafttreten dieser Bekanntmachung beim Reichskommissar für die Kohlenverteilung anhängig gemacht worden sind, sind von diesem an das Reichswirtschaftsgericht abzugeben. Jede nach Inkrafttreten der Bekanntmachung einzulegende Beschwerde ist beim Reichswirtschaftsgericht einzulegen. Auf das Beschwerderecht ist in der Entscheidung, die die Kosten festsetzt, ausdrücklich hinzuweisen. Die Beschwerde ist auch dann notwendig, wenn in der Hauptsache Berufung eingelegt wird, da es mehr als zweifelhaft ist, ob mit der Berufung auch die Entscheidung über die Höhe der Kosten angreifbar ist.

§ 26.

Alle Schiedsgerichte sind verpflichtet, dem Reichskommissar für die Kohlenverteilung die von ihnen erlassenen Schiedssprüche und die von ihnen geschlossenen Vergleiche, auf Erfordern auch die dazugehörigen Akten, einzusenden.

Erläuterungen.

1. Diese Vorschrift ist die wörtliche Wiedergabe des früheren § 3 der Bekanntmachung des Staatssekretärs des Reichswirtschaftsamts vom 1. Februar 1919, der jetzt als überflüssig gestrichen ist. Die Schiedssprüche sind in vollständiger Ausfertigung einzusenden, also mit Tatbestand und Gründen. Um dem Reichskommissar für die Kohlenverteilung zu ermöglichen, gegebenenfalls die zugehörigen Akten einzusehen, wird es sich empfehlen, in dem Begleitschreiben mitzuteilen, bei welcher Gemeindebehörde die Akten hinterlegt sind, falls dies nicht schon im Inhalt des Schiedsspruchs zum Ausdruck kommt.

2. Die genaue Anschrift des Reichskommissars für die Kohlenverteilung ist: Reichskommissar für die Kohlenverteilung, Abt. für Elektrizität, Gas und Wasser, Berlin W 62, Wichmannstr. 19.

3. Die endgültigen Entscheidungen der Schiedsfälle werden jetzt teils beim Reichskommissar für die Kohlenverteilung, teils beim Reichswirtschaftsgericht zu finden sein, was nicht gerade erwünscht ist.

III. Die Besetzung der entscheidenden Senate und das Verfahren des Reichswirtschaftsgerichtes.

Vorbemerkung.

Die Berufung gegen die Urteile der Schiedsgerichte ist neben dem Kündigungsrecht der Richtlinie A IX die zweite wichtige Neuerung, die

bei der Durchsicht der Verordnung vom 1. Februar 1919 und ihrer Aus=
führungsbestimmungen eingeführt worden ist (vgl. hierüber die Anmerkung
oben zu § 2 Abs. 4 S. 56).

Für das Verfahren vor dem Reichswirtschaftsgericht gilt in den durch
die Verordnung vom 1. Februar 1919 geregelten Angelegenheiten grund=
sätzlich entsprechend die Verordnung über das Reichswirtschaftsgericht vom
21. Mai 1920 (RGBl. S. 1167) mit den Abänderungen der §§ 65 und 66
der Entschädigungsordnung vom 30. Juli 1921 (RGBl. S. 1046) [1]. Nach
§ 4 der Verordnung vom 1. Februar 1919 in der Fassung des Gesetzes
vom 9. Juni 1922 kann der Reichswirtschaftsminister ergänzende Vor=
schriften hierzu erlassen, was in den folgenden Paragraphen geschehen ist.
Im nachfolgenden wird außer der Besprechung dieser Paragraphen nur ein
kurzer Abriß des Verfahrens vor dem Reichswirtschaftsgericht gegeben, der
insbesondere auch auf die Frage eingeht, inwieweit die entsprechende
Anwendbarkeit Änderungen hervorbringt. Wegen der Einzelheiten des
Verfahrens ist auf die Literatur zu der Verordnung über das Reichswirt=
schaftsgericht, insbesondere auf den Kommentar von Dr. Müller und
Dr. Wiederfum (Berlin 1920 bei Franz Vahlen) und auf den Aufsatz des
Reichswirtschaftsrichters Dr. Klinger, in der Jur. Wochenschrift 1922,
S. 670, zu verweisen. Die Verordnung über das Reichswirtschaftsgericht
wird im nachfolgenden mit der Abkürzung VORWG zitiert.

Das Reichswirtschaftsgericht hat seinen Sitz in Berlin=Charlottenburg 5,
Witzlebenstr. 4—10; von der Befugnis, auswärtige Senate zu errichten,
oder außerhalb Berlins Sitzungen abzuhalten, ist bisher kein Gebrauch
gemacht worden. Das Reichswirtschaftsgericht arbeitet wie alle oberen
Gerichte in Senaten (wegen ihrer Zusammensetzung in Sachen der Ver=
ordnung vom 1. Februar 1919 vgl. unten zu § 27 und 32). In gewissen
Fällen kann eine Sache von dem mit ihr befaßten Senat dem großen Senat
zur Entscheidung von Rechtsfragen und anderen Fragen von grundsätzlicher
Bedeutung vorgelegt werden. Die Entscheidung des Senats, der aus dem
Präsidenten des Reichswirtschaftsgerichts und 6 rechtskundigen Mitgliedern
desselben (evtl. unter Beiziehung weiterer, sachverständiger Mitglieder)
besteht, hat bindende Kraft.

---

[1] Es ist nicht unwahrscheinlich, daß die Vorschriften über das Reichs=
wirtschaftsgericht demnächst in einem Gesetz („lex Curtius") neugefaßt werden.
Die Verfasser glaubten jedoch im Interesse der Benutzer des Kommentars
dieses Gesetz nicht abwarten zu sollen, um so mehr, als sich zwar die Paragraphen=
folge, wohl aber kaum der Inhalt der hier interessierenden Vorschriften erheblich
ändern wird.

Beim Reichswirtschaftsgericht herrscht noch betonter als beim Schieds=
gericht erster Instanz der Amtsbetrieb. Wenn also die Berufung rechtzeitig
und formrichtig eingelegt ist, so spielt sich der ganze äußere Fortgang des
Verfahrens ohne Nachhilfe der Parteien ab. Im allgemeinen stellt das
Reichswirtschaftsgericht, wenn eine Sache anhängig geworden ist, in einem
Ermittlungsverfahren, das in dem Falle der Verordnung vom 1. Februar
1919 wohl von dem Senatsvorsitzenden oder einem an der Entscheidung nicht
teilnehmenden Ermittlungsrichter geführt werden wird, den ganzen Sach=
verhalt selbständig fest. Den Parteien ist es natürlich unbenommen, die ihnen
wichtig erscheinenden rechtlichen und sachlichen Gesichtspunkte durch Schrift=
sätze während des Ermittlungsverfahrens dem Gericht zu unterbreiten.
Dies wird, auch ohne daß das Gericht gemäß § 33 VORWG. den Parteien
eine entsprechende Auflage macht, zweckmäßigerweise von den Parteien
veranlaßt werden, besonders da im allgemeinen auch die Beweisaufnahme
sich schon im Ermittlungsverfahren vollzieht. Erst wenn nach Ansicht des
Vorsitzenden die Sache im Ermittlungsverfahren zur Entscheidungsreife
gediehen ist, wird der Verhandlungstermin anberaumt. Dieser beginnt
(§ 32 VORWG.) mit dem Vortrag des Vorsitzenden oder einem von ihm
zum Berichterstatter ernannten Beisitzer; hernach gelangen die Par=
teien zum Wort. Im Termin kann auch anderen Personen als den Be=
teiligten die Anwesenheit vom Vorsitzenden gestattet werden; Vertretung
durch einen bei einem deutschen Gericht zugelassenen Rechtsanwalt ist jeder=
zeit, durch andere Personen dann gestattet, wenn nicht gegen dieselben
besondere Bedenken vorliegen (§ 26 VORWG.). Die Beteiligten werden
von Ort und Zeit der Verhandlung durch Zustellung benachrichtigt;
geladen werden sie nur, wenn ihr persönliches Erscheinen angeordnet ist.
Das Gericht entscheidet ohne Rücksicht darauf, wer von den Beteiligten
erschienen ist. Ein Versäumnisverfahren gibt es beim Reichswirtschafts=
gericht so wenig wie vor dem Schiedsgericht (§ 27 VORWG.). Nach
§ 26 VORWG. ist das Reichswirtschaftsgericht, auch wenn es von den
Parteien beantragt wird, nicht gezwungen, Beweis zu erheben, falls es
nach seinem freien Ermessen glaubt, allein auf Grund seiner Geschäfts=
erfahrung entscheiden zu können.

Schon vor Eintritt in das Ermittlungsverfahren ist der Vorsitzende
berechtigt (§ 21 VORWG.) einen Antrag (also auch eine Berufung), wenn
er aus rechtlichen Gründen ohne weiteres als unzulässig oder unbegründet
erscheint, durch begründeten Bescheid zurückzuweisen, wenn er aus recht=
lichen Gründen ohne weiteres als begründet erscheint, ihm durch ebensolchen
Bescheid stattzugeben. Gegen den Bescheid kann innerhalb zweier Wochen

nach Zustellung der Antrag auf Entscheidung des Senats gestellt werden. Geschieht dies, so gilt der Bescheid des Vorsitzenden als nicht ergangen; im gegenteiligen Falle steht er einem Endurteil des Reichswirtschafts= gerichtes gleich.

Die Endentscheidung erfolgt durch Urteil im Namen des Reiches. Den Beteiligten ist eine Ausfertigung zuzustellen; Verkündung ist nicht erforder= lich. Nach § 36a VORWG. darf das Urteil in Fällen der Verordnung vom 1. Februar 1919 den Schiedsspruch erster Instanz nur insoweit ab= ändern, als eine Abänderung beantragt ist. Fraglich kann sein, ob § 36b VORWG., der von der Zurückverweisung an die Vorinstanz handelt, anwendbar ist. Die Frage dürfte zu verneinen sein, einmal, weil in § 36b (im Gegensatz z. B. zu § 36a) nur von einer Behörde (was die Schieds= gerichte nicht sind), nicht auch von einem Gericht die Rede ist, und sodann aus dem weiteren Grunde, weil ein solches Verfahren dem Be= schleunigungsbedürfnis der Sachen aus der Verordnung vom 1. Februar 1919 nicht genügend Rechnung tragen würde.

Ebenso ist der § 44 VORWG. bei Angelegenheiten der Verordnung vom 1. Februar 1919 nicht anwendbar; dem Charakter des Verfahrens, wie es durch § 2 Abs. 4 in Verbindung mit § 2 Abs. 2 der Verordnung vom 1. Februar 1919 gekennzeichnet ist (vgl. Anm. 8 dortselbst) würde es nicht entsprechen, wenn, anders als in erster Instanz, in zweiter Instanz auf Leistung erkannt werden könnte. Dies gilt auch, wenn anläßlich der Auf= hebung einer einstweiligen Anordnung oder gemäß § 43 VORWG. (s. unten) Rückerstattung angeordnet würde.

Gegenüber Urteilen des Reichswirtschaftsgerichtes ist ein Rechtsmittel nicht zulässig; doch können nach § 42 Schreibfehler, offenbare Unrichtig= keiten u. dgl., auf Antrag oder von Amts wegen berichtigt werden. Ferner ist nach § 42 VORWG. die Berücksichtigung eines übersehenen Haupt= oder Nebenanspruches oder des etwa nicht entschiedenen Kostenpunktes durch nachträgliche Entscheidung möglich. Schließlich kann ein durch Urteil des Reichswirtschaftsgerichtes geschlossenes Verfahren nach § 42b VORWG. unter den dort genannten Voraussetzungen wieder aufgenommen werden. Von diesen Voraussetzungen kommen für die Fälle der Verordnung vom 1. Februar 1919 die Ziff. 1, 2, 5, 6, 7, 8 und 9 in Betracht, nicht dagegen die Ziff. 3, an deren Stelle der § 2 Abs. 3 der Verordnung vom 1. Februar 1919 tritt. Zu Ziff. 6 und 7, die sich auf die Beanstandung der mitwirkenden Richter beziehen, ist noch auf § 18 VORWG. zu verweisen, wonach Aus= schließung und Ablehnung eines Richters in denselben Fällen wie nach der ZPO. (vgl. oben zu § 8 der Verordnung über das Verfahren) und außerdem dann gegeben ist, wenn der beanstandete Richter Beamter, Arbeitnehmer oder Mitglied des Aufsichtsrates eines Beteiligten ist. Insbesondere kann also ein Schiedsrichter, der in 1. Instanz amtiert hat, beim Reichswirtschaftsgericht nicht nochmals mitwirken.

Wird das Verfahren vor dem Reichswirtschaftsgericht auf andere Weise als durch Urteil beendet, so werden lediglich die durch das Verfahren entstandenen Barauslagen erhoben; wird durch Urteil entschieden, so wird außerdem eine Gebühr erhoben, die nicht mehr als 5 % des Wertes des Streitgegenstandes und nicht mehr als 50 000 M. betragen soll. Im übrigen vgl. wegen der Kostenregelung §§ 48, 48a, 49 und 50 VORWG., wegen der Vorschußpflicht für die Kosten § 50 VORWG., wegen der Rechtsanwaltsgebühren § 52 VORWG. und die Anordnung über die Vergütung für die Berufungstätigkeit des Rechtsanwaltes in dem Verfahren vor dem Reichswirtschaftsgericht vom 6. Oktober 1920 (RGBl. S. 1716) mit dem Zusatz des § 66 der Entschädigungsordnung vom 30. Juli 1921 (RGBl. S. 1046).

§ 27.

1. Über die in § 2 Ziffer 4 der Verordnung vom 1. Februar 1919 in der Fassung des Gesetzes vom 9. Juni 1922 (Reichsgesetzbl. I S. 507) zugelassene Berufung entscheidet das Reichswirtschaftsgericht in der Besetzung von einem rechtskundigen Vorsitzenden und vier sachverständigen Beisitzern.

2. Von den sachverständigen Beisitzern werden zwei nach den Grundsätzen der §§ 6 und 7 der Verordnung über das Reichswirtschaftsgericht vom 21. Mai 1920 (RGBl. S. 1167) in der durch § 65 der Entschädigungsordnung vom 30. Juli 1921 (RGBl. S. 1046) abgeänderten Fassung einberufen. Je ein weiterer Beisitzer wird von jeder Partei binnen einer von dem Vorsitzenden zu bestimmenden Frist ernannt. Die Frist beginnt mit dem Zeitpunkt, in dem die Aufforderung des Vorsitzenden der Partei zugeht. Ist vor Ablauf der Frist die Benennung nicht beim Reichswirtschaftsgericht eingegangen, so erfolgt die Einberufung auch dieses Beisitzers durch den Vorsitzenden nach den Grundsätzen der §§ 6 und 7 über das Reichswirtschaftsgericht vom 21. Mai 1920 (GRBl. S. 1167) in der durch § 65 der Entschädigungsordnung vom 30. Juli 1921 (RGBl. S. 1046) abgeänderten Fassung.

Erläuterungen.

1. Berufung einlegen kann, wer durch die angefochtene Entscheidung beschwert ist, d. h. wer gegenüber seinem endgültigen Antrag erster Instanz

weniger erhalten hat oder zu mehr verurteilt ist. Beschwert ist insbesondere auch der Kläger, der glatte Verurteilung beantragt hat und dem nach Richtlinie A IX die Anbietung eines Kündigungsrechtes auferlegt ist.

2. Die Zusammensetzung des erkennenden Gerichtes ist in ihrer Mischung von amtlich bestellten und parteiseitig ernannten Beisitzern neu und eigentümlich; der Grund liegt in dem Bedürfnis, auch der zweiten Instanz wenigstens einigermaßen den in der ersten Instanz bisher bewährten Charakter des Schiedsgerichts zu erhalten, in dem von dem persönlichen Vertrauen der Parteien getragene Beisitzer wirken. Ob allerdings mit dieser Regelung der Reichswirtschaftsminister nicht über die ihm durch § 4 der Verordnung gegebene Befugnis, ergänzende Vorschriften aufzustellen, herausgegangen ist, kann zweifelhaft sein; § 10 VORWG. muß jedenfalls in seinem vollen Umfang als für die Belange der Verordnung vom 1. Februar 1919 außer Kraft gesetzt angesehen werden, wenn man den vorliegenden Paragraphen für gültig halten will.

Die Verschiedenartigkeit der Berufung der vier Beisitzer ändert natürlich nichts daran, daß sie im Verfahren als völlig gleichen Charakters zu behandeln sind. Alle vier sind nach § 7 Abs. 3 VORWG. ehrenamtlich tätig und nach Abs. 5 und 6 eod. bei Strafvermeidung zur Amtsverschwiegenheit verpflichtet.

3. Die zwei nicht von den Parteien bestimmten Beisitzer werden nach § 7 Abs. 1 VORWG. unter Berücksichtigung der nach den besonderen Umständen erforderlichen Sachkunde und Kenntnis der örtlichen Verhältnisse von dem Vorsitzenden des zuständigen Senats einberufen, und zwar nach § 6 VORWG. aus einer Vorschlagsliste, die vom Wirtschaftspolitischen Ausschuß des Reichswirtschaftsrates unter Berücksichtigung der verschiedenen Berufsgruppen (also für die Belange der Verordnung vom 1. Februar 1919 derselben Gruppen wie in § 5 dieser Verordnung) und der einzelnen Länder aufgestellt und generell vom Präsidenten des Reichswirtschaftsgerichtes auf Grund dieser Aufstellung gebildet wird.

Für jede einzelne Streitsache werden bestimmte Beisitzer einberufen, wobei der Senatsvorsitzende voraussichtlich sinngemäß je einen aus der Gruppe der Lieferer und der Abnehmer wählen wird; diese Besetzung des Senats bleibt vorbehaltlich unvorhergesehener Zufälle für die ganze Dauer des betreffenden Falles bestehen.

4. Falls eine der Parteien mit der Benennung des von ihr zu bestimmenden Beisitzers in Verzug gerät, so wird derselbe in der gleichen Weise vom Senatsvorsitzenden bestimmt, wie oben bei Ziff. 3 ausgeführt ist.

§ 28.

Die Berufung gegen die Entscheidungen der Schiedsgerichte ist bei dem Reichswirtschaftsgericht in Berlin einzulegen.

Erläuterungen.

Im Gegensatz zu der Bestimmung des § 20 VORWG. kann die Berufung nur beim Reichswirtschaftsgericht, nicht auch beim Schiedsgericht eingelegt werden. Eine beim Schiedsgericht eingelegte Berufung ist ungültig, falls nicht nach den Umständen des einzelnen Falles angenommen werden kann, daß der Berufungskläger den Willen hatte, das Schiedsgericht mit der Weitergabe an das Reichswirtschaftsgericht zu beauftragen und falls die Berufungsschrift bei letzterem rechtzeitig eingeht. Nach § 20 Abf. 1 ist die Berufung schriftlich oder zu Protokoll des Gerichtsschreibers des Reichswirtschaftsgerichtes einzulegen. Vertretung ist zulässig. Erforderlich ist im übrigen nicht mehr als die bloße Erklärung, daß Berufung eingelegt werde. Eine Begründung der Berufung ist freigestellt, aber wohl selbstverständlich. Insbesondere im Hinblick auf § 36a VORWG. muß der Berufungskläger mindestens angeben, inwieweit er eine Abänderung des Schiedsspruches beantragt; fehlt eine einschlägige Erklärung, so wird anzugeben sein, daß der Schiedsspruch im vollen Umfang angefochten wird.

§ 29.

Gegen die Versäumnis der Berufungsfrist ist die Wiedereinsetzung in den vorigen Stand zulässig.

Erläuterungen.

1. Wegen der Berufungsfrist vgl. oben zu § 2 der Verordnung vom 1. Februar 1919 Anm. 8.

2. Wird die Frist infolge von Naturereignissen oder anderen unabwendbaren Zufällen (das sind Ereignisse, die nach den Umständen des Falles auch durch die äußerste Sorgfalt weder abzuwenden, noch in ihrer schädlichen Folge zu beheben wären) versäumt, so kann Wiedereinsetzung in den vorigen Stand beantragt werden. Näheres hierüber in §§ 22 bis 25 VORWG. Hervorzuheben ist, daß die Wiedereinsetzung innerhalb zweier Wochen seit dem Tage, an welchem das Hindernis behoben ist, beim Reichswirtschaftsgericht beantragt sein muß.

§ 30.

1. Die Entscheidung über den Erlaß der gemäß § 2 Ziff. 5 der Verordnung vom 1. Februar 1919 in der Fassung des Gesetzes vom 9. Juni 1922 (Reichsgesetzbl. I S. 509) vorgesehenen einstweiligen

Anordnung kann ohne mündliche Verhandlung erfolgen. In diesem Falle bedarf es der Zuziehung der zwei von den Parteien zu ernennenden Beisitzer nicht. Ist ein Antrag auf Erlaß einer einstweiligen Anordnung gestellt, so ist vorher der Gegner, bei Anordnung ohne Antrag sind beide Teile zu hören. Die Entscheidung darüber, ob vor Erlaß der einstweiligen Anordnung eine mündliche Verhandlung stattfinden soll, liegt dem Vorsitzenden ob.

2. Eine ohne mündliche Verhandlung ergangene einstweilige Anordnung kann auf Grund einer mündlichen Verhandlung jederzeit aufgehoben oder abgeändert werden.

Erläuterungen.

1. Wie in erster, so kann auch in zweiter Instanz die einstweilige Anordnung ohne mündliche Verhandlung erfolgen; ob dies geschehen soll, entscheidet der Vorsitzende. Entscheidet er sich für die Unterlassung einer mündlichen Verhandlung, so sind die zwei von den Parteien bestimmten Beisitzer nicht zuzuziehen.

2. Während § 16 Abs. 3 für die erste Instanz voraussetzt, daß einstweilige Anordnungen nur auf Antrag erlassen werden, so erwähnt § 31 ausdrücklich eine ohne Antrag zu erlassende einstweilige Anordnung. Da im allgemeinen jeder der Beteiligten aus einer ihm ungünstigen einstweiligen Anordnung erster Instanz, die nach der Regelung des Verfahrens in Berufungssachen, wie oben S. 49 ausgeführt, regelmäßig vorliegen wird, die entsprechenden Konsequenzen in Form von Anträgen ziehen wird, so wird das Eingreifen von Amts wegen wohl kaum praktisch werden, es wäre denn, daß von dritter, nicht im Prozeß beteiligter Seite oder im Verlauf des Ermittlungsverfahrens Tatsachen zur Kenntnis des Berufungsgerichtes gelangen, die ein Eingreifen von Amts wegen veranlaßt erscheinen lassen. Dies kann öfters im Falle der Richtlinie A IX zutreffen. Stellt eine der beiden Parteien den Antrag auf einstweilige Anordnung, so ist der Gegner, wird eine einstweilige Anordnung von Amts wegen in Betracht gezogen, so sind beide Teile vorher zu hören.

3. Die Vorschrift des Abs. 2 ist an sich selbstverständlich; ihre Aufnahme wird wohl den Sinn haben, daß auch für diesen Fall die Abänderung oder Aufhebung von Amts wegen soll erfolgen können.

§ 31.

Das Schiedsgericht, das den angefochtenen Spruch gefällt hat, und seine Mitglieder sind dem Reichswirtschaftsgericht zur Erläuterung des angefochtenen Spruches und zur Auskunft über die Verhandlungen, die ihm vorausgegangen sind, verpflichtet. Diese Verpflichtung bezieht sich nicht auf die Art und Weise der Abstimmung und die von den einzelnen Schiedsrichtern bei der Beratung vertretenen Auffassungen.

Erläuterung.

Da durch § 11 der Bekanntmachung die Mitglieder des erstinstanzlichen Schiedsgerichtes zur Amtsverschwiegenheit verpflichtet sind, es aber anderseits im Verfahren vor dem Berufungsgericht nicht selten nötig sein wird, eine nähere Erläuterung der Vorgeschichte und der Gründe des Schieds= spruches erster Instanz zu erhalten, so ist es bei der erfahrungsgemäß nicht selten vorliegenden Dürftigkeit der Begründung des Schiedsspruches nötig gewesen, die Verpflichtung zur Amtsverschwiegenheit gegenüber dem Berufungsgericht zu beseitigen. Ausdrücklich ist hervorgehoben, daß nur die Auffassung des Schiedsgerichtes im ganzen, nicht aber etwa das Ver= halten der einzelnen Schiedsrichter erster Instanz bei der Beratung des Schiedsspruches zu offenbaren ist.

§ 32.

Über Beschwerden gegen die Entscheidungen über die Höhe der Kosten des Schiedsgerichts entscheidet das Reichswirtschaftsgericht in der Besetzung von einem Vorsitzenden und zwei von dem Vorsitzenden gemäß §§ 6 und 7 der Verordnung über das Reichswirtschaftsgericht vom 21. Mai 1920 (RGBl. S. 1167) in der durch § 65 der Ent= schädigungsordnung vom 30. Juli 1921 (Reichsgesetzbl. S. 1046) abgeänderten Fassung einzuberufenden Beisitzern.

Erläuterung.

Nach dem zu § 25 der Bekanntmachung und in der Einleitung zu diesem Abschnitt Gesagten ist eine weitere Erläuterung nicht nötig.

§ 33.

Soweit im vorstehenden nichts anderes bestimmt ist, finden auf das Verfahren vor dem Reichswirtschaftsgerichte die Vorschriften der Verordnung über das Reichswirtschaftsgericht vom 21. Mai 1920 (RGBl. S. 1167) entsprechende Anwendung. Die durch § 65 der Entschädigungsordnung vom 30. Juli 1921 (Reichsgesetzbl. S. 1046) abgeänderte Fassung findet entsprechende Anwendung. Die Vorschriften des § 14 Abs. 2 bis 4 gelten auch für das Verfahren vor dem Reichswirtschaftsgerichte.

Erläuterungen.

1. Was über die entsprechende Anwendbarkeit der Vorschriften der VDRWG. zu sagen ist, ist in der Vorbemerkung zu diesem Abschnitt ausgeführt.

2. Im Gegensatz zu § 19 VDRWG. ist für das Berufungsverfahren in Fällen der Verordnung vom 1. Februar 1919 die Nebenintervention im gleichen Umfang wie in erster Instanz zugelassen. Wegen der Einleitung derselben siehe die Anmerkung zu § 14.

§ 34.

1. Die Verordnung tritt mit dem Tage der Verkündung in Kraft.

2. Die Bekanntmachungen vom 5. März 1919 (Reichsgesetzbl. S. 288) und vom 8. März 1920 (Reichsgesetzbl. S. 330) treten gleichzeitig außer Kraft.

Erläuterungen.

Nach allgemeiner Rechtsregel finden sämtliche Neuerungen bezüglich des Verfahrens auch auf die schwebenden Fälle in vollem Umfange Anwendung. Die Verkündung ist am 23. Juni 1922 erfolgt.

Die Schiedsrichterlisten.

Bekanntmachung, betreffend die endgültigen Listen der Beisitzer bei den Schiedsgerichten für die Erhöhung von Preisen bei der Lieferung von elektrischer Arbeit, Gas und Leitungswasser.

Veröffentlicht in Nr. 139 des Reichsanzeigers von 1919.

Auf Grund der §§ 4 und 5 Abs. 1 der Bekanntmachung des Herrn Reichswirtschaftsministers vom 5. März 1919 über die Schiedsgerichte für die Erhöhung von Preisen bei der Lieferung von elektrischer Arbeit, Gas und Leitungswasser (RGBl. S. 288) mache ich, nachdem der Herr Reichswirtschaftsminister mit Erlaß vom 12. Juni 1919 III/4 Nr. 2927 die Schiedsrichterlisten genehmigt hat, nachstehend die endgültigen Listen der Beisitzer für die genannten Schiedsgerichte bekannt:

Schiedsrichterliste Nr. 1
der Lieferer von elektrischer Arbeit.

Aachen, Stadtbaurat Sabelsberg, Städt. Elektr.-Werk.

Altenburg (S.-A.), Dir. H. Zetzsche, Altenburger Landkraftwerke.

Altona, Dir. Milich, Elektr.-Werk Unterelbe.

Annaberg, Dir. Frohme, Städt. Elektr.-Werk.

Augsburg, Dir. Künstler, Lech-Elektr.-Werke A.-G.

Barmen, Dipl.-Ing. Koch, Bergischer Dampfkessel-Überwachungsverein.

Badisch Rheinfelden, Vizedir. Otto Albrecht.

Bautzen, Dir. Knust, Städt. Elektr.-Werk.

Bayreuth, Dir. Laporte, Bayer. Elektr.-Liefer-Ges.

Belgard a. d. Pers., Dir. Petri, Überlandzentr. Belgard A.-G.

Berlin, Dir. Howaldt, A.-G. Körtings Elektr.-Werke, W 35, Lützowstr. 102/04.
- Dir. Bußmann, „Siemens" Elektr.-Betriebe A.-G., SW 11, Schöneberger Straße 3/4.
- Dir. Goll, A.-G. Körtings Elektr.-Werke, W 35, Lützowstr. 102/04.
- Dir. Coninx, Städt. Elektr.-Werk, NW 6, Schiffbauerdamm 22.
- Generalsekr. Dr. G. Dettmar, Verb. deutscher Elektrotechniker, SW 11, Königgrätzer Str. 106.

Berlin, Dir. Loewe, ehem. Städt. Elektr.-Werk Straßburg.
- Dir. Schirp, Städt. Elektr.-Werk.
- Reg.- u. Baurat Meckelburg, Ministerium d. öffentl. Arbeiten, W 66.
- Dir. Ebbecke, Märk. Elektr.-Werk A.-G.
- Dir. Dr. Passavant, Städt. Elektr.-Werk, NW 6, Schiffbauerdamm 22.
- Dr.-Ing. Martin Rabl, SW 11, Königgrätzer Str. 28.
- Landrat a. D. v. Raumer, Bund der Elektrizitätsversorgungsunternehmungen Deutschlands, NW 7, Sommerstraße 4a.
- Dir. v. Rieben, Berliner Elektr.-Werke, NW 7.
- Dr. Fritz Sabersky, W 9, Bellevuestraße 14.
- Dr.-Ing. G. Siegel, NW 40, Friedrich-Karl-Ufer 2/4.
- Dir. Spengel, Vereinigung der Elektr.-Werke, SW 48, Wilhelmstr. 87.
- Dir. Dr. Steiner, A.-G. für Elektrizitätsanlagen, W 9, Königin-Augusta-straße 10/11.
- Dir. Warrelmann, Märk. Elektr.-Werk A.-G. NW 7, Dorotheenstr. 11.

Berlin-Charlottenburg, Dir. Marggraff, Städt. Elektr.-Werk.
— Dir. Walter Blütgen, Witzlebener Platz 4.
Berlin-Lankwitz, Dir. G. Grotewold, Waldmannstr. 21.
Berlin-Lichtenberg, 1. Dir. Aremus, Städt. Elektr.-Werk Berlin.
Berlin-Neukölln, Dir. Voß, Städt. Elektr.-Werk.
Berlin-Schöneberg, Ing. Martin Ashelm, Hauptstr. 26.
Berlin-Wilmersdorf, Ing. Fluhrer, Kaiserplatz 5.
— Dir. Gäde, Elektr.-Werk Südwest.
Berlin-Zehlendorf, Dir. Könitzer, Elektrizitätsamt.
Biberach a. Rhein, Dir. Dübendorfer, Bezirksverband, Oberschwäbische Elektr.-Werke.
Bielefeld, Stadtrat Brüggemann, Städt. Betriebsamt.
Bochum, Dir. Dr. Stark, Elektr.-Werk Westfalen A.-G.
— Dir. M. Krone, Elektr.-Werk Westfalen A.-G.
Braunschweig, Dir. Salfeld, Elektr.-Werk.
Bremen, Dir. Matthies, Städt. Elektr.-Werk.
Breslau, Dir. Leitgebel, Städt. Elektr.-Werke.
— Dir. R. Wolfes, Elektr.-Werk Schlesien A.-G.
Brühl a. Rh., Dir. Maesges, Berggeist A.-G.
Bunzlau-Auenhof, A. Elsner, Elektrizitätsbesitzer.
Cassel, Reg.-Baumstr. Max Buchholz, Masch.-Bauamt westl. d. Elbe.
— Dir. Günther, Städt. Elektr.-Werk.
Celle, Dir. Breitenbach), Elektr.-Werk u. Allerzentralen.
Chemnitz, Betriebsdir. Tretrop, Städt. Elektr.-Werk.
Coburg, Dir. Dierks.
Cöln, Dir. Ahlen, Städt. Elektr.-Werk.
— Dr. W. Gosebruch, Elektrot. Industrie, Friesenplatz.
— Dir. Schreiber, Rhein. Elektr.-Werke im Braunkohlenrevier.
Cöpenick, Dir. Maßberg,
Coschütz (Sachsen), Dir. Meyer, Elektr.-Werk.
Cöthen (Anh.), Prof. H. Zipp, Elektr.-Werk.
Cottbus, Dir. Engels, Elektr.-Werk.
— Ing. Schulze, i. Fa. Schulze u. Thun.
Crefeld, Stadtbaurat Lubsynski, Städt. Elektrizitäts-Werk.
Crimmitschau (Sachsen), Dir. W. Berndt, Elektr.-Werk a. d. Pleiße.
Crottorf, Dir. Eversbusch, Elektr.-Werk A.-G.
Danzig, Dir. Pelz, Städt. Elektr.-Werk.
— Reg.-Baumstr. Dr.-Ing. Kurt Giese, Elektrizitätsamt.
Darmstadt, Dir. Meyer.
Dessau, Dir. Grisson, Überlandzentr. Anhalt.
— Geh. Reg.-Rat Kurt Müller, vortrag. Rat im Anhaltischen Staatsrat.
— Baurat Heck, Generaldir., Deutsche Kontinentale Gasgesellschaft.
Dieringhausen (Rhld.), Dir. Meier, Kreis-Elektr.-Werke Gummersbach.
Dortmund, Dir. Döpke, Städt. Elektr.-Werk.
Dresden, Baurat Meng, Städt. Elektr.-Werk.
— Stadtamtmann Dr. Theissig.
— Ing. Tschernoff.

Dresden, Dir. Wöhrle, Direktion der staatl. Elektr.-Werke.
Düsseldorf, Dir. Rückel, Städt. Elektr.-Werk.
Elberfeld, Stadtbaurat Blessinger, Städt. Elektr.-Werk.
Ellwangen, Dir. Mann, Jagstkreis-Überland-Zentrale.
Erfurt, Dir. Feige, Städt. Elektr.-Werk.
Essen, Dir. Bußmann, Rhein. Westf. Elektr.-Werk.
— Reg.- u. Baurat Ertz, Rhein. Westf Elektr.-Werk A.-G. (Gas u. Wasser)·
— Dir. Assessor Henke, Rhein. Westf· Elektr.-Werk.
— Dir. Koepchen, Rhein. Westf. Elektr.-Werk.
Eßlingen a. N., Dir. Pilz, Neckarwerke A.-G.
Falkenberg, Ing. Hugo Roßberg, Überlandzentrale.
Flensburg, Dir. Ihlefeld, Kraftwerk Flensburg G. m. b. H.
Forst, Dir. Neimke, Städt. Elektr.-Werk.
Frankfurt a. M., Prof. Salomon, Elektr. A.-G. vorm. Lahmeyer u. Co.
— Dir. Fr. Engelmann, Elektr. A.-G. vorm. Lahmeyer u. Co.
— Dir. Singer, Städt. Elektr.-Werk.
Freiburg i. Br., Dir. Eitner, Städt. Elektr.-Werk.
Gera, Dir. Dauberschmid, Geraer Elektr.-Werk u. Straßenbahn A.-G.
Gispersleben, Dir. A. Lange, Kraftwerk Thüringen A.-G.
Gleiwitz, Dir. Agthe, Oberschles. Elektr.-Werk.
Golßen (Lausitz), Ing. Walczok.
Gotha, Ing. Dr. Alfred Cohn, Thüringischer Dampfkesselverein.
— Betriebsdir. Duis, Thür. Elektr.-Werk-Lieferungs-Gesellschaft.
Göttingen, Dir. Monheim, Städt. Elektr.-Werk.
Grevenbrück i. W., Dipl.-Ing. Elben, Elektr.-Werk Grevenbrück.
Gröba, Dir. Korff, Elektr.-Werk-Verband, Gröba.
Hagen (Westf.), Dir. Overmann, Elektr.-Werk Mark A.-G.
Halle a. S., Dir. Paulsen, Städt. Elektr.-Werk.
Hamburg, Baurat Meyer, Strom- u. Hafenbau.
— Baurat v. Gaisberg, Deputation f. d. Beleuchtungswesen.
— Dir. Banntwarth, Hamburgische Elektr. Werke A.-G.
Hannover, Reg.-Rat Dr. Beermann, Elektr.-Verwaltung.
— Dir. Riggert, Städt. Elektr.-Werk.
Harburg, Dir. Günther, Überlandzentrale Harburg-Wilhelmsburg.
Heilsberg (Ostpr.), R. Kiehl.
Helmstedt, Dir. Kraiger, Überlandzentrale Helmstedt A.-G.
Herford, Dir. Hoffmann, Elektr.-Werk Minden-Ravensburg G. m. b. H.
Herrenberg, Dir. Strebel.
Hirschberg (Schles.), Baurat Bachmann.
Höchst (Main), Dir. W. Schober, Main-Kraftwerke A.-G.
Hof (Bayern), Obering. Mohl, Elektr.-Werk.
Hollenstedt (Post Salzderhelden), Herm. Lodemann, Elektr.-Werk.

Homburg v. d. H., Dir. Hüsselrath, Frankf. Lokalbahn A.-G.

Karlsruhe, Obering. J. Matt, Friedrichs-platz 8.
- Dir. Schlebach, Elektrotechnisches Amt.
- Obermasch.-Insp. Schember, Oberdir. d. Wasser- und Straßenbaues.
- Obering. Helmle, Oberdir. d. Wasser- und Straßenbaues.
- Baurat Landwehr, Generaldir. der Staatseisenbahn.
- Dr.-Ing. Schwaiger, Prof. a. d. Tech. Hochschule.
- Obering. Böhm, i. Fa. Bergmann Elektr.-Werk A.-G., Karlstr. 36.

Kiel, Dir. Elvers, Städt. Licht- u. Wasserwerk.
- Dir. Stadtbaurat Dr. Voigt.

Klein-Laufenberg, Dir. Becker.

Lahr, Dir. H. Koch, Elektr.-Werk.

Landau, Dir. Dr. Burschell, Städt. Elektr.-Werk.

Legden (Westf.), Chr. Michely, Elektr.-Werk.

Leipzig, Dir. Crebner, Landkraftwerke A.-G.

Lindau i. B., Dir. Boser, Elektr.-Werk.

Lippoldsberg (Westf.), Ing. Schmitz, Elektr.-Werk.

Lobenstein, Betriebsleiter Menschel, Städt. Elektr.-Werk.

Lübeck, Oberbaurat Hase, Gas-, Wasser- und Elektr.-Werk.

Luckenwalde, Dir. Micheel, Städt. Elektr.-Werk.

Lüneburg, Dir. Drape, Elektr.-Werk.

Ludwigsburg, Dir. Monath, Kraftwerk Alt-württemberg A.-G.

Magdeburg, Dir. Schneider, Elektr.-Werk.

Mannheim, Dir. Marguerre, Elektrizitäts-Kraftversorgung A.-G.
- Dir. Nied, Rhein. Schuckert-Ges.
- Dir. Oskar Bühring, Rhein. Elektr.-Werk A.-G., Augusta-Anlage.
- Baurat Schöberl.

Marburg, Dir. Lautemann, Elektr.-Werk, Straßenbahn u. Überlandanlage der Stadt Marburg.

Marienwerder, Direktor Masuch, Überland-zentrale Westpr.

Meiningen, Dr. Ehrlicher.

München, Dir. Anbel, Amperwerke Elektrizitäts-A.-G.
- Dir. Sißler, Isarwerke G. m. b. H.
- Stadtbaurat Zell, Städt. Elektr.-Werk.

München-Gladbach, Dir. Acker, Städt. Elektr.-Werk.

Nürnberg, Dir. Scholtes, Großkraftwerk Franken.
- Kommerzienrat Berthold, Continentale Ges. f. elektr. Unternehmungen.
- Dir. Ely, Städt. Elektr.-Werk.

Oberlungwitz, Dir. Nahre, Elektr.-Werke.

Oerlinghausen (Lippe), Meyer, Elektr.-Werk.

Offenbach a. M., Dir. Dr. Klein.

Oehringen, Dir. Zipperle.

Oldenburg, Dir. Wichmann, Elektr.-Werk.

Osnabrück, Obering. Schulte, Städt. Betriebsamt.
- Dir. Kochendörfer, Niedersächs. Kraftwerke A.-G.

Pirna, Dir. Riedel, Elbtalzentrale.

Potsdam, Dir. Jesinghaus, Städt. Elektr.-Werk und Straßenbahn.

Quedlinburg, Stadtbaurat Voß, Städt. Elektr.-Werk.

Recklinghausen, Dir. Knaup.

Regensburg, Dir. Dr. Birrenbach, Städt. Elektr.-Werk.
- Dir. Wertenson, Bayer. Überland-zentrale Haidhof.

Reichenbach i. V., Dir. Kreissig, Städt. Elektrizitäts-Werk.

Reisholz, Dir. Peters, Bergisches Elektr.-Werk.

Rheinfelden, Dir. Albrecht, Kraftübertra-gungswerke A.-G.

Rostock, Dir. Pietrz, Städt. Elektr.-Werk u. Überlandzentrale.

Schiefbahn a. Rh., Dir. Hülsemann.

Schmalkalden, Betriebsdir. Siegfr. Zinn, Thür. Elektrizitäts-Lieferungs-Ges.

Schwarzfeld, F. Wismar, Elektr.-Werk.

Schwenningen, Dir. Distel.

Schwerin, Dir. Hintze, Elektr.-Werk.
- Reg.- u. Baurat Schirmacher.

Senftenberg (L. 2), Bergwerksdir. Zschocke, Grube Viktoria 3.

Siegen, Dir. Merbitz, Elektr.-Werk Siegerland.

Spandau, Dir. Bohnenberger.
- Dir. Bitter, Brandenburgische Kreiselwerke.
- Dir. Stutt, Elektrizitätsanstalt.

Spenge (Westf.), C. H. Oldemeier, Elektrizitätsbesitzer.

Steglitz, Dir. Rehmer, Städt. Elektr.-Werk.

Stellingen-Langenfelde, Dir. Pens, Gas-, Wasser- u. Elektr.-Werk.

Stettin, Stadtrat Dipl.-Ing. Xaver Mayer, Kraftwerk Stettin.

Stolp (Pommern), Dir. W. Theuerjahr, Überlandzentrale Stolp A.-G.

Stralsund, Dir. Hartlieb, Überlandzentrale A.-G.

Stuttgart, Obering. Büggeln, Elektr.-Werk Hoßebach).
- Dir. Wunder, Städt. Elektr.-Werk.
- Rechtsanwalt Dr. Reis.
- Rechtsanwalt Dr. Kielmeyer.
- Dr. jur. Mattes, Vorst. b. Aufsichtsrats der Neckarwerke A.-G. in Eßlingen, Geschäftsführer der Württ. Landes-Elektrizitäts-Ges. in Stuttgart.

Teinach), Dir. Denzinger.

Thorn, Dir. van Perlstein, Elektr.-Werk.

Tilsit, Dir. Ziegler, Elektr.-Werk u. Straßen-bahn.

Triberg, Dir. Birckenstock, Mainkraftwerk.

Trier, Dir. Henney, Städt. Elektr.-Werk.

Waldenburg (Schles.), Dir. Stein, Niederschl. Elektr.-Kleinbahn A.-G.

Wesel, Dir. Heinisch, Rhein. Westf. Elektr.-Werk.

Wiesbaden, Dir. Dipl.-Ing. Beines, Städt. Elektr.-Werk.

Wörth a. d. Donau, Rupert Helber, Elektrizi-tätswerksbesitzer.

Würzburg, Dir. Dr.-Ing. Greineder, Städt. Gas-, Wasser- u. Elektr.-Werke.

Zeulenroda, Dir. Winkler, Städt. Elektr.-, Gas- u. Wasserwerk.

Zwickau (Sachsen), Dir. Gustav Melzer, Zwickauer Elektr.-Werk u. Straßen-bahn A.-G.

Schiedsrichterliste Nr. 2
der Lieferer von Gas und Leitungswasser.

Altenburg, Stadtrat Dr. Kühn (Wasser).
- Dir. H. Mohr (Gas).

Apolda, Dir. Lange, Thür. Gas- u. Elektr.-Werke A.-G. (Gas).

Aschersleben, Dir. Schal, Gas- u. Wasserwerk (Gas u. Wasser).

Augsburg, Generaldir. Geyer, Ges. f. Gasindustrie (Gas).
- Generaldir. Rügemer, Vereinigte Gaswerke (Gas).
- Dir. Zimpell, Städt. Gas- u. Wasserwerke (Gas u. Wasser).

Baden-Baden, Stadtbaurat Frahm (Gas u. Wasser).

Berlin, Dir. Flatten, Deutsche Wasserwerke A.-G. Berlin (Wasser).
- Dir. Menzel, Gasanstalts-Betriebs-Ges. m. b. H., Huttenstr. 63/64.
- Dir. Goldschmidt, Gasanstalt-Betriebs-Ges. m. b. H. (Gas).
- Vorstand E. Körting, Gas-Betriebs-Ges. A.-G. (Gas).
- Reg.-Rat a. D., Dir. Kühne, Städt. Wasserwerke (Wasser).
- Dir. Sempelius, Zentr. f. Gasverwertung (Gas u. Wasser).
- Dir. Lenze, Städt. Gaswerke (Gas).
- Dir. Ohler, Continentale Wasserwerks-Ges. (Wasser).
- Dir. Schwabe, A.-G. f. Gas-, Wasser- u. Elektr.-Anlagen (Gas u. Wasser).

Berlin-Charlottenburg, Dir. Dr. Funk, Städt. Gaswerk (Gas).

Berlin-Lichtenberg, 1. Dir. Tromus, Gas-, Wasser- u. Elektr.-Werke (Gas u. Wasser).

Berlin-Mariendorf, Dir. Pohmer, Gasbetriebsges. A.-G.

Berlin-Schöneberg, Rechtsanwalt Blach, Charl. Wasserwerke A.-G. (Wasser).
- Baurat v. Feilitzsch, Charl. Wasserwerke A.-G. (Wasser).
- Dr. Supf, Charl. Wasserwerke A.-G. (Wasser).

Bochum, Dir. Emonds, Verbands-Wasserwerk G. m. b. H. (Wasser).
- Dir. M. Krone, Verbands-Wasserwerk G. m. b. H. (Wasser).

Bonn, Dir. Lenze, Städt. Gas-, Wasser- u. Elektr.-Werk (Gas u. Wasser).

Braunschweig, Dir. Lepsin, Städt. Gas- u. Wasserwerke (Gas u. Wasser).

Bremen, Vorstand Brandt, Zentralverwaltung von Gas-, Wasser- und Elektr.-Werken G. m. b. H., Bachstraße 24/26 (Gas und Wasser).
- Vorstand Dunkel, Zentralverwaltung von Gas-, Wasser- und Elektrizitäts-Werken G. m. b. H. (Gas u. Wasser).
- Dir. Dr. Schütte, Gaswerk (Gas).
- Dir. Götze, Wasserwerk (Wasser).
- Dir. Theuerkauf, Zentralverw. für Licht- u. Wasserwerke (Gas u. Wasser).

Cassel, Dir. Günther, Städt. Wasserwerk (Wasser).

Charlottenburg, Reg.-Baumeister a. D., Dir. Kümmel, Städt. Wasserwerke (Wass.).

Chemnitz, Dir. Weißkopf, Städt. Gaswerke (Gas).
- Dir. Meyer, Städt. Wasserwerk (Wasser).

Coburg, Dir. Leonhard Merkel, Städt. Gas- u. Wasserwerke (Gas u. Wasser).

Cöln a. Rh., Generaldir. Prenger, Städt. Gas- u. Wasserwerke (Gas u. Wasser).

Cöln-Deutz, Dir. Froitzheim, Rhein. Wasserwerksges. (Gas u. Wasser).
- Dir. a. D. W. Loh, Gaswerk, Mülheimer Str. 9 (Gas).

Crimmitschau, Dir. Döhnerl (Gas).

Danzig, Stadtrat Runge (Gas u. Wasser).

Darmstadt, Stadtbaurat Rudolph (Gas u. Wasser).

Dessau, Obering. Schäfer, Deutsche Continental-Gas-Ges. (Gas).

Dortmund, Generaldir. Meyer, Dortmunder A.-G. f. Gasbeleuchtung u. städt. Wasserwerk (Gas u. Wasser).
- Geh. Baurat Reese (Wasser).

Dresden, Dir. Schallenberg, Dipl.-Ing., Städt. Gaswerke (Gas).

Duisburg, Dir. Nottebrock (Gas u. Wasser).

Düsseldorf, Obering. Weiser (Gas).
- Obering. Lang (Wasser).

Erfurt, Dir. Martin, Städt. Gas- u. Wasserwerke (Gas u. Wasser).

Essen, Dir. Pott, Stinnessche Zechenverwaltung (Gas).

Frankfurt a. M., Staatl. u. städt. Baurat, Dr.-Ing. e. h. Schwelhaase, Tiefbauamt (Gas u. Wasser).
- Dir. Tillmetz, Frankf. Gas-Ges. (Gas).

Frankfurt a. O., Baurat, Dir. Schmetzer, Wasserwerk A.-G. (Wasser).

Friedrichshagen, Dir. a. D., Anklam (Wasser).

Gelsenkirchen, Generaldir. Dr. Hegeler, Wasserwerk f. d. nördl. westf. Kohlenrevier (Wasser).
- Dir. Schmick, Wasserwerk f. d. nördl. westf. Kohlenrevier (Wasser).
- Betriebsdir. Reuter, Rhein. Elbe (Gas).
- Dir. Schomburg, Städt. Gaswerke (Gas).

Gera, Dir. Hinz, Städt. Gas-, Wasser- u. Elektr.-Werke.

Gmünd, Dir. Wenger (Gas u. Wasser).

Göppingen, Dir. Zoklsch (Gas).

Greiz, Dir. Gustav Mollberg, Gas-, Elektr.- u. Wasserwerke.

Halle, Dir. Schmidt, Städt. Gas- u. Wasserwerke.

Hamborn, Dir. Lenze, Gas- u. Wasserwerk der Gewerkschaft Deutscher Kaiser (Gas u. Wasser).

Hamburg, Betriebsdir. Krause, Deputation für das Beleuchtungswesen.
- Baurat Remé, Deputation für das Beleuchtungswesen.
- Baurat Düwel, Wasserwerk (Wasser).
- Baurat Schröder, Wasserwerk (Wass.).

Hamm i. W., Obering. Mack, Bergwerksges. Trier m. b. H. (Gas).

Heidelberg, Stadtbaurat Kuduck, Städt. Gas- u. Wasserwerk (Gas u. Wasser).

Heilbronn, Dir. Mühlberger (Gas u. Wasser).
Hindenburg, Dir. Schulz, Gemeinde-Gas-werk (Gas).
- Bergwerksdir. Schwantke (Wasser).
Hörde i. W., Dir. Vogelsang, Kreiswasser-werk (Wasser).
Insterburg, Dir. Stawitz, Städt. Gas- u. Wasserwerke (Gas u. Wasser).
Jena, Dir. Gülich, Gas- u. Wasserwerk (Gas u. Wasser).
Königsberg, Gasanstaltsdir. Kobbert (Gas).
Leipzig, Dir. Reinhard, Städt. Gaswerk (Gas).
- Dir. Weigel, Thür. Gasgesellsch. (Gas).
- Dir. Westphal, Thür. Gasgesellsch. (Gas).
Limbach, Dir. Fink, Städt. Gasanstalt Lim-bach (Gas).
Lübeck, Oberbaurat Hase, Städt. Gas- u. Wasserwerke (Gas u. Wasser).
Magdeburg, Generaldir. Florin, Allgemeine Gas-Akt.-Gesellsch. (Gas).
Mannheim, Dir. Pichler, Städt. Gas- u. Wasserwerke (Gas u. Wasser).
- Dr.-Ing. Smreker (Wasser).
Mülheim, Dir. Förster, Rhein. Westf. Wasser-werksges. m. b. H. (Wasser).
München, Bauamtmann Henle, Vorstand der Städt. Wasserwerke (Wasser).
- Stadtbaurat Ries, Städt. Gaswerke (Gas).
Neubrandenburg, Senator Giesecke.
Neukölln, Dir. Finkler, Gaswerk (Gas).
Neuß a. Rh., Dir. Rosellen, Städt. Gas- u. Wasserwerke (Gas u. Wasser).
Nürnberg, Stadtbaurat Terhaerst, Städt. Gaswerk (Gas).

Nürnberg, Obering. Walther, Vorstand d. städt. Wasserwerke (Wasser).
Oppeln, Dir. Hofmann, Städt. Gaswerk (Gas).
Osnabrück, Dir. Schwers, Städt. Gas- u. Wasserwerke (Gas u. Wasser).
Osterode i. H., Dir. Willemer, „Hassia", Gas- u. Elektr. Betr.-Ges. (Gas).
Plauen, Baurat Jäckel (Gas).
Quedlinburg, Stadtbaurat Voß, Städt. Gas-, Wasser- u. Elektr.-Werke (Gas u. Wasser).
Regensburg, Baurat Ruoff, Vorstand der städt. Werke (Wasser).
Reutlingen, Dir. Geßler (Gas u. Wasser).
Rostock, Dir. Permien, Städt. Gaswerk (Gas).
Rudolstadt, Dir. Hisching, Städt. Gaswerk (Gas).
Schleiz, Stadtbaumeister Ziehnert (Wasser).
Stuttgart, Dir. Göhrum, Gaswerk (Gas).
- Regierungsbaumeister Eisenlohr (Wasser).
- Oberbaurat Groß, Staatstechniker f. d. öffentl. Wasserversorgungswesen in Württemberg (Wasser).
Thorn, Dir. a. D. Sorge (Gas u. Wasser).
Trier, Dir. K. Wahl.
Ulm, Dir. Kurz (Gas u. Wasser).
Wismar, Gasdir. Lindekugel.
Witten a. R., Stadtrat Spanjer, Städt. Gas- u. Wasserwerk (Gas u. Wasser).
Würzburg, Dir. Dr.-Ing. Greineder, Städt. Gas-, Wasser- u. Elektr.-Werke (Gas u. Wasser).
Zeulenroda, Dir. Winckler, Städt. Elektr.-, Gas- u. Wasserwerk.

Schiedsrichterliste Nr. 3
der Vertreter von Gemeinden und Gemeindeverbänden.

Altenburg (S.-A.), Oberbürgermeister Achilles.
Barmen, Beigeordneter zur Nieden.
Belgard i. Pom., Landrat v. Hagen.
- Dir. Petri, Überlandzentrale.
- Bürgermeister Dr. Trieschmann.
Berlin, Reg.-Baumeister Weigel, Landrats-amt Niederbarnim, Berlin NW, Friedrich-Karl-Ufer 5.
- Ing. Dr. Thierbach, Potsdamer Str. 68.
- Landrat, Geh. Regierungsrat Wieden-feld, Reichsgetreidestelle.
- Ing. Wandschneider, Bund der Land-wirte, Camphausenstr. 14.
- Dr. Haekel, Geschäftsführer u. Syn-dikus des Reichsstädtebundes, Wil-helmstr. 133.
- Prof. Dr.-Ing. Giese, werkstechn. Oberbeamter des Verbandes Groß-Berlin, NW 23, Klopstockstr. 24.
Berlin-Charlottenburg, Ing. Kirstein, Fa-sanenstr. 50.
Berlin-Friedenau, Heinz Aumann, ber. Ing., Elektr.-Werke u. Straßenbahn.
Berlin-Lichtbg., 1. Dir. Tremus, Städt. Werke.
Berlin-Steglitz, Ing. Plümecke, Rothenbur-ger Str. 25.
Bernburg, Bürgermeister Gothe.
Bingen, Dr. H. Kraetzer, Dozent f. Elektro-technik am Rhein. Technikum.

Bochum, Dir. Kruesmann, Städt. Beleuch-tungs- u. Wasserwerke.
Braunschweig, Regierungsrat Spannuth.
- Reg.- u. Baurat Nagel.
Bremen, R. Erich Vieth, Ziv.-Ing., Mathil-denstr. 3.
- Senator Gruner, Vertreter vom Gemeindeverband.
Buchen, Altbürgermeister Weigand, Vorsitz. des Strombezugsverbands Buchen.
Buer, Oberbürgermeister Russel.
Cassel, Landrat v. Raabe, Pappenheim.
Chemnitz, Bürgermeister Arlart.
Clausthal, Prof. Lüchting.
Coburg, Oberbürgermeister Gustav Hirschfeld.
Cöln, Obering. Friedr. Teucher, ber. Ing.
Cottbus, Oberbürgermeister Dreifert.
Cuxhaven, Bürgermeister Bleicken.
Danzig, Stadtrat Dumont.
- Oberbürgermeister Sahm.
Düllen (Rheinl.), Bürgermeister Voß.
Düsseldorf, Landrat, Geh. Regierungsrat Dr. v. Bederath.
Dresden, Dr.-Ing. e. h. Fischinger.
Eberbach, Bürgermeister Dr. Weiß.
Eibenstock (Sachsen), Bürgermeister Hesse.
Eilenburg, Erster Bürgermeister Dr. Belian.
Essen, Oberbürgermeister Dr. Luther.
- Beigeordneter Volstorff.

Euskirchen, Bürgermeister Disse.
Garbelegen, Landrat, Geh. Regierungsrat v. Alvensleben.
Gelsenkirchen, Oberbürgermeister v. Wedelstaedt.
  „ Landrat, Polizeipräsident zur Nieden.
Gera, Dr. Settekorn, Erster Stadtrat.
Gernrode (Harz), Bürgermeister Schröder.
Greiz, Oberbürgermeister, Geh. Regierungsrat Thomas.
Großeislingen, Schultheiß Vogel (Wasser).
Hagen, Oberbürgermeister Cuno.
Halle (Saale), Dipl.-Ing. K. Volharb, Kronprinzenstr. 2.
Hannover, Bürgermeister Weber.
Hirschberg i. Schl., Baurat Bachmann, Elektr.-Werk.
Karlsruhe, Geh. Regierungsrat Timme, Geschäftsführer des Verbandes der badischen Städte b. Städteordnung (Rathaus).
Köslin, Landrat v. Eisenhart-Rothe.
Liegnitz, Stadtbaurat Oehlmann.
  „ Dir. Frost, Elektr.-Werk.
  „ Stadtrat Dr. Reichert.
Lippoldsberg a. d. W., Bürgermeister H. Wide.
Lörrach, Bürgermeister Dr. Gugelmeier.
Lübben, Bürgermeister Kirsch.
Magdeburg, Stadtrat Prof. Dr. Landsberg.
  „ Stadtrat Dr. W. F. Mueller.
Mannheim, Erster Bürgermeister Ritter.
Melborf (Hann.), Bürgermeister Leberer.
Melle (Hann.), Bürgermeister Meyer zum Gottesberge.
Menden (Westf.), Bürgermeister Dr. Oberhues.
Merseburg, Landesbaurat Linsenhof.
Minden (Westf.), Landrat Petersen.
München, Rechtsrat Dr. Kühles.

Nauen, Landrat v. Hahnke.
Neuhaldensleben, 1. Bürgermeister Behe.
Neustadt (Wsgb.), Landrat v. Woyna.
Neustadt (Westpr.), Bürgermeister Erdmann.
Niederlahnstein, Bürgermeister Robb.
Nordhalben (Amt Engen), Bürgermeister Giebner, Vorsitzender des Strombezugsverbandes Engen.
Nürtingen, Stadtpfleger Weilenmann (Gas).
Oberhausen, Beigeordneter Neiles.
Oos (Amt Baden), Bürgermeister Jhle.
Paderborn, Oberbürgermeister Plaßmann.
Pleß (Schles.), Bürgermeister Saalmann.
Pohlitz, Bürgermeister H. Pandorf.
Rastenburg (Ostpr.), 1. Bürgermeister Pleyer.
Reichenbach (O.-S.), Bürgermeister Jaebner.
Reichenbach (Schles.), Landrat Graf v. Degenfeld.
  „ Dir. Vaupel, Städt. Betriebswerke.
Remscheid, Beigeordneter Hencke.
Saarbrücken, 1. Beigeordneter Schlosser.
Sandhausen (Amt Heidelberg), Bürgermeister Hambrecht.
Schleiz, Landbauinspektor Hirsch.
Stargard (Pom.), Landrat v. Loos.
Steele, Bürgermeister Schulz.
Sterkrade, Oberbürgermeister Dr. Most.
Straßburg (Westpr.), Landrat Geh. Regierungsrat Raapke.
Stuhm (Westr.), Landrat v. Augers.
Stuttgart, Bürgermeister Siegloch.
Uelzen, Landrat Albrecht.
Wengarten, Stadtschultheiß Reich (Gas).
Willau, Gemeindevorstand Kammerrat Kleinhempel.
Wismar, Geh. Hofrat Wilbfang.
Wittenburg, Bürgermeister Schülter.
Würzburg, Dir. Dr.-Ing. Greineber, Städt. Gas-, Wasser- u. Elektr.-Werke.
Zeulenroba, Dr. Jahn.

Schiedsrichterliste Nr. 4

der gewerblichen Verbraucher von elektrischer Arbeit, Gas und Leitungswasser.

Altona, Dir. Günther, i. Fa. Cons Elektr.-Ges. m. b. H.
  „ Dr.-Ing. Siebert, Holstenplatz 14.
  „ Oberbaurat Max Meyer, Mitgl. der Eisenbahndirektion.
Altwelstriz, Dir. Fr. Schneider.
Aschaffenburg, Obering. Frank, A.-G. für Zellstoff- u. Papierfabrikation.
Bad Blankenburg (Thür.), Kommerzienrat Herm. Damm, Holzwarenfabrik H. Damm.
Bad Reichenhall (Bayern), Ludwig Stocker, Vorstand des Gewerbevereins (Elektr., Gas u. Wasser).
Bad Sulza, Dipl.-Ing. O. Hellinger, Vorst. der Saline Neusulza Post.
Baden-Baden, Karl Eberhardt, Ebersteinstraße 19.
Babisch Rheinfelden, Dr. Herm. Wagner.
Berg a. Elster, Kurt Engländer, i.Fa. Seidenweberei Ernst Engländer.
Bergisch-Gladbach, Dr. Freiherr v. d. Osten-Sacken, i. Fa. J. W. Zander (Elektr., Gas u. Wasser).

Berlin, Generaldir. Dr. Otto Antrick, E. Schering, N39, Müllerstr. 170/171.
  „ Otto Schneider, Vors. b. Bez. 1 Groß-Berlin, Brandenburg u. Pommern, W57, Eßholzstr. 19.
  „ Friedr. Hepner, Hirsch, Kupfer- u. Messingwerke A.-G. (Elektr.), Betriebsdirektor des Messingwerkes Hohenzollernkanal, NW7, Neue Wilhelmstr. 9/11.
  „ Geh. Justizrat Hielmann, Präs. b. Reichsentschädigungskommission.
  „ Kommerzienrat Julius Berger, Jul. Berger Tiefbau A.-G., W9, Potsdamer Str. 10/11.
  „ Dr. jur. Eckstein, Joachim-Friedrich-Str. 6 (Elektr., Gas u. Wasser).
  „ Dr. Fürstenheim, i. Fa. J. Hirschhorn, SO33, Köpenicker Str. 148/49.
  „ Rud. Bergmann, SW68, Alte Jakobstraße 20/22.
  „ Heinr. Barth, NW52, Paulstr. 9.
  „ Willy Schwintzer, i. Fa. Schwintzer u. Graeff, S14, Sebastianstr.

Berlin, Karl Braatz, Univers. Film, A.-G., NW7, Unter den Linden 56.
- Wilh. Herrmann, W50, Nürnberger Platz 5.
- Fabrikbesitzer E. Mundt, W57, Berl. Großgörschenstr., Platz 114.
- Otto Kirstein, W15, Fasanenstr. 50.
- Dir. Rud. Funke, Schultheißbrauerei A.-G., NW40, Roonstr. 6/7.
- Lothar Koennecke, W50, Eisenacher Str. 4.
- Ing. E. Wüstner, W62, Kleiststr. 32 II.
- Egon S. Fürstenberg, Fa. Albert Rosenhain, SW19, Leipziger Str. 73.
- Dipl.-Ing. Laaser, W30, Barbarossastraße 24 II.
- Max Wessin, Gasmesserfabrikant, NO18, Höchstestr. 4 (Gas).
- Reg.-Baumeister Julius Lehr, W50, Tauentzienstr. 11.
- Hugo Hanff, Wolff u. Glaserfeld, N54, Zehdenicker Str. 12b.
- Dr. phil. Heinrich Lux, W57, Bülowstraße 91. (Gas).
- Kommerzienrat Feuer, i. Fa. Richard Feuer u. Co., O17, Warschauer Platz 9/10.
- Otto Heuer, Hennig u. Heuer, W50, Augsburger Str. 39.
- Dipl.-Ing. Paul Simon, NW23, Flotowstr. 12.
- Kommerzienrat Johannes Elster, i. Fa. G. Elster, Gasmesserfabrik, NO43, Neue Königstr. 67/68.
- Dr.-Ing. Herb. v. Klemperer, Schwartzkopffwerke, N4, Chausseestraße 23.
- Dir. Ziegler, i. Fa. Auerlichtges. m. b. H., O17, Ehrenbergstr. 11/14.
- Dr. Alfred Oppenheim, i. Fa. Glühkörperfabrik Dr. A. Oppenheim, SW, Nostizstr. 29.
- Hans Kraemer, Rotophot A.-G., SW68, Alexandrinenstr. 110.
- Emil Liepmann, Vorstandsmitglied d. Tapetenfabrikantenvereins E. V., NW, Siemensstr. 15.
- W. Mainhardt, Deutsche Gasglühlicht-A.-G. (Gas), O17, Rotherstr. 6/12.
- Dir. Eisele, i. Fa. Kathreiners Malzkaffeefabrik G. m. b. H., SW68, Lindenstr. 35.
- Baurat Dr. Paul Meyer, Dr. Paul Meyer A.-G., N39, Lynarstr. 5/6.
- Dr. Doht, i. Fa. Herm. Doht, N39, Tegeler Str. 14.
- Kommerzienrat M. Michalski, Siegm. Michalski, W30, Viktoria-Luise-Platz 5.
- Erz. Dr. Richter, Vors. d. Aufsichtsrats d. Kalisyndikats G. m. b. H., SW11, Dessauer Str. 28/29.
- Rich. L. F. Schulz, Rich. L. F. Schulz, W9, Bellevuestr. 14.
- Obering. Alberts, i. Fa. Erich u. Grätz, Lampenfabrik (Elektr.), SO, Elsenstr. 90/94.
- Konsul Sali Segall, Rütgerswerke, W35, Lützowstr. 33/36.
- Geh. Justizrat Hielmann, Präsident d. Reichsentschädigungskommission.
- Dr. Otto Steven, Martin J. Salomon u. Co., SO36, Lohmühlenstr. 20/22.

Berlin, Oskar Tietz, Herm. Tietz, SW19, Leipziger Str. 46/49.
- Obering. Paul Weigert, A.-G. b. Anilinfabrikation (Elektr., Gas u. Wasser), SO36, Lohmühlenstr.
- Kommerzienrat Rich. Unger, Kempinski u. Co., W8, Krausenstr. 72.
- Reg.- u. Baurat Scheer, Mitgl. d. Eisenbahndir. Berlin.
- Justizrat Dr. Walter Waldschmidt, Ludw. Loewe u. Co., NW87, Huttenstraße 17/20.
- Ing. Paul Wilhelm, Geschäftsf. d. Gerätestelle d. Deutschen Landw.-Ges., SW11, Dessauer Str. 14.
- Georg Wolff, C. Lorenz A.-G., SO26, Elisabethufer 5/6.
Berlin-Charlottenburg, Dir. Lothar Fulb, i. Fa. A.-G. Joh. Jeserich, Salzufer 17/19, Vorstandsmitgl. b. Verbandes Deutscher Dachpappenfabr.
- Dr. Wilh. Connstein, Verein. Chem. Werke, Salzufer 16.
- Dipl.-Ing. Jonas, Berliner A.-G. Eisengießerei u. Maschinenfabrikat., Franklinstr. 6.
- Obering. Arthur A. Brandt, berat. Ing. u. Sachverständ. f. elektrische Kraftanlagen, Bayernallee 5.
Berlin-Friedenau, Kurt Perlewitz, berat. Ing. (Elektr.), Canovastr. 4.
- Dr. Lehmann, Allg. Verb. Deutscher Mineralwasserfabrikanten, Rheinstr. 29.
Berlin-Lichterfelde, Geh. Reg.-Rat Prof. Dr. Webbing, Bahnhofstr. 1.
- Dr. phil. Bruno Thierbach, Potsdamer Str. 63.
Berlin-Neukölln, G. Brucker, i. Fa. W. Quandt, Vorst. Mitgl. d. Verb. Deutscher Dachpappenfabrikanten, Berlin.
Berlin-Reinickendorf, F. Gossen, i. Fa. H. Gossen.
Berlin-Schöneberg, Dr. Eugen Müllendorf, Hauptstr. 155.
Berlin-Steglitz, Prokurist Felix Painta, Stindestr. 1.
- Aug. Plümecke, Paulsenstr. 47.
- Max Prüssing, Brückenstr. 1.
Berlin-Südende, Dir. a. D. Friedr. Schmidt-Herrmannstr. 12.
Berlin-Treptow, Huster, Bund der Landwirte, Rathelstr. 1.
Berlin-Wilmersdorf, Dr. Willy Saulmann (Gas), Motzstr. 50.
- Dr. Köhler, Vorst. b. Revisionsverbandes vom Bund d. Landwirte, Weimarische Str. 5.
Bernburg, Karl Kind, Breitestr. 1.
Beuel (Rhein), A. W. Andernach, Vorst.-Mitgl. b. Verb. Deutscher Dachpappenfabrikanten Berlin.
Beuthen (Oberschles.), Masch.-Dir. Th. Runge (Wasser), Theresiengrube 13.
Biebrich (Rhein), Wilh. Buchner, Am Aussichtsturm 3.
Bielefeld, Dir. Otto Kramer, i. Fa. Anker-Werke A.-G.
Bingen, Dr. Kraetzer, Dozent f. Elektrotechn.
Bocholt i. W., Werner Schwarz, i. Fa. Spinnerei Hochfeld.
Bochum i. W., Dipl.-Ing. Rudolf Dreyer, Friederikastr. 78.

Bodwitz (Kr. Liebenwerda), Dir. Geiger, Braunkohlen- u. Brikettindustrie A.-G., Millygrube.

Bodenbach a. b. Elbe, Gustav W. Meyer, Stadtplatz 117.

Bonn, Dir. Lentze, Bonner Gas- u. Elektr.-Werk (Gas u. Elektr.).

Borsigwalde, Brunn, i. Fa. Otto Jachmann.

Brandenburg (Havel), Kommerzienrat R. Carl Reichstein, i. Fa. Brennabor-werke, Gebr. Reichstein.

Braunschweig, Ing. Konrad Berg, Falen-wall 2 (Elektr.).
- Dir. Frank, Überlandwerk.
- Ing. B. Jacobi, Leonhardstr. 4 III (Elektr.).
- A. Hasse, Fasanenstr. 51.
- Geh. Hofrat Prof. Dr. Wilh. Peukert, Jerusalemer Str. 6 (Elektr.).
- Hermann Röwer, i. Fa. Ludwig Otto Bleibtreu.
- Ing. Hugo Hasse, Fasanenstr. 51 (Gas u. Wasser).
- Ing. Gustav Horn, Nordstr. 23 (Gas u. Wasser).
- Geh. Hofrat Prof. Dr. Artur Lübeck, Büttenweg 22 (Gas u. Wasser).

Bremen, Obering. Hellmann, A.-G. Weser (Elektr.).
- Dir. Schadow, Norbb. Waggonfabrik (Elektr.).
- H. Wegener, i. Fa. H. Wegener u. Co., Maschinenfabrik, Emberstr.
- Obering. Theodor Schütte, Hansa Lloyd-Werke (Elektr. u. Gas).
- Dir. Blaum, Atlas-Werke A.-G. (Gas).
- Gottfried Koch, i. Fa. Koch u. Berg-feld, Kirchweg 200 (Gas).
- Senator Schurig, Dir. der Kaiser-Brauerei, am Deich 47 (Wasser).
- Rich. Müller, C. H. Haake, Brauerei A.-G., am Deich 23 (Wasser).
- Joh. Heinr. Hurmann, i. Fa. Eiswerke Hurmann, Bürenstr. 9 (Wasser).
- Dir. Mombert, A.-G. Weser.
- Dir. Benz, Bremen-Besigheimer Öl-fabriken.

Breslau, Fabrikbesitzer Eugen Alfer, i. Fa. Otto Hager, Hubenstr. 58.
- Ludw. Schiller, Steinbruchbesitzer (Vors. b. 3. Bez. Schlesien), Kaiser-Wilhelm-Str. 14.
- Hauptmann Scholz, i. Fa. Hillmann u. Kirchner.
- Steinbruchbesitzer Ludw. Schiller (Elektr.), Kaiser-Wilhelm-Str. 14.
- 13, Dir. Max Stein, i. Fa. Gaßmann u. Rothmann, Vorst.-Mitglied des Verbandes Deutscher Dachpappen-fabrikanten Berlin, Kais.-Wilh.-Str. 9.
- 13, Hans Joll, Viktoriastr. 70.
- Adolph Hunisch, i. Fa. S. Friedeberg, Trebnitzer Str. 74/80, Vorst.-Mitglied des Verbandes Deutscher Dachpappen-fabrikanten Berlin.
- Geh. Baurat Epstein, Mitglied der Eisenbahndirektion in Breslau.
- Arthur Deter, Gartenstr. 23 (Elektr.).
- Dr. Eichberg, Direktor der Linke-Hoffmann-Werke, Grundstr. 12 (Elektr.).
- R. Rothenbühler, Ing. (Elektr.). Sacrau.

Breslau, Dir. Kapal, i. Fa. Schles. Montan-ges. m. b. H., Gräbschener Str. 153/161 (Gas).
- Obering. Alfons Reichelt, i. Fa. Linke-Hoffmann-Werke (Gas). Grundstr. 12.
- Ing. Reinhold Mestel, Wörther Str. 25 (Wasser).
- Ziviling. Rosenquist, Wagnerstr. 10 (Wasser).

Campe (Stabe), Fritz Hahn, Dir. der Chem. Fabrik für Teerprodukte G. m. b. H.

Cannstatt, Ing. Adolf Sorge, Maschinenfabr. Eßlingen.
- Dr. Erhard Junghans, i. Fa. Norma-Compagnie G. m. b. H., Kragstr. 136a (Elektr.).

Cassel, Ziviling. H. Leithäuser (Gas u. Wasser).
- Fabrikbesitzer Ludw. Schnell, i. Fa. Th. Schnell, Buntpapierfabrik (Wass.).
- Dir. Ludwig Ernstes (Wasser), Sani-tätsmolkerei G. m. b. H., Hegelberg-straße 24.
- Dir. Dr. Fichtner (Elektr., Gas u. Wasser), Henschel u. Sohn, Hen-schelstr. 2.
- Alfred Hartleb (Elektr., Gas u. Wasser), Ratskeller, Königstr.
- Dir. Ing. Gustav Henkel (Elektr.), Herkulesbahn, Rasenallee 7.
- Reg.- u. Baurat Dr. Wilh. van Heys (Elektr.), Große Casseler Straßenbahn, Wilhelmshöher Allee 346.
- Jul. Knierim (Gas), Dampfkaffee-rösterei, Harleshausen.
- Aug. Gerhardt (Gas u. Wasser), i. Fa. L. Gerhardt Söhne, Wettenhausen.
- Dir. Georg Langlet (Elektr.), Große Casseler Straßenbahn, Wilhelmshöher Allee 346.
- Dir. Carl Lauber (Elektr.), Hohenlohe Nährmittelfabrik.
- Joh. Hch. Paulus (Gas), Hofkondi-torei, Ständeplatz 11/12.
- Ernst Rocholl (Gas), i. Fa. Ludw. Rocholl, Stockfabrik, Wettenhausen.
- August Schuchardt (Gas), i. Fa. Gebr. Crede u. Co., Niederzwehren.
- Dir. Ludwig Wentzell (Wasser), Hess. Herkulesbrauerei A.-G., Obere Karl-straße 18.

Celle, Konsul Rautenkranz (Elektr., Gas u. Wasser).
- Richard Schäfer (Elektr., Gas u. Wasser), i. Fa. Gebr. Schäfer.
- Franz Wehl (Elektr., Gas u. Wasser), i. Fa. Aug. Wehl u. Sohn.

Chemnitz, Max Schreihage, Kaiserplatz 2 III (Handelskammer) (Elektr.).

Coburg, Kommerzienrat Alfred Hausknecht.

Cöln, Generaldir. Karl Grosse (Elektr., Gas u. Wasser).
- Clemens Adam, Venoler Str. 49.
- Generaldir. Baurat Albert Köttgen (Elektr., Gas u. Wasser).
- Obering. Friedr. Teucher, Moltkestr. 8.
- Frhr. Dr. v. b. Osten-Sacken (Elektr., Gas u. Wasser), Berg.-Gladbach.
- Dir. W. Oellerich, Geschäftsf. b. Vereins f. b. Interessen b. Rhein. Braunkohleninbustrie, E. V., Brauns-feld, Voigtstr. 22.

Cöln, Dr. Müller, Generaldir. d. Rhein.
Westf. Sprengstoff A.-G.
Cöln-Deutz, Dr. Langen, Generaldir. d.
Motorenfabrik Deutz (Gas).
- Grosse, Generaldir. d. Verein. Stahl-
werke van der Zypen u. Wissener
Eisenhütten A.-G.
Cöln-Deutz, Generaldir. K. Grosse, Verein.
Stahlwerke van der Zypen.
- Obering. Neumann, i. Fa. Gasmoto-
renfabrik Deutz, Motorenfabrik (Gas).
Cöln-Kalk, Bergrat R. Börner, i. Fa.
Masch.-Bauanstalt Humboldt.
Cöthen, Fabrikdir. W. Peterson, Masch.-Fabr.
A.-G. vorm. Wagner u. Co. (Gas).
Cossebaude-Dresden, Dir. Konrad Meurer,
i. Fa. Eisenwerk G. Meurer A.-G.
(Gas).
Criemon (Oder), Exz. Staatsminister Dr. L.
C. v. Arnim.
Crimmitschau (Sa.), Alfred Gerlach, Maschi-
nenfabrikant u. Milinh. d. Fa. Kettling
u. Braun.
Cunersdorf (Amth. Zwickau), Viktor Otto
Popp, i. Fa. M. A. Popp.
Dahlem (Berlin), Geh. Reg.-Rat Prof. Dr.
G. Fischer, Altensteiner Str. 57.
Danzig, Emil Grundmann (Elektr., Gas u.
Wasser), i. Fa. Sternfeld, Lang-
gasse 77/79.
- Paul Lindner (Elektr., Gas u. Wasser),
Restauration Lindner, Langenmarkt11
- Carl Domansky, Vorst.-Mitgl. d. Verb.
Deutscher Dachpappenfabrikanten Ber-
lin, Hopfengasse 72.
- Max Loewenstein (Elektr., Gas u.
Wasser), i. Fa. Walter u. Fleck, Lang-
gasse 62.
- Christ. Petersen (Elektr., Gas u.
Wasser), i. Fa. Petrykus u. Fuchs,
Jopengasse 62.
- Kurt Siebenfreund (Elektr., Gas u.
Wasser), i. Fa. Surau, Langgasse 39.
- Erich Teute (Elektr., Gas u. Wasser),
i. Fa. Hotel Danziger Hof, Dominiks-
wall 6.
Darmstadt, Prof. Sengel (Elektr.), Roquette-
weg 15.
- Dipl.-Ing. Ritzert (Elektr.), Sober-
straße 93.
- Insp. Gubernatsch (Elektr.), Liebig-
straße 28.
- Prof. Dr. Vaubel (Gas), Heinrich-
straße 98.
- Baurat Walleck, Vorstand der Kultur-
inspektion (Wasser), Bleichstr. 1.
- Dipl.-Ing. Karl Ritzert, Soberstr. 93.
- Prof. Dr. Kohlmann (Gas), Grüner
Weg 100.
Dessau, Prof. Dr.-Ing. Junkers, i. Fa.
Junkers u. Co., Warmwasserapparate-
fabrik u. Sachverständiger f. Elektr.,
Gas und Wasser.
- Syndikus W. Wolff, Handelskammer
(Gas).
- Landgerichtsrat Dr. M. Beyer (Gas),
Mitgl. d. Landesversammlung.
Döhlen b. Potschappel, Generaldir. Komm.-
Rat Boehm (Handelskammer Dresden).
Dorsten, Rechtsanwalt Ferdinand Beckmann.
Dortmund, Dir. Beckmann (Wasser), Unions-
brauerei.

Dortmund, E. Eppinghausen (Elektr.),
Westenhellweg 75-76.
- Obering. Carl Langmann, Eisen- u.
Stahlwerk Hoesch (Elektr. u. Gas).
- Dir. Heller (Wasser), Hansabrauerei.
- Dir. Gustav Sassenscheidt, Masch.-
Fabr. Deutschland (Elektr., Gas u.
Wasser).
- Obering. Schulte, Harvener Bergbau-
A.-G. (Wasser).
- Jul. Lazarus (Elektr.), i. Fa. Rose
u. Co., Westenhellweg.
- Dr. Witzeck (Gas), Arbeitstr. 28.
- Schulte (Gas), E. W. Olpe 17.
- Ing. Bahle (Elektr.), Zeche Hermann.
Dresden, Generaldir., Komm.-Rat Boehm
(Wasser), Döhlen b. Potschappel.
- Franz Koch, Liebigstr. 19.
- Dr.-Ing. Fischinger, Verein.Bautzener
Papierfabriken, George-Bähr-Str. 10.
- Edwin Bechtold, Moszinskystr. 18.
- Prof. Heubach, Heidenau (Elektr.).
- Steinmetzobermeister G. Spitzbarth
(Vorf. d. Bez. 5, Freistaat Sachsen),
Gasanstaltstr. 2.
- Alfred Bösenberg, i. Fa. Kretzschmar,
Bösenberg u. Co., Serrestr. 5/7.
- Wilh. Mehl (Elektr.), Schäferstr. 97.
- Hofrat Joh. Pleißner (Wasser), Alt-
plauen 19.
- Kommerzienrat Bruno Hietzig, i. Fa.
C. G. Kunath, A., Grunaer Str. 12.
- Dir. Heinr. Vogel jr. (Elektr.), Rosenstr. 82.
- Generaldir. Rechenberger, Vorst. d.
Gewerbe-Aufsichtsamts Dresden 1.
- Stadtrat Wahl (Elektr.), Am See 2
(Gas u. Wasser).
- Obering. Bode, i. Fa. A. G. Leuch-
hammer, Reitbahnstr.
- Gewerberat Matting, Sammler b. d.
Gew.-A. Dresden 2.
Duisburg, Generaldir. Reuter, Deutsche
Maschinenfabrik A.-G. (Gas).
- Kaspar Berninghaus, i. Fa. Ewald
Berninghaus.
- Viktor Carstanjen, Vorst.-Mitgl. d.
Verb. Deutscher Dachpappenfabri-
kanten Berlin.
Durlach, Dir. Bruun, i. Fa. Maschinenfabrik
Gritzner A.-G.
Düsseldorf, Generaldir. E. Knackstedt, i. Fa.
Hein, Lehmann u. Co. A.-G.
- D. Meinardus (Elektr.), Duisburger
Straße 38.
- Dir. Basson, Masch.-Fabr. Schleß
A.-G. (Elektr.).
- Obering. Nußbaum, i. Fa. Malmedie
u. Co., Masch.-Fabr. A.-G. (Elektr.).
- Betriebsleiter Labori, Grafenberger
Walzwerk (Elektr.).
- Dipl.-Ing. Rühl, i. Fa. Gerresheimer
Glashüttenwerke vorm. Ferdinand
Heye (Elektr.).
- D. Meinardus (Vorf. d. Bez. 6,
Rheinprov. u. Westf.), Duisburger
Str. 38.
- Kommerzienrat Herm. Schönborff
(Elektr.), Gebr. Schönborff A.-G.
- Obering. Emil Daute, Wildenbruch-
straße 80.
- Dr. Sachse, Thomsons Seifenpulver
(Elektr.).

Düsseldorf, F. W. Engels, Hüttenstr. 97.
— Dir. Schmidt, Berg. Kraftfutterwerk G. m. b. H. (Elektr.).
— Emil Hüllstrung, Graf-Adolf-Str. 91.
— Dir. Winter, Frowein u. Nolden (Elektr.).
— F. Schulze, Uhlandstr. 9.
— Generaldir. Wiedemeyer A.-G. Schwabenbräu (Elektr.).
— Buchdruckereibesitzer Fr. Bagel, i. Fa. A. Bagel (Elektr.).
— Buchdruckereibesitzer Lechleder, Dobler u. Lechleder, Karlstr. 16. (Elektr.)
— Baugewerkmeister Otto v. Wunsch, Duisburger Str. 9 (Elektr.).
— Kaufmann Nahrhaft, i. Fa. Hettlage, Klosterstr. (Elektr.).
— Kaufmann Coppel, Coppel u. Goldschmidt (Elektr.).
— Dir. Brozia, Getreidehaus G. m. b.H. (Elektr.).
— Dir. Bachmann, Hansahaus G. m. b. H. (Elektr.).
— Hotelier Fritz Zeutschel, Hotel Monopol (Elektr.).
— Hotelier Leo Dummlert, Kaffee Wittelbacher Hof und Kaffee Kornelius (Elektr.).
— Fabrikant Georg Anheyer, Monreal u. Anheyer (Elektr.).
— Dipl.-Ing. Paul Schwietzke, Sternstraße 26 (Gas u. Wasser).
— Obering. Heinr. Müller I, i. Fa. Rhein. Metallwarenfabr. (Gas u. Wasser).
— Kaufmann Max Werkshagen, Inh. der Dampfwaschanstalt Vogel, Münsterstr. 528 (Gas u. Wasser).
— Philipp Werner, Inh. des Bahnhofshotels, Wilhelmplatz 11 (Gas u. Wasser).
— Gabriel Hommerich, Obermeister der Installateur- u. Klempnerzwangsinnung, Aderstr. 89 (Gas u. Wasser).
— Dr. Dietz, i. Fa. Fr. Dietz, Graph. Kunstanstalt, Buch- u. Steindruckerei, Oststr. 119 (Gas u. Wasser).
Düsseldorf-Lierenfeld, Obering. Kehren, i.Fa. Phönix A.-G. f. Bergbau u. Hüttenbetrieb (Elektr.).
Eiserfeld a. d. S., Dir. F. Haas, i. Fa. Eiserfelder Steinwerke A.-G. (Elektr.).
Elberfeld, Ing. Carl Henrich, Schlieperstr. 23.
Emden, Dir. Kleinbied, Gas-, Wasser- u. Elektrizitätswerk (Elektr., Gas u. Wasser).
Endersbach, Oskar Birkel, Eierteigwarenfabr. (Elektr.).
Ennigerloh, W., Dir. Strätling.
Erfurt, Fabrikbesitzer Karl Kaestner, Kaestner u. Toebelmann.
— Stadtverordneter Fritz Fritsche, Dalbergsweg 25.
Essen (Ruhr), Emil Wolff, Bruchstr. 60 (Elektr., Gas u. Wasser).
Eßlingen, Kommerzienrat Dick (Gas).
— N., Dr. Mayer-Leibnitz, i. Fa. Maschinenfabrik Eßlingen.
Fahrnau, Kommerzienrat Otto Horn.
Feuerbach, Fabrikant J. Hahn (Elektr.).
Flensburg, Dir. Jwersen, Walzenmühle.
Forst (Lausitz), Wilh. Basemann, i. Fa. Karl Basemann.

Frankfurt a. M., Hans Jllig, Dir. d. Adlerwerke, vorm. Heinr. Kleyer A.-G., Höchster Str. 17 (Elektr.).
— Georg Motanus i. Fa. Schäffer u. Motanus, Hammelgasse 12.
— Steinmetzmeister Chr. Pfannstiel, Schifferstr. 55 (Vors. d. Bez. 7 Hessen).
— Obering. Fritz Röcke, i. Fa. Chem. Fabr. Griesheim-Elektron, Gulteusstraße 31 (Elektr.).
— Baurat a. D. Tillmetz, Dipl.-Ing., Vorstand der Frankfurter Gasgesellschaft A.-G. (Elektr. u. Wasser).
— Fritz Neuberger, i. Fa. L. Neuberger u. Co., Osthafenplatz 6, Lenco-Haus (Wasser).
— Carl Schleußner, Dr., i. Fa. C. Schleußner A.-G., Elbestr. 32 (Wass.).
Freiberg i. S., Gewerbeamtmann Brückler, Vorst. d. Gewerbeaufsichtsamts.
Freiburg i. Br., Dr. rer. pol. Hans v. Sothen.
— Dir. Artur Kayser, i. Fa. Mohler A.-G. (Elektr.).
Friedrichshafen, Dir. Colsmann, Luftschiffbau Zeppelin (Elektr.).
Fulda, Kommerzienrat Ferdinand Neißert, i. Fa. Fuldaer Stanz- u. Emaillierwerke F. C. Bellinger (Elektr.).
— Jean Parzeller, i. Fa. Fuldaer Aktiendruckerei (Elektr.).
Fürth (Bayern), Theodor Heymann, Vors. d. Vereinigung Bayer. Band- und Gurtenwebereien e. V.
— Geh. Rat Humbser, i. Fa. Johann Humbser, Brauerei.
Gelsenkirchen, Kommerzienrat v. Oerdingen, i. Fa. Küppersbusch u. Söhne A.-G., Kocherfabrik.
Gera (Reuß), Alfred Heyne, i. Fa. Karl Völsch Nachflg.
— Dir. Hintz, Städt. Gas-, Wasser-, Elektr.-Werk (Gas).
Geseke, Dir. Dr. Huesmann.
Göppingen, Kommerzienrat Böhringer (Elektr.).
Görlitz, Reg.- u. Baurat a. D. Schittke, Mühlweg 11, beim Landgericht Görlitz u. durch die Handelskammer d. preuß. Oberlausitz als Sachverständiger für allgemeinen Maschinenbau vereidigt.
Gößnitz, Dir. Ewald Mittelstenscheid (Pölwerke).
Graudenz, Dipl.-Ing. Herbert Kyser, Markt 12.
Gröbers b. Halle, Dir. Friedrich Schmidt.
Größingen (B.), E. Wollfarth, i. Fa. Eisenwerk.
Grünberg (Schles.), Dir. Henke, i. Fa. Beuchelt u. Co.
Gustavsburg (Main), Geh. Baurat Dr.-Ing. Carstanjen, i. Fa. M. A. N.
Hagen i. W., C. H. Goedecke, Reg.-Baumstr., Amselgasse 1.
Hagen i. W.-Delstern, Dr. Killing, i. Fa. F. W. u. Dr.C. Killing, Beleuchtungsbrennerfabrik (Gas).
Halle, Dipl.-Ing. Karl Vollharb, Kronprinzenstr. 2.
— Bergrat Siemens.
— Ing. Maisenbacher, i. Fa. Heinr. Frank Söhne m. b. H.
Halle-Cröllwitz, Obering. Franz Rohrwasser, Talstr. 29a.

Hamburg, Richard Hammond-Norden (Elektr.), Gustavstr. 1/2. 5.
- Dir. Dr. Mattersdorf, Hamburger Hochbahn A.-G., Hellbrookstr. 4 (Elektr.).
- Dir. Paul Stahl, i. Fa. Vulkanwerke.
- Gustav Conz, Hammerlandstr. 65.
- C. Henkel (Gas), Neuer Wall 70 IV (Paulsenhaus).
- Anton Böttcher, Börsenbrücke 2a III.
- Heinrich Hinzer, Burggarten 1a.
- Dir. Dr. Wohlwill, Norddeutsche Raffinerie (Elektr.), Beute, Hofestr.
- Ludwig Benjamin, Bismarckstr. 133.
- Paul Klanke, Glockengießerwall 17.
- Hugo Müller, i. Fa. Ferd. Müller, Triton-Werke A.-G. (Elektr. u. Wass.), Schanzenstr. 75.
- Dr. O. Aufhäuser, Dovenfleth 20.
- Dr.-Ing. Schimrigk, Richterstr. 17 (Wasser).
- Th. Spechbötel, Ferdinandstr. 29.
- Anton Landgräber, Ernst-Merck-Str.12 bis 14.
- Dipl.-Ing. Ludw. Ludorff, Lübecker Tor 20.
- Georg Niemeyer (Wasser), Steinhöft 3 Hp.
- Kurt Mertens, Mühlenbamm 44.
- Dipl.-Ing. Paul Mulert, Ferdinandstraße 5.

Hanau, Dipl.-Ing. Dr. Bracker, i. Fa. C. D. Bracker Söhne (Elektr.).
- Dir. Girard, i. Fa. Querzlampengef. m. b. H. (Elektr.).
- Otto Zimmermann, i. Fa. C. G. Zimmermann (Elektr.).
- Otto Bonn, i. Fa. Ochs u. Bohn (Gas).
- Rudolph Treusch, i. Fa. Grubener (Gas).

Hannover, Dir. Heinz Aßbroicher, Cellestr. 73 (Elektr., Gas u. Wasser).
- Obering. August Dunsing, Heinrichstraße 49 I (Elektr., Gas u. Wasser).
- Dir. C. Wunsch, Allg. Elektrizitätsgesellschaft, Installationsbüro, Artilleriestr. 29 (Elektr., Gas u. Wasser).
- Obering. Urbach, Straßenbahn (Elektr., Gas u. Wasser).
- Ing. Hermann Werner, i. Fa. Werner u. Co., Isenhagener Str. 58 (Elektr. u. Wasser).
- Ing. Ernst Arp, i. Fa. Emil Crusius u. Co. Nachflg., Brüderstr. 2 (Gas u. Wasser).
- Obering. E. Horn, Hansahaus.
- H. J. Grobenstein, Nikolaistr. 37 (Gas u. Wasser).
- Fabrikant Dietrich, i. Fa. W. Dietrich.
- Ing. Johs. Maaß, i. Fa. C. Adriani, Volgersweg 10 (Gas u. Wasser).
- Dipl.-Ing. Alfons Altmayer, Oltenstraße 11.
- Baurat Dr.-Ing. Taals, Marienstr. 14 (Wasser).
- Dir. R. Eggers, i. Fa. W. Dietrich.
- Bankier Sally Meyerstein, Verein für die gemeinschaftlichen Interessen des Hann.Kalibergbaues E.V.,Georgpl.17.
- Generaldir. Dietz, Verein f. d. gemeinschaftl. Interessen d. Hann.-Kalibergbaues E. V., Georgplatz 17.

Hannover, Steffen, i. Fa. Hann. Maschinenbau-A.-G., Kleefeld.
- Dir. Davids, Hannoversche Gummiwerke „Excelsior" (Elektr., Gas u. Wasser), Linden.

Haspe, Dir. Huy, i. Fa. Brenne, Hangarter u.Co.
- Paul Falkenroth, i. Fa. Gebr. Falkenroth.

Heidelberg, Dr. Fuchs, Direktor der Fa. H. Fuchs, Waggonfabrik A.-G.
- Geh. Rat Dr.-Ing. Schott.

Heidenau, Prof. Heubach, Handelskammer, Dresden.

Heidenheim, W. Hartmann, Verbandstofffabrik (Elektr. u. Gas).

Heilbronn, Ökonomierat Mayer (Elektr.).

Hermsdorf-Breslau, Generaldir. Tittler, Vereinigte Glückhilf-Friedenshoffnungsgrube.

Hildesheim, Reinhard, Hildesheimer Städt. Gas- u. Wasserwerke (Gas u. Wasser).

Holzminden i. W., Dir. Hugo Haarmann, Vorf. b. Bez. 4 Hannover, Braunschweig, Lippe usw.

Hoppegarten, Dr. Max Breslauer.

Hörde i. Westf., Obering. Börnicke, „Phoenix" A.-G. f. Bergbau u. Hüttenbetrieb, Abtlg. Hörder-Verein.

Huttensteinach-Irchwitz, Dir. Bartenstein.
- Fuhrw.-Bes. Felix Günther.

Jena, Dipl.-Ing. Seibel, Lutherstr. 131.
- Dipl.-Ing. Lauser, Schiffgraben 50.

Kaiserslautern, Kommerzienrat Müller, i.Fa. Eisenwerk Kaiserslautern.

Kalkberge, Dr. Müller.

Karlsruhe, Dr. Döberlein, Dir. d. Maschinenbau-Ges.
- Obering. Reichert, Dir. d. Landwirtsch. Vertriebsges., Kaiserstr. 158.
- Dir. Ehrensberger, i. Fa. Junker u. Ruh, Kocherfabr.
- Zib.-Ing. Julius Grund, Gartenstr.11.
- Konrad Schwarz (Gas- u. Inst.-Geschäft), Waldstr. 50.

Kattowitz, Obering. Vogel, Oberschl. Überwachungsverein, Elektrotechnische Abteilung.

Kiel, Obering. Herm. Hansen (Elktr., Gas u. Wasser), i. Fa. Howaldswerke Neumühlen-Dietrichsdorf.
- Dr. Rud. Blochmann, Lorenzenstr. 24 (Elektr., Gas u. Wasser).
- Carl Upleger (Elektr.), Sachverst. der Handelskammer, Kirchhofsallee 23.

Kiel-Gaarden, Dipl.-Ing. C. Regenbogen, Dir. d. Maschinenbaues b. Friedr. Krupp A.-G. Germaniawerft.

Kirchheim (Unterfrank.), Architekt G. Stahl, i. Fa. Carl Schilling.

Kloster Veilsdorf (Kr. Hildburghausen), Komm.-Rat Heubach.

Königsberg, M. Grünbaum (Elektr.), Insel Venedig 3.
- Hans Litten (Elektr.), Bahnhofstr. 10.
- Landesing. Lowes, Landeshaus.
- Ing. Karl Pfeiffer, i. Fa. Ließmann u. Ebeling (Elektr., Gas u. Wasser), hinter Roßgraben 12.
- Arthur Barlowski, Kaiserstr. 8.
- Gerh. Rautenberg, Buchdruckereibes. (Gas), Bergplatz 5/6.

Königsberg, Robert Kießwetter, Hufenallee 43.
 » Viktor Caille, Färbereibef. (Wasser),
   Hoffmannstr. 23.
Königshütte (O.-S.), Dir. M. Seifert, Werk-
   stättenverwaltung.
Konstanz, Dr. phil. Wilh. Greef, Muntprat-
   straße 3.
Lahr i. B., Dir. Caroli, Daniel Voelcker G.
   m. b. H.
Leipzig, Dir. Carl Höhn, i. Fa. Hugo Schnei-
   ber A.-G.
 » Paul Köhn, Weststr. 68.
 » Generalbir. Stephan Mattar, Vorf. d.
   Verb. deutscher Dachpappenfabrikant.,
   Dittrichring 16.
 » Robert Kutscher, R. Kutscher, Bach-
   usw. Apparate.
Leipzig-Eutritzsch, Dir. Hertel, i. Fa. Verein.
   Jäger, Rothe u. Siemens A.-G.,
   Kocherfabr. (Gas).
Leipzig-Gohlis, Heinr. Siebe, i. Fa. Bleichert
   u. Co. (Elektr., Gas u. Wasser), Sprin-
   gerstr. 26.
 » Dr. Kunath, Kunath u. Klotzsch (Elektr.,
   Gas u. Wasser), Taucherweg 2.
Leipzig-Plagwitz, Generalbir. Steph. Mattar,
   i. Fa. C. F. Weber A.-G.
Leipzig-Reudnitz, Obering. M. Hermann,
   Leipz. Bierbrauerei Riebeck u. Co.
   (Elektr., Gas u. Wasser), Mühlstr. 13.
Lengerich, Dir. Dr. Mann.
Leonberg, W. Käumlen, Schuhfabrik (Elektr.
   u. Gas).
Leopoldshall-Staßfurt, Kommissions-Rat Dr.
   A. Malchow, Vorst.-Mitgl. d. Verb.
   deutsch. Dachpappenfabrikanten.
Liegnitz, Komm.-Rat C. Elsner.
Lübeck, Heinr. Thiel (Elektr.), Stanz- u.
   Emaillierwerke, vorm. Carl Thiel u.
   Söhne.
 » Dr.-Ing. A. B. Dräger, Drägerwerk
   (Elektr.).
 » Dir. Carl Hoffmann (Elektr.), Lüb.
   Masch.-Bau-Gef.
Luckenwalde, Prokurist Peter Voß, i. Fa.
   Carl Goldschmidt.
 » Dir. Oskar Köppe, i. Fa. Tannebaum,
   Pariser u. Co.
Ludwigsburg, Fabrikant Oskar Walcker,
   Orgelbauanstalt (Elektr.).
 » Obering. Schneider, i. Fa. Heinrich
   Frank Söhne G. m. b. H.
Magdeburg, Max Botz (Elektr., Gas u.
   Wasser), Patzenhofer Ausschank, Bär-
   straße 1h.
 » Paul Franke, i. Fa. Kürmeyer u.
   Franke, Kaiser-Otto-Ring 5, Vorst.-
   Mitgl. d. Verb. deutscher Dachpappen-
   fabrikanten, Berlin.
 » Obering. Wilh. Fritz, Hallesche Str. 27.
 » Obering. Wilh. Lange (Elektr., Gas u.
   Wasser), i. Fa. Schäffer u. Budenberg,
   Schönbecker Str. 8.
 » Franz Mengering, Kaif.-Wilh.-Pl. 5.
 » Prokurist Fricke, i. Fa. Joh. Gottl.
   Hauswaldt.
 » Bernhard Münzer (Elektr., Gas u.
   Wasser), i. Fa. Lange u. Münzer,
   Breiter Weg 51.
 » Obering. Fritz Schneider (Elektr.,
   Gas u. Wasser), Werkzeugmaschinen-
   fabrik, Schwiesauch).

Magdeburg-Buckau, Obering. Rud. Thyl-
   mann (Elektr., Gas u. Wasser),
   R. Wolf A.-G., Feldstr. 9/13.
Mainz, Otto Castell (Elektr.), Gebr. Castell.
 » Dir. Laub (Elektr.), i. Fa. Ölfabrik
   Budenhain.
 » Dir. Kitz (Elektr.), Maschinenfabrik
   Gustavsburg, Gustavsburg.
 » Kommerzienrat Haas (Gas u. Wasser),
   Gasmesserfabrik, Mainz (Gas), Elster
   u. Co.
 » Karl Ihm (Gas), i. Fa. R. Ihm,
   Fabrik gefärbter Leder.
 » Restaurateur Krauß (Gas), Mainzer
   Akt.-Bierhalle.
 » Ludwig Wolf (Gas), i. Fa. S. Wolf
   Schuhfabrik.
 » Dr. Frank (Wasser), beim Thera-
   peutischen Institut.
 » Kommerzienrat Kupferberg (Wasser),
   i. Fa. Chr. Abt. Kupferberg u. Co.,
   Sektkellerei.
Mannheim, Ing. Kaufmann (Elektr., Gas u.
   Wasser), i. Fa. Heinr. Lanz.
 » Friedr. Pietzsch, Dir. d. Bad. Gef. zur
   Überwachung von Dampfkesseln, Rich.-
   Wagner-Str. 2.
 » Wilh. Franz, Friedrichsring 2a.
 » Obering. Schaufele (Elektr., Gas u.
   Wasser) i. Fa. Boehringer Söhne,
   Waldhof.
 » Franz Planer, Lametstr. 5.
 » Stotz (Elektr., Gas u. Wasser), i. Fa.
   Stotz u. Co.
 » Ferb. Katz, Obering. b. Bad. Gef. z.
   Überwachung von Dampfkesseln (Elek-
   trizität u. Wasser),Rich.-Wagner-Str.2.
 » Obering. Hans Gleichmann, Bad. Gef.
   z. Überwachung von Dampfkesseln
   (Elektr. u. Wasser).
 » Obering. Wilh. Moeßner, Bad. Gef.
   z. Überwachung von Dampfkesseln
   (Elektr.).
 » Dr. Paul Herrmann, Bad. Gef. z.
   Überwachung von Dampfkesseln (Gas).
Marburg, Dipl.-Ing. Friedr. A. Becker,
   Friedrichstr. 9.
Maulbronn (Württbg.), Steinsetzmstr. Alb.
   Burrer, Vorf. b. Bezirks 10, Württem-
   berg, Baden, Elsaß-Lothringen.
Meiningen, Geh. Baurat Schubert.
Mölke (Kr. Neurode), Bergwerksbir. Dr.
   Gaertner, konf. Wenceslausgrube.
München, Aug. Neumüller Inftallateur f.
   Elektr., Gas u. Wasser, Heizungstr. 13.
 » Steinbruchbef. (Elektr., Gas u. Wasser)
   Fr. Schönmann, Aberleftraße 15, Vorf.
   b. Bezirks 9, Oberfranken, Oberpfalz,
   Niederbayern.
 » Fabrikbef. Herm. Völker, Hedwigstr. 2.
 » H. Ebenhöch, Pestalozziftr. 50.
 » Joseph Humar, Heßftr. 13 (Elektr.,
   Gas u. Wasser).
 » Georg Gaßner, Frundsbergftr. 16.
 » Alfred Schlomann, Leopoldstr. 106.
München-Harlaching, Reg.-Baumeister a. D.
   Ewerbeck, Lindenftr. 33.
München-Mittersenbling, Kommerzienrat
   Rosenthal, i. Fa. Alb. Frank.
Münster (Westf.), Aug. Hoelscher (Wasser),
   Dampfmühlenbesitzer.
 » Francis Beyer, Werse 46.

Münster (Westf.). Anton Schulz (Elektr.), Maschinenfabrikant.
- Dir. Weglau (Gas), Westf. Vereinsbruckerei.

Murr, Fabrikant Ludw. Zinser, Holzmehlfabrik (Elektr.).

Neheim, Wilh. Westermann, i. Fa. Wetschewald u. Wimes.

Neubeckum, Dir. Albert Büttner.
- Dir. Dr. Morisse.

Neuß a. Rh., Dir. Fritzsch, i. Fa. Kornfrank G. m. b. H. (Elektr., Gas u. Wasser).

Neustadt a. d. Haardt, Dir. Deibesheimer, i. Fa. Pfälzische Hartstein-Industrie (Elektr.).

Nordhausen (Harz), Dir. Otto Euling, Bahnhofstraße 16.

Nürnberg, Aug. Hering (Elektr.), Generaldir. d. Fa. Röhrenwerk Herrenhütte A.-G. Nürnberg-Herrenhütte.
- Obering. Georg Witzell (Elektr., Gas u. Wasser), Weinmarkt.
- Dir. Schwarz (Elektr.), i. Fa. Gebr. Bung A.-G.
- Fabrikbes. Paul Josephthal (Gas), Metallwarenfabrik, Neutorgraben 7.
- Dir. Terhaerst, Gaswerk.
- Dir. Elg, Elektrizitätswerk.
- Dr.-Ing. Baurat G. Lippert, Dir. d. Maschinenfabrik Augsburg-Nürnberg.
- Generaldir. Fritz Neumayer (Elektr.), Bayer. Hüttenwerk Neumayer A.-G.
- Gustin Gallinger, Deinstr. 16 (Gas).
- L. Fischer (Wasser), Dir. d. Tucherbrauerei.
- Carl Plank, i. Fa. Ernst Plank (Gas), Äußere Kramer-Klett-Str. 19.
- Betriebsing. Ferd. Lammeyer (Wasser) i. Fa. Brauhaus Nürnberg A.-G.
- Berth. Winter-Günther (Wasser), Dir. d. Fa. Siemens-Schuckertwerke.

Nürnberg-Doos, Dir. A. Richter, i. Fa. Marswerke A.-G.

Oberlangenbielau (Schles.), Dr.-Ing. Bamberg, Geschäftsführer d. Fa. Christ. Dierig G. m. b. H.

Oberlenningen, Kommerzienrat Dr. Scheufelen (Wasser).

Ohrdruf, Dr. Tilo Mühlberg, i. Fa. Farbwerke Dr. Wilh. König.

Oldenburg, Dir. Wichmann, Städt. Licht- u. Wasserwerke (Elektr., Gas u. Wasser).

Osnabrück, Hüttendir. b. Holt, i. Fa. Georgs-Marien-Bergwerks-Hüttenverein.
- Dir. Herm. Schneider, Möserstr.

Oslebshausen (Bez. Bremen), Dir. Rich. Hauttmann, Norddeutsche Hütte A.-G.

Pirna, Betriebsdir. Riedel.
- Stadtrat Burckhardt (Elektr. u. Gas).

Posen-O.1, Emil Jeremias, i. Fa. Viktor u. Co., Berliner Str. 5, Vorst.-Mitgl. b. Verb. deutsch. Dachpappenfabrikanten.

Posen, O. Dümke, Möbelfabrik (Elektr.), Ritterstr. 86.
- Kaufmann Gutkind, i. Fa. D. Golbberg (Elektr.), Wilhelmstr. 6.
- Eug. Markiewicz (Elektr.), Fabrikbes., Margarethenstr. 35.
- Rich. Rob. Hein, Installateur (Gas u. Wasser), Viktoriastr. 14.
- Otto Herrmann, Installateur (Gas), Friedrichstr. 28.

Posen, Ernst Jentsch, Ing., Ritterstr. 20 (Gas u. Wasser).
- Obering. Brettschneider, Dampfkesselüberwachungsverein (Wasser), Königsplatz 4.
- Ing. Hedinger, St. Martinstr. 34 (Wasser).
- Steinmetzmeister Oskar Böttger, Vors. b. Bez. 11, Ostpr., Westpr., Posen, Am Berliner Tor 8.

Potsdam, Prokurist Heinr. Haumbach (Elektr., Gas u. Wasser), i. Fa. J. D. Riedel, Berlin-Britz, Riedelstr.

Prenzlau, Carl Müller, Vorst.-Mitgl. b. Verb. beutsch. Dachpappenfabrikanten, Grabowstraße 40.

Rastatt, Dir. Kopf, Waggonfabrik A.-G.

Recklinghausen, Dir. Heinr. Knaup, Städt. Eltwerk (Elektr.).

Regensburg, Dir. Schwarz, i. Fa. Verein Feigenkaffee-Fabriken Andre Hofer.

Reichenbach (V.), Stadtrat Alban Schnabel, Mitglied b. Landes-Elektrizitätsrats (Elektr.).

Remscheid, Dir. Thomas, i. Fa. Joh. Vaillant G.m.b.H., Warmwasserapparatefabr.

Reutlingen, Fabrikant Emil Gminder (Elektr., u. Wasser).

Rheinbrohl, Dir. L. Heinrichsdorff, i. Fa. A. G. vorm. Hilgers.

Rheine (Westf.), Wilh. Jackson, i. Fa. Wilh. Jackson.

Rheydt, Max Dilthey.

Röcknitz b. Wurzen, Dir. Lutzney, i. Fa. Hohlburger Quarz-Porphyrwerk.

Rosenhain, Joseph Voggenauer, Installationsgeschäft f. Gas-, Wasser- u. Dampfheizungsanlagen, Herzog-Heinrich-Str. (Elektr., Gas u. Wasser).

Rostock, Dir. Barg (Elektr.), in der A.-G. „Neptun".
- Carl Frenz (Elektr.), i. Fa. R. Dolberg A.-G.
- Dr. Schulze (Elektr.), Dir. b. Firma Rostocker Aktienzuckerfabrik.
- Geh. Komm.-Rat Bolbt (Gas), Blücherplatz 5.
- Geh. Komm.-Rat Mahn (Gas u. Wasser), Neue Wallstr. 2.
- Komm.-Rat W. Bick (Gas), Breite Straße 26/27.
- L. Bormann (Wasser), i. Fa. Ernst Bormann, Färberei.
- Dr. Elsner (Wasser), i. Fa. Dr. Chr. Brunnengräber.
- Albert Frost (Wasser), i. Fa. A. Wertheim.

Rudolstadt, Ing. Knauft, i. Fa. Wolf u. Knauft.

Rüstringen, Dir. Jacobs, Licht- u. Wasserwerke (Gas u. Wasser).

Saalfeld, Komm.-Rat Ries.
- Bergrat Luthardt.

Saarbrücken, Bergassessor Teßmar, Ges. f. Förderanlagen Ernst Heckel m. b. H.

Schleubitz b. Leipzig, Alfred Eggert, Merseburger Straße 1a.

Schletz, K. Holzschuher, Fabrikant (Elektr. u. Gas).

Schönau, Dir. Stuhlmacher, Wandererwerke A.-G.

Schwenningen, Geh. Komm.-Rat Kienzle (Elektr.).

Siegen, Dir. Schenk, Anhaltische Kohlenwerke.
- Dir. Merbitz (Wasser), Elektr.-Werk Siegerland.
- Dir. Dr. Menzel (Gas), Siegener Masch.-Bau-A.-G.
- Dir. Münnich (Wasser), Elektr.-Werk Siegerland.
- Obering. Schüler (Elektr.), Verein z. Überwachung elektr. Anlagen.
- Ziviling. Schnaas (Elektr.).

Siegmar, Dir. Alfred Escher, Werkzeugmaschinenfabrik Herm. u. Alfr. Escher A.-G. (Elektr.).

Sonneberg, Komm.-Rat Horn.
- Dir. v. Walther.

Sterkrade (Rheinl.), Dir. Dr. Webemeyer, i. Fa. Gutehoffnungshütte.

Stettin, Stadtrat Franz Xaver Mayer, Dir. b. Kraftwerks Stettin (Elektr., Gas u. Wasser).
- Johannes Gollnow, i. Fa. Gollnow u. Sohn.
- Bruno Spohn, Dir. b. Gas- u. Wasserwerke (Gas u. Wasser), Karkutschstr. 1.

Stettin-Bredow, Dir. Linder, i. Fa. Vulkan-Werke.

Stuttgart, Dir. Zugschwerdt, Schellingstraße 15, part.
- Dr. W. Kohlhammer, Buchdruckereibesitzer (Elektr. u. Gas).
- G. Baumgärtner, i. Fa. Wilh. Burck, Wilhelmstr. 3, Vorst.-Mitgl. b. Verb. deutscher Dachpappenfabrikanten.
- Flaschnerobermeister Lorenz (Elektr. u. Gas).
- Schreinerobermeister Buck (Elektr. u. Gas).
- Obering. Kilp, Schloßstr. 59a (Elektr.).
- Fabrikdir. Viktor Widmanni, i. Fa. C. Andrae G. m. b. H. (Gas u. Wasser).

Stuttgart-Cannstatt, Dr.-Ing. Erhard Junghans, i. Fa. Norma-Comp. (Elektr.).
- Dr.-Ing. Kirner, Norma-Comp. (Gas).
- Dipl.-Ing. Carl Werner, Königstr. 12.

Stuttgart-Cannstatt, Adolf Hermann, Alfastr. 56.

Sydowsaue b. Stettin, Obering. Rathgeber.

Tegel, Dir. N. Neuhaus, i. Fa. Borsig.

Tuttlingen, Komm.-Rat Scheerer (Gas).

Waldkirch b. Freiburg, Dipl.-Ing. Jörger, i. Fa. Aug. Köhler, Oberkirch (Baden).

Waltershausen (Thür.), Dir. Schäfer, i. Fa. N. Polack A.-G.

Wasungen, Dir. Wehlmann.

Weimar, Dir. Rich. Beyer (Elektr.), i. Fa. Elektrotechn. Fabr. J. Karl Oberweimar.
- Dir. Dr. Landsmann, Apparatebauanstalt u. Metallwerke A.-G. (Gas).
- Wilh. Borgmann (Wasser), i. Fa. Borgmann, Apolda.
- Rob. Deinhardt (Wasser), i. Fa. L. Deinhardt.
- Komm.-Rat Albert Hartung (Gas), i. Fa. Böhlaus Nachflg.
- Dir. Max v. Kratznach (Gas), i. Fa. Magnetwerk Eisenach.
- Dir. Max Magdeburg (Wasser), i. Fa. Aktienbrauerei.
- Geh. Komm.-Rat Pferdekämper (Elektr.), i. Fa. Weimarer Jute-Spinnerei u. Weberei A.-G.
- Dir. Georg Wehe (Elektr.), i. Fa. A.-G. f. Eisenbahn- u. Militärbedarf.

Witten (Ruhr), Dir. Kuntze, Gußstahlwerk Witten.
- Dir. Roeder, Mannesmannröhrenwerk.

Wolmirsleben, Bergwerksdir. Schiebt (Gas).

Würzburg, C. Noell, i. Fa. Gg. Noell u. Co.
- Friedr. Tischendörfer, Keesburgstr. 24.
- Komm.-Rat Kahle, Portland-Cementfabrik Karlstadt/M.

Wurzen, Zivilingenieur Köhn.

Zeulenroda, Ing. Fritz Kühnel, i. Fa. Döhler u. Riedle Nachflg. (Elektr. u. Wasser).

Zittau, Herm. Schubert, Fabrikbes. (Elektr.)
- Moras, i. Fa. Wagner u. Moras A.-G.

Zweibrücken, Geh. Komm.-Rat Viktor Laeis, i. Fa. Dinglersche Masch.-Fabrik A.-G.

Schiedsrichterliste Nr. 5

Weiterverbraucher von elektrischer Arbeit, Gas und Leitungswasser.

a) Elektrisch betriebene Straßen- und Kleinbahnen.

Aachen, Dir. Simeon, Aachener Kleinbahn A.-G.

Bautzen, Dir. Knust, Städt. Elektr.-Werk.

Berlin, Ing. Otto Carney, Königgrätzer Straße 28.
- Dr.-Ing. Dietrich, Städt. Straßenbahn.
- Dir. Lamm, Allgemeine Lokal- und Straßenbahn-Gesellschaft.
- Baurat Otto, Große Berliner Straßenbahn.

Berlin-Friedenau, Heinz Aumann, Ber. Ing. f. Elektrizitätswerke u. Straßenbahn, Sentastr. 3.

Braunschweig, Dir. Lehrmann, Straßenbahn-Gesellschaft.

Dresden, Baurat Nier, Städt. Straßenbahn.

Dresden, Baurat Serger, Kommissar f. elektr. Bahnen, Finanzministerium.

Düsseldorf, Dir. Schwab, Rheinische Bahn-Gesellschaft.

Essen, Dir. Hubrich, Essener Straßenbahn.

Gera, Wilh. Schlommer, Installateur, Bahnhofstraße 2.
- Herm. Jakob, Installateur, De Smitstraße 2.

Hagen (Westf.), Straßenbahndir. Langner, Eppenhausener Str. 51.

Halle a. S., Dir. Bussebaum, Städt. Straßenbahn Halle.

Hamburg-Falkenried, Dir. Walter, Straßeneisenbahn-Gesellschaft Hamburg.

Hannover, Baurat Holstein, Straßenbahn Hannover A.-G.

Heidelberg, Ing. Dr. Oskar Faber, Elektrizitätsdirektor (Elektr.).
Karlsruhe, Baurat Landwehr, Generaldir. d. Staatseisenbahn.
  „ Ziviling. Julius Grund, Gartenstr. 11.
  „ Konrad Schwarz, Installationsgesch. (Gas u. Wasser), Waldstr. 50.
  „ Dr.-Ing. Schwaiger, Prof. an der Technischen Hochschule.
Kattowitz, Dir. Hoerter, Schlesische Kleinbahn A.-G.

Königsberg i. Pr., Dr.-Ing. Adolph, Elektrizitätswerk u. Straßenbahn.
Mannheim, Dir. Löwit, Städt. Straßenbahn Mannheim.
Nürnberg, Dir. Sieber, Fürther Straßenbahn.
Oetzsch b. Leipzig, Dir. Schuh, Gemeindeverb. f. b. Elektrizitätswerk Leipzig-Land.
Offenbach a. M., Dir. Klein, Städt. Straßenbahn Offenbach).
Stuttgart, Dir. Loercher, Stuttg. Straßenbahn.
  - Dir. Maile, Filderbahn.

<h3 style="text-align:center">b) Akkumulatoren.</h3>

Berlin-Lichterfelde, Prof. Dr. Franz Peters, Verl. Wilhelmstr. 26.
Dortmund, Obering. L. Rose.
Hamburg, Ing. Carl Ebell, Dammtorstr. 14.
  „ Ing. Otto Hülsenbeck, Dammtorstr. 14.
Hannover, Prof. Beckmann, Technische Hochschule.
Karlsruhe, Ober-Reg.-Rat Schollenberg.
Leipzig, Ziviling. Köhn, Weststr. 68.

Leipzig-Gohlis, Gerrienne, Stallbaumstr. 19.
Linden-Hannover, Dir. Dietrich, Elektr.-Werk.
München, Obering. Melchior, Elektrotechn. Laboratorium.
Nürnberg, Prof. Dr. Otto Edelmann, Landesgewerbeschule.
Schwelm, Dir. Carl Ebbinghaus, Kreis-Wasser- u. Elektr.-Werk.
Stuttgart, Heinrich Taaks, Filderstr. 55.

<h3 style="text-align:center">c) Elektrotechnische und elektrothermische Betriebe.</h3>

Berlin, Dr. Paul Denso, Königgrätzer Str. 28.
Berlin-Dahlem, Geheimrat Haber, Kaiser-Wilhelm-Institut.
Bernburg, Dir. Gielen, Deutsche Solvay-Werke.
Dresden, Geh. Hofrat Prof. Dr.-Ing. h. c. Dr. phil. Förster.
Frankfurt a. M., Dr. Pfleger, Deutsche Gold-Silber-Scheibeanstalt.
Grießheim, Generaldir. Plieninger, Chem. Fabrik.

Grießheim, Dr. H. Specketer, Chemische Fabrik.
Höchst a. M., Prof. Dr. Schmidt, Farbwerk Höchst.
Leuna, Dir. Dr. Bueb, Anilin- u. Sodafabrik.
Leverkusen, Dir. Dr. Quincke, Farbenfabriken vorm. Fr. Bayer.
Neu-Staßfurt, Dir. Haberland.
Wolfen (Kr. Bitterfeld), Dir. Dr. Erlenbach, A.-G. für Anilinfabriken.

Berlin, ben 17. Juni 1919.

Der Reichskommissar für die Kohlenverteilung.
Stutz.

<h2 style="text-align:center">Bekanntmachung, betreffend Nachtrag zu den endgültigen Listen der Beisitzer bei den Schiedsgerichten für die Erhöhung von Preisen bei der Lieferung von elektrischer Arbeit, Gas und Leitungswasser. Veröffentlicht in Nr. 289 des Reichsanzeigers von 1919.</h2>

Auf Grund der §§ 4 und 5 Abs. 1 der Bekanntmachung des Herrn Reichswirtschaftsministers vom 5. März 1919 über die Schiedsgerichte für die Erhöhung von Preisen bei der Lieferung von elektrischer Arbeit, Gas und Leitungswasser (RGBl. S. 288) mache ich, nachdem der Herr Reichswirtschaftsminister mit Erlaß vom 10. Dezember 1919 — VII 2660 — die Schiedsrichterlisten genehmigt hat, folgenden

Nachtrag
zu den endgültigen Listen der Beisitzer für die genannten Schiedsgerichte bekannt:

Schiedsrichterliste Nr. 1
der Lieferer von elektrischer Arbeit.

Annaberg (Sa.), Dir. A. Frohne, Eltwerk u. Überlandanlage.
Bad Wildungen, Kreising. Höhle.
Berlin, Regierungsrat Dr. jur. Heck, Am Karlsbad 12/13.
Breslau, Prof. Dr. Hilpert, Technische Hochschule.
  ∙ Dir. Fethke, Kaiser-Wilhelmstr. 131.
  ∙ Dir. v. Herrmann, Elektr.-Werk.
Brieg, Dir. Haebler, Elektr.-Werk.
Chemnitz, Stadtbaurat Mante, Vorstand des Betriebsamts bei der Stadtverwalt.
Darmstadt, Dir. Bohnenberger, Hessische Eisenbahn A.-G.
Dortmund, Dir. Butte, Westf. VerbandsElektr.-Werk, Hohestr. 225.
  ∙ Bürovorsteh. Kreienfeld, Städt.Elektr.Werk, Bismarckstr. 27.
Dresden, Oberbaurat Möllering, Generaldir. der Sächsischen Staatseisenbahn.
Düsseldorf, Dir. a. D. Korbt, Arnoldstr. 6.
  ∙ Beigeordneter Dr. Thelemann.
Frankfurt a. M., Ziviling. Dr. Lehmann-Richter, Beethovenstr. 5.
Halberstadt, Dir. Thurow, Straßenbahn u. Elektr.-Werk.
Halle a. S., Dipl.-Ing. Ruppert Schneider, Dir. b. Elektr.-Werks Sächs.-Anh.A.-G.
Heidelberg, Baurat Kuduck, Städt. Gas, Wasser- u. Elektr.-Werk.
Karlsruhe, Baurat Landwehr, Generaldir. b. Badischen Staatseisenbahn.

Königsberg, Dipl.-Ing. Silbermann, Mühlenstraße 2/4, Dir. des Elektr.-Werks u. Straßenbahn.
Konstanz, 2. Bürgermeister Fritz Arnold, Dir. b. Elektr.-, Gas- u. Wasserwerke.
Leipzig, Betriebsdir. Hans Bollinger, Landkraftwerke Leipzig A.-G. in Kulkwitz, Dittrichring 13 I.
Lichtenberg (Erzgeb.), Werksdir. E. Roth, Überlandstromverband Freiberg.
Ludwigshafen (Rh.), Dir. Pack, Pfalzw.A.-G.
Magdeburg, Stadtrat Dr. Müller, Dezernent b. Städt.Gas-, Wass.- u. Elektr.-Werks.
  ∙ Dir. Schneider, Städt. Elektr.-Werk.
Mainz, Stadtbaurat Furkel, Dir. b. Städt. Wasser- u. Elektr.-Werks.
Mannheim, Dir. Müller, Oberrhein. Eisenbahnges. A.-G.
  ∙ Dir. Pichler, Städt. Gas-, Wasser- u. Elektr.-Werk.
München, Dir. Gleichmann, Ministerialrat im Staatsministerium für Verkehrsangelegenheiten (Starkstromreferent).
  ∙ Oberregierungsrat Barth, Ministerialrat im Staatsministerium für Verkehrsangelegenheiten (Starkstromref.).
Neumünster, Dir. Moritz, Elektr.- u. Wasserw.
Niederlößnitz (Sa.), Dir. O. Camozzi, Elektr.-Werk.
Schwarzenberg (Sa.), Dir. Otto Halbauer, Elektr.-Werk Obererzgebirge.
Triberg, Dir. Georg Birkenstock, Elektr.-Werk

Schiedsrichterliste Nr. 2
der Lieferer von Gas und Leitungswasser.

Berlin, Dir. Gabamer, Flotowstr. 8 (G.).
  ∙ Regierungsrat Dr. jur. Heck (G. u. Wasser), Am Karlsbad 12/13.
  ∙ Obering. Agte, A.-G. für Gas-, Wasseru. Elektr.-Anlagen (Gas u. Wasser).
Berlin-Dahlem, Wirkl. Geh. Oberbaurat Dr.Ing. Keller (Wasser).
Berlin-Pankow, Gemeindebaurat Saeger (Gas u. Wasser).
Berlin-Tegel, Dir. Schöneberg, Berliner Str. 50 (Gas).
Breslau, Dir. Baumann, Gaswerk (Gas).
  ∙ Dir. Biol (Wasser).
  ∙ Betriebsinspektor Hartmann (Wasser).
Charlottenburg, Reg.-Baumeister Seyfferth, Mitgl. b. Aufsichtsrats der Charl. Wasserw., Lietzensee-Ufer 2a (Wasser).
Chemnitz, Stadtbaurat Mante, Vorstand des Betriebsamts b. b. Stadtverwaltung (Gas u. Wasser).

Coblenz, Dir. Einsmann, Gas- u. Wasserwerk (Gas u. Wasser).
Corbach, Bürgermeister Wolff.
Darmstadt, Obering. Kalbfuß, Städt. Gaswerk (Gas).
  ∙ Reg.-Baumeister Schilling, Städt. Wasserwerk (Wasser).
Dortmund, Obering. Fröbel, Städt. Wasserwerk, Hagenstr. 1 (Wasser).
Düsseldorf, Dir. a. D. Korbt, Arnoldstr. 6 (Gas u. Wasser).
Essen, Obering. Starke, Rhein.-Westf. Elektr.Werk (Gas).
Frankfurt a. M., Reg.-Baumeister a. D. Sion, Guiollettstr. 17.
Hamburg 1, Ing. u. Gaswerksdir. Arnold Hoffmann.
Halberstadt, Dir. Zinck, Gas- u. Wasserwerk.
Hildesheim, Dir. Reinhard, Städt. Gas- u. Wasserwerk.

Ziekursch-Kauffmann. 2. Aufl.   10

Höbfröschen (Pfalz), Wasserwerksinspektor
  Senger.
Landshut (Niederbayern), Stadtbaurat Schel-
  ler, Dir. b. Gas- u. Elektr.-Werks.
Ludwigshafen (Rh.), Dr. Liese, Dir. b.
  Städt. Gaswerks (Gas).
Magdeburg, Dir. Dr. Pfeiffer, Städt. Gas-
  u. Wasserwerk (Gas u. Wasser).
Mainz, Stadtbaurat Raupp, Städt. Gaswerk.

Mainz, Dipl.-Ing. Müller, Städt. Gaswerk.
München, Städt. Bauamtmann Henle, Vorst.
  b. Wasserversorgungsamts (Wasser).
  -   Obering. Arzberger, Städt. Gaswerk
      (Gas).
Schwerin, Dir. Brandt, Gaswerk (Gas).
Wiesbaden, Dir. Urfey, Städt. Gaswerk
  (Gas).
Zittau, Dir. Wilhelm (Gas u. Wasser).

Schiedsrichterliste Nr. 3
der Vertreter von Gemeinden und Gemeindeverbänden.

Apolda, Stadtbaudir. Hertneck.
Augsburg, Oberbürgermeister a. D. Franz
  Gentner.
Arnsberg (W.), Bürgermeister Wilhelm Kiwitt.
Bad Wildungen, Landrat Dr. Ahrendts.
  -   -   Landrat Dr. Schmieding.
Bamberg, Dipl.-Ing. Pflügel, Vorst. b. Ge-
  schäftsstelle f. Elektrizitätsversorgung
  des Kreises Oberfranken.
Berlin, Oberbürgermeister Mißlaff, Ge-
  schäftsführer b. preußischen u. deutsch.
  Städtetags.
Chemnitz, Stadtbaurat Mante, Vorst. b.
  Betriebsamts b. b. Stadtverwaltung.
Cöln, Bürgermeister a. D. Kuth, Riehler-
  straße 17.
Corbach, Zimmermeister Bangert.
Darmstadt, Stadtbaurat Rudolph.
Engen, Bürgermeister Kupfer.
Essen, Baumeister a. D. Wassermann.
Glauchau, Bürgermeister Brink.
Grottkau, Landrat Geh. Reg.-Rat Thilo.
Heidelberg, Bürgermeister Drach.
Jena, Stadtbaurat Dr.-Ing. Elsner, Vorst.
  b. Städt. Tiefbauamts.
Königsberg, Oberbürgermeister Dr. Loh-
  meyer.
Landau (Pfalz), Bürgermeister Mahla.
Leipzig, Ing. G. Nietzsche, Elsterstr. 20.
Mönckeberg, Amts- u. Gemeindevorsteher
  Carß.
München, Ministerialrat Schneider, Rechts-
  referent für Elektrizitätsangelegen-
  heiten.

München, Oberreg.- u. Baurat Städtler,
  Staatsministerium des Innern, Abt.
  für Elektrizitätsversorgung.
  -   Bauamtmann Obpacher, Staatsmini-
      sterium des Innern, Abt. für Elektri-
      zitätsversorgung.
  -   Ministerialrat Hocheder, Vorst. des
      Landesamts für Wasserversorgung.
  -   Reg.- u. Baurat Holler, Landesamt
      für Wasserversorgung.
  -   Reg.- u. Baurat Blumrich, Landesamt
      für Wasserversorgung.
  -   Obering. Boccali, Bayer. Rev.-Verein.
  -   Obering. Leonpacher, im Bayer.
      Landwirtschaftsrat, Vorst. b. elektro-
      technischen Beratungsstelle.
  -   Ing. Manassé, elektrotechnisches Labo-
      ratorium.
Münster (W.), Reg.-Baumeister a. D. und
  Obering. Schräder, Städt. Elektr.-
  Werk.
Nauen, Landrat Königs.
Nürnberg, Rechtsrat Dr. Johannes Merkel.
Osnabrück, Ing. Schneider.
Parchim, Geh. Hofrat Capolus.
Radebeul, Bürgermeister Hartwig.
Radolfzell, Bürgermeister Blesch.
Rostock, Bürgermeister Heydemann.
Rothenburg o. T., Bürgermeister Ludwig
  Siebert.
Stettin, Stadtrat Dipl.-Ing. Xaver Meyer,
  Dir. des Kraftwerks.
Zeitz, Stadtbaurat Lorey.

Schiedsrichterliste Nr. 4
der gewerblichen Verbraucher von elektrischer Arbeit, Gas und Leitungs-
wasser.

Aachen, Dir. Zimmermanns, Obering.,
  Dampfkessel-Überwachungsverein f. b.
  Reg.-Bezirk.
Altona, Dir. M. Dabborf, Obering., Nord-
  deutscher Verein z. Überwachung von
  Dampfkesseln.
Ballenstedt, Ziviling. Hermann Niemeyer.
Barmen, Obering. Wirthwein, Bergischer
  Dampfkessel-Überwachungsverein.
Barmen, Ziviling. Otto Hauswirth, Wupper-
  mannstr. 4.
Berlin, Dir. G. Hilliger, Obering., Dampf-
  kessel-Revisionsverein „Berlin“.
  -   Dr. A. Karsten, Budapester Str. 1.
  -   Dir. Meyer, Obering., Dampfkessel-
      Revisionsverein „Berlin“.

Berlin, Obering. Paul Wandschneider, Camp-
  hausenstr. 14.
  -   Ing. Eugen Eichel, Heilbronner Str.
  -   Rechtsanwalt Meyerstein, Syndikus b.
      Berl. Handelskammer, Dorotheenstr. 8.
Berlin-Friedenau, Geheimrat Dr. Seidel,
  Vors. b. Vereins f. Wasser- u. Gas-
  wirtschaft.
Bernburg, Dir. Stephanus, Obering., Sächs.-
  Anhaltischer Verein zur Prüfung und
  Überwachung von Dampfkesseln.
  -   Feinmechanikerm. Gustav Schönwald.
Bingen, Dr. Brüggemann, Dir. b. Firma
  Maggi G. m. b. H. (Elektr. u. Wasser).
Bochum, Obering. Jlgen, Zeche Konstantin
  der Große (Elektr. u. Wasser).

Bochum, Dir. Theodor Grothe (Gas- u. Wasserwerk), Freiligrathstr. 20.
- Stadtrat Schulte.

Braunschweig, Dr.-Ing. Lindemann, Leiter des Maschinenbauamtes.

Breslau, Dr. phil. A. Gaertner, Dir., Hohenzollernstr. 7.
- 13, Ziviling. Rud. Hirschmann, Goethestr. 77.
- Obering. Munckelt, Schles. Verein zur Überwachung von Dampfkesseln.
- Ziviling. A. Gärtner, Hohenzollernstraße 107.

Bromberg, Obering. Rosenboom, Moltkestraße 16.
- Stadtbaurat Metzger, Dezernent d. Städt. Gas- u. Wasserwerks.

Cassel, Obering. Niemeyer, Dampfkessel-Überwachungsverein.
- Dipl.-Ing. Hornbostel, Dampfkessel-Überwachungsverein.

Chemnitz, Carl Kreishold, Staatl. Sächs. Elektrotechn. Prüfamt.

Coblenz, Obering. Molte, Mittelrhein. Dampfkessel-Überwachungsverein.

Cöln, Ing. Carl Müller, Hansa-Ring 35.
- Ziviling. Lenz, Blumenthalstr. 8.
- Obering. Vierow, Dampfkessel-Überwachungsverein.

Corbach, Dir. Rehbein.
- Dir. Wiegand.

Coswig, Dr. Claudius, Ges. für chemische Industrie.

Cottbus, Ziviling. Eugen Heilbrunn, Ostrower Damm 17/18.

Danzig, Dir. Münster, Obering., Westpr. Verein z. Überwachung von Dampfkesseln.
- Ziviling. Schleifing.
- Ziviling. König.

Dessau, Dir. Karl Baber.
- Dir. Dr. Wilhelm Kramer.
- Dir. Dr.-Ing. Georg Hellenschmidt.
- Kommerzienrat Max Schmidt.
- Dir. Paul Spaleck.
- Obering. Willy Bergert.

Dortmund, Obering. Köhler, Dampfkessel-Überwachungsverein.
- Ing. E. G. Kleinschmidt, Arndtstr. 10.
- Ing. Eduard Waslowsky, Heiligerweg 42.

Dresden, Oberbaurat Beer, Sächs. Finanzministerium.
- Ziviling. Hartwig Maack, Gußkowstraße 29.

Duisburg, Obering. Schmib, Ruhrorter Dampfkessel-Überwachungsverein.
- Dipl.-Ing. Georg Obstfelder, Merkatorstr. 100.

Düsseldorf, Obering. Bracht, Rhein. Dampfkesselüberwachungsverein.

Essen (Ruhr), Obering. Hundertmark, Dampfkessel-Überwachungsverein der Zechen im Oberbergamtsbezirk Dortmund.
- Obering. Schulte, Dampfkessel-Überwachungsverein der Zechen im Oberbergamtsbezirk Dortmund.
- Dipl.-Ing. Paul Kesten, Maxstr. 18.
- Dir. Lwowski, Stinnessche Zechen (Elektr. u. Wasser).
- Dipl.-Ing. Ph. Reuter, Kurfürstenstraße 80.

Essen (Ruhr), Obering. Müller, Essener Steinkohlenbergwerke (Elektr. u. Wasser).
- Ing. Gunderloch, Dampfkessel-Überwachungsverein (Elektr. u. Wasser).

Frankfurt (Main), Obering. Ziervogel, Dampfkessel-Überwachungsverein.

Frankfurt (Oder), Obering. Czernel, Märk. Verein z. Prüf. u. Überw. v. Dampfkesseln.

Fürth, Baurat Spitzfaden, Städt. Betriebsamt.

Gelsenkirchen, Dir. Hußmann, Gelsenkirchener Bergwerks-A.-G. Rheinelbe (Elektr. u. Wasser).

Gerthe b. Bochum, Dir. Hilgenstock, Zeche Lothringen (Gas).

St. Georgen (Schwarzwald), Ludwig Weißer, i. Fa. J. G. Weißer Söhne (Elektr.).

Gera, Max Brandt, ver. Ing., Luisenstr. 3.

Görlitz, Obering. Lehmann, Zittauer Str. 32.

Hagen i. W., Obering. Block, Dampfkessel-Überwachungsverein.

Halberstadt, Obering. Pfander, Halberstädter Dampfkessel-Überwachungsverein.

Halle, Dir. Feiler, Riebeckplatz 1.
- Ziviling. F. W. Boos, Königstr. 14.
- Obering. Thieme, Sächs.-Thür. Dampfkessel-Rev.-Verein.
- Dipl.-Ing. Vigener, Sebener Str. 57.

Hamburg, Dipl.-Ing. Leo Pulvermann, Bleichenbrücke, Kaufmannshaus.
- Ing. Arnold Hoffmann, Ferdinandstraße 5.

Hannover, Dipl.-Ing. C. Scherf, Richard-Wagner-Str. 21.
- Linden, Dir. Nuß, Göttinger Ch. 31.
- Dipl.-Ing. Wilh. Schraber, Sallstr. 29.

Helmstedt, Obering. Pfister.

Herne, Obering. Fuhrmann, Bergwerksges. Hibernia (Elektr. u. Wasser).

Jena, Fabrikbesitzer Hermann Kohlrausch.

Karlsruhe, Obermaschineninspektor Schember, Hebelstr. 4.

Kattowitz, Obering. Heideprlem, Oberschl. Überw.-Verein.
- Obering. Vogel, Oberschles. Überw.-Verein.
- Ziviling. Ernst Daege, Sachsstr. 6.

Königsberg, Dir. Rolin, Ostpr. Rev.-Verein.

Leipzig, Dr. Konrad Steinhäuser, Rechtsanwalt, Katharinenstr. 3.
- Baurat Paul Ranft, Kurzestr. 1.
- Ing. Otto Zeh, i. Fa. Paul Ranft, Kurzestr. 1.
- Ziviling. Friedr. Ulbrich, Gustav-Adolf-Str. 45.

Leipzig-Gohlis, Ziviling. Strich, Friedr.-Karl-Str. 25.

Magdeburg, Oberlehrer u. Dipl.-Ing. Emil Kosack, Böttcherstr. 45.
- Ziviling. Wilh. Herold, Kaiserstr. 108.
- Dir. Salewski, Obering., Magdeburg. Verein für Dampfkesselbetrieb.

Mannheim, Albert Heymann, i. Fa. A. Heymann (Elektr. u. Wasser).
- Dir. K. Schacherer, Südd. Kabelwerke (Elektr. u. Gas).
- Dir. Dr. Wittsack, Ingenieurschule.

Merseburg, Dipl.-Ing. Robert Schneider.

Mosbach, Brauereidirektor Dr. Hübner (Elektr.).

Mückenberg (N.-L.), Dir. Geiger, b. Mühlgrube b. Braunkohlen- u. Brikettindustrie A.-G.,

München, Obering. Karl Boccali, Bayer. Rev.-Verein, Kaiserstr. 14.
- Dipl.-Jng. Karl Martin, Schönfelder Str. 15.
- Baurat Reichle, Revisionsverein.

München-Gladbach, Obering. Eggers, Ges. z. Überwachung von Dampfkesseln.
- Obering. Rollwagen, Ges. zur Überwachung von Dampfkesseln.

Nürnberg, Dir. Laible, Fränk. Überlandwerk.
- Dipl.-Jng. Alfred Lebrecht, Lenbachstraße 4.
- Ziviling. Richard Schmidt, Lauser Torgraben 10.

Oberhausen (Rheinl.), Jng. Jennis, Gutehoffnungshütte.

Oppeln, Obering. Schütze, Dampfkessel-Überwachungsverein.

Osnabrück, Jng. Schneider.
- Obering. Marris, Leiter d. Hann. Dampfkessel-Überwachungsvereine, Abtlg. Osnabrück.

Posen O. 1, Ziviling. M. Placzek, Viktoriastraße 23.
- W. 3, Ziviling. Hans Dietze, Wittelsbacherstr. 3.
- Dir. Brettschneider, Dampfkessel-Überwachungsverein f. d. Prov. Posen.

Recklinghausen-Süd, Dr. Herz, Zeche König Ludwig (Gas).

Rostock, Dipl.-Jng. Braunroth von der Ritterschaftl. Brandkasse.

Saarbrücken, Ziviling. Hermann Sorg.
- Obering. Sonnemann (Elektr., Gas u. Wasser).

Schönow (N.-M.), Dir. Schmidt.

Schweidnitz, Ziviling. Oskar Hunger, Kletschlauerstr. 2.

Schwerin (Meckl.), Hans Marung, beratender Jngenieur.

Siegen, Obering. Schulz, Dampfkessel-Überwachungsverein.

Stettin, Obering. Mittendorf, Pommerscher Verein z. Überwachung von Dampfkesseln.
- Obering. Kettner, beim Landeshauptmann der Provinz Posen.

Stuttgart, Reg.-Baumeister Klein, Württ. Rev.-Verein.
- Dipl.-Jng. R. Linb, Bismarckstr. 1.
- Obering. Julius Bosch, Bismarckstraße 1.

Trier, Obering. Sonnemann, Dampfkessel-Überwachungsverein.

Zerbst, Dir. Franz Eiermann.

Zittau (Sa.), Heinrich Zieger, berat. Jng. Sedanstr. 3 b.

Zwickau, Ziviling. G. Rakotschel, Äußere Leipziger Str. 3.

Schiedsrichterliste Nr. 5

Weiterverbraucher von elektrischer Arbeit, Gas und Leitungswasser.

Berlin, Prof. Dr.-Jng. Helm, Verein dt. Strb. u. Kleinb.-Verwaltungen.
- Dir. Hagemeyer, Große Berliner Straßenbahn.

Breslau, Dir. Kolle, Elektr. Straßenbahn.

Corbach), Steinbruchbesitzer Schwalbenstöcker.

Crefeld, Dir. Albert, Crefelder Straßenb. G. m b. H.

Dortmund, Baurat Schmidt, Dortm. Straßenbahn G. m. b. H.

Elbing, Dir. Björkegreen, Elbinger Straßenb. G. m. b. H.

Erfurt, Dir. Hühn, Erfurter Elektr. Straßenb.

Hannover, Dir. Battes, Straßenbahn Hann.

Herten i. W., Dir. Uhlig, Vestische Kleinbahn G. m. b. H.

Karlsruhe, Dir. Schmidtmann, Städt. Straßenbahn.

Leipzig, Baurat Zeise, Gr. Leipziger Straßenbahn.

Mannheim, Dir. Kern, Oberrhein. Eisenbahngesellschaft.

München, Baurat Theodor Lechner, Liebigstraße 16.
- Dir. Scholler, Städt. Straßenbahn.

München, Dir. Heimpel, Lokalbahn A.-G.
- Dir. Binswanger, Oberbayer. Überl.-Zentr. A.-G.
- Dir. Pollmann, A.-G. f. Licht- u. Kraftversorgung.

Nürnberg, Dir. Laible, Fränk. Überlandwerk A.-G.

Zittau, Dir. Schönert, Städt. Elektrizitätswerk u. Straßenb.

Berichtigung

der in Nr. 139 des Deutschen Reichsanzeigers vom 24. Juni 1919 veröffentlichten Schiedsrichterliste.

Als Schiedsrichter fallen aus:

Belgard (Pomm.), Landrat v. Hagen.

Nauen, Landrat v. Hahnle.

Wismar, Geh. Hofrat Wildfang.

Wittenburg, Bürgermeister Schlüter.

Eibenstock, Bürgermeister Hesse.

Berlin, Baurat Otto, Große Berliner Straßenbahn.

Nürnberg, Generaldir. August Hering, i. Fa. Röhrenwerk Herrenhütte A.-G. Nürnberg-Herrenhütte.

Berlin, den 13. Dezember 1919.

Der Reichskommissar für die Kohlenverteilung.

Stutz.

Bekanntmachung. Nachtrag zu den endgültigen Listen der Beisitzer bei den Schiedsgerichten für die Erhöhung von Preisen bei der Lieferung von elektrischer Arbeit, Gas und Leitungswasser. Veröffentlicht in Nr. 216 des Reichsanzeigers von 1920.

Auf Grund der §§ 4 und 5 Abs. 1 der Bekanntmachung des Herrn Reichswirtschaftsministers über die Schiedsgerichte für die Erhöhung von Preisen bei der Lieferung von elektrischer Arbeit, Gas und Leitungswasser vom 5. März 1919 (RGBl. S. 288) bzw. vom 18. März 1920 (RGBl. S. 330) mache ich, nachdem der Herr Reichswirtschaftsminister mit Erlaß vom 21. August 1920 VII/4. 1177 die Schiedsrichterlisten genehmigt hat, folgenden

2. Nachtrag

zu den endgültigen Listen der Beisitzer für die genannten Schiedsgerichte bekannt:

Schiedsrichterliste Nr. 1
der Lieferer von elektrischer Arbeit.

Augsburg, Oberbaurat Holzer (Gas u. Wass.).

Barmen, Beigeordneter Dipl.-Ing. W. zur Nieden, Dir. d. Städt. Wasser- u. Lichtwerke (Gas u. Wasser).

Darmstadt, Dir. Brandes, Hessische Eisenbahn A.-G.

Dresden, Geh. Reg.- u. Baurat Dr. Giese, Stadthaus, Am See 2 II.

Duisburg, Beigeordneter Dir. Nottebrock, Städt. Wasser- u. Elektr.-Werk (Gas u. Wasser).

Elberfeld, Dir. Gustav Lehmann, Städt. Elektr.-Werk.

Frankfurt a. M., berat. Ing. Herm. Gildemeister.

Friedeberg i. Hessen, Dir. R. v. Stabler, Elektr. Überlandanlage der Provinz Oberhessen.

Hamburg, Dr.-Ing. A. Buch, Bleichenbrücke 10.

Herne, Dipl.-Ing. W. Vacherot, Gas- u. Elektr.-Werk (Gas).

Hildesheim, Dir. Reichardt (Gas u. Wasser).

Kiel, Dir. Elbers.

Leipzig, berat. Ing. Friedr. Ulbrich, Gustav-Adolf-Str. 45.

München, Oberbaurat Ludwig, Äußere Dachauer Str. 148 I.

Nordhausen, Betriebdir. Max Rudell, Elektr.-Werk.

Nürnberg, Prof. Dr. Edelmann, Vorstand d. elektrotechn. Abteilung der Bayer. Landesgewerbeanstalt.

— Obering. Dipl.-Ing. Maas.

Osnabrück, Dir. Schuster, Niedersächs. Kraftwerke A.-G.

Rheinfelden, Dir. Dr. Haas, Kraftübertragungswerke.

Spandau, Dir. Möller, Städt. u. Kreiskraftwerk.

Weferlingen (Prov. Sachsen), Dir. Harras, Überlandzentrale.

Weisweiler, Dir. Robert Frank, Kraftwerk Zukunft A.-G.

Worms, Dir. Multhauf, Elektr.-Werk Rheinhessen A.-G.

Würzburg, Obering. Rohrbacher, Kreiselektrizitätsversorgung Unterfranken A.-G.

Schiedsrichterliste Nr. 2
der Lieferer von Gas und Leitungswasser.

Dresden, Gasdir. Finkler, Vorsbergstr. 13.

Duisburg, Dir. Teichler, Städt. Gas-, Wasser- u. Elektr.-Werk.

Erlangen, Baurat Stephan, Brucker Str. 33.

Loschwitz b. Dresden, Wasserwerksdir. Vollmer, Brockhausstr.

Nordhausen, Gasanstaltsdir. Hans Buhe.

Vegesack-Bremen, Dir. Wilhelm Wagner.

Wahren b. Leipzig, Dir. Othmer, Überlandgaswerk Wahren, Mühlenstr. 32.

Schiedsrichterliste Nr. 3
der Vertreter von Gemeinden und Gemeindeverbänden.

Aalen, Oberbürgermeister Schwarz.

Ballenstedt, Ziviling. Herm. Niemeyer.

Boppard a. Rh., Betriebsdir. a. D. Ludwig Müller.

Braunschweig, Stadtbaurat Gebensleben.

Coblenz, Herr Vanderstein, Beatusstr. 27.

Eismar (Schlesw.-Holst.), Landrat a. D. Geh. Reg.-Rat Springer.

Essen, Beigeordneter Dr. Bucerius.

Flensburg, Baurat Nitzer.

     • Landrat Wallroth.

Friedrichshafen a. B., Stadtschultheiß Mayer.

Ilmenau, Prüfmeister Walther, Elektr. Staatsprüfamt.

Kiel, Obering. Knoll.

Köln, Dir. Ahlen.

Ludwigsburg, Oberbürgermeister Dr. Hartenstein.

München, Obering. Narciß, Bayer. Rev.-Verein, Elektrotechn. Abteilung.

Neuhaldensleben, 1. Bürgermeister Bohe.

Prenzlau, 1. Bürgermeister Dr. Schreiber.

Regensburg, Ing. Karl Wertenson, Vorstand der Kreisstelle für Elektrizitätsversorg. Obering. Karg, Elektrotechn. Beratungsstelle des Bayer. Bauernvereins.

Schleswig, Landrat a. D. Rogge.

Segeberg (Schlesw.-Holst.), Landrat Ilsemann.

Striegau (Schles.), Dipl.-Ing. Walther Hubek, Überlandzentrale Mittelschl. G. m. b. H.

Sulz, Verwaltungsaktuar Böhm.

Tangermünde, Bürgermeister Dipl.-Ing. Lentz, Pfarrhof 6.

Werden a. b. R., Bürgermeister Breuer.

Schiedsrichterliste Nr. 4
der gewerblichen Verbraucher von elektrischer Arbeit, Gas und Leitungswasser.

Berlin-Grunewald, Emil Schiff, Hubertusallee 46.

Bernburg, Feinmechaniker Gustav Schönwalb.

Breslau, Dir.Reich, Schles.Mühlenwerke A.-G.

     • Reg.-Baumeister Walther Hönsch, Dir. der Linke-Hofmann-Werke.

Coswig, Dr. Claudius, Gesellschaft für chem. Industrie.

Crefeld, Walter v. Scheven, i. Fa. W. Schröder u. Co.

     • Dir. Schütte, Crefelder Baumwollspinnerei.

Dessau, Dir. Karl Baber.

     • Dir. Dr. Wilhelm Kramer.

     • Dir. Dr.-Ing. Hellenschmidt.

     • Kommerzienrat Max Schmidt.

     • Dir. Paul Spaleck.

     • Obering. Willi Bergert.

Dresden, Fabrikbesitzer Alfred Bösenberg, Wintergarten 3.

     • Finanz- u. Baurat Heinig.

     • Baurat Menz, Strehlener Str. 72.

Essen, Dipl.-Ing. Brunenbusch, Dampfkesselverein Elektroüberwachung.

     • Dipl.-Ing. Huck, Dampfkesselverein Elektroüberwachung.

     • Dipl.-Ing. A. Müller, Dampfkesselverein Elektroüberwachung.

Frankfurt a. O., Dipl.-Ing. W. Zank, Märkischer Verein zur Prüfung und Überwachung von Dampfkesseln.

Hamburg, Ing. Leo Pulvermann, Kaufmannshaus.

Heidelberg, Dr. Ehrhardt Schott, Dir. der Portland-Zementwerke Heidelberg-Mannheim-Stuttgart A.-G.

Magdeburg, Dr.-Ing. Otto Berner, Obering. der elektr. Abteilung des Magdeburger Vereins für Dampfkesselbetriebe.

     • Dir. Haase, Allgem. Gas-A.-G.

München, Obering. Greiner, Vorstand der elektrotechn. Beratungsstelle b. Bayer. Bauernvereins, Jägerstr. 80.

     • Obering. Dr. Deinlein, Bayerischer Revisionsverein (Wirtschaftl. Abteil.).

     • Ing. Hans Zirngibel, techn. Dir. der Firma Dr. Jvo Deigelmayer, Singerstraße 4.

     • Ing. Wilhelm Bohne, Ohmstr. 3.

München-Gladbach, Kommerzienrat Monforts, i. Fa. A. Monforts.

Neubeckum, Dir. H. Täupler.

Neuß, August Denecke jr.

     • Karl Kunnert.

Rheydt, Dir. Leiße, i. Fa. Max Schorch u. Co., A.-G.

Trostberg, Dir. Dr. Karl Waldmann, Bayer. Stickstoffwerke A.-G., Betriebsdirekt.

Viersen, Kommerzienrat Kaiser, i. Fa. Kaisers Kaffee-Geschäft G. m. b. H.

Zweibrücken, Dr. Roth.

Schiedsrichterliste Nr. 5
Weiterverbraucher von elektrischer Arbeit, Gas und Leitungswasser.

a) Elektrisch betriebene Straßen- und Kleinbahnen.

Berlin, Generaldir. Dr. Wussow, Kurfürstendamm 88/89.

     • Syndikus Moser, Große Berliner Straßenbahn.

Berlin, Geh. Baurat Barth (nicht München), Reichsverkehrsministerium Berlin.

Bremen, Dir. Kofshack, Bremer Straßenbahn.

Berichtigungen.

Bamberg, Dipl.-Ing. Pflügel, jetzt Vorstand des Kreiselektrizitätsamts Oberfrank.

Cannstatt, Ing. Adolf Sorge (nicht Sorg), Maschinenfabrik Eßlingen.

Dresden, Dr. Theißig, jetzt juristischer Dir. des Betriebsamts.

Eisenach, Fabrikbesitzer Herm. Hohlrausch wohnt nicht in Jena, sondern in Eisenach.

Frankfurt a. M., Magistratsbaurat Dr.-Ing. Scheelhase (nicht Schoelhase).

Halle, Ziviling. F. W. Foos (nicht Boos), Königstr. 14.

Helmstedt, Dir. Pfister (nicht Obering.).

München, Obering. Melchior, jetzt Dir. des Bayer. Elektrizitätswirtschaftsverbandes e. G. m. b. H.
Oberregierungsrat Holler, jetzt Staatsministerium des Innern.

Paderborn, Ing. Herm. Schmitz (nicht Lippoldsberg).

Potsdam, Dir. Kuntze (nicht Gußstahlwerk Witten), Wertherstr. 12.

Singen (Hohentwiel), Dr. Brüggemann, Dir. der Maggi G. m. b. H. (nicht Bingen).

Stuttgart, Dir. Viktor Widmann (nicht Widmanni), i. Fa. Andrä G. m. b. H. (Gas u. Wasser).

- Geh. Kommerzienrat Kienzle (nicht Schweningen).

- Adolf Hermann, Olgastr. 56 (nicht Alsastr.).

- Dir. Zuckschwerdt (nicht Zugschwert), Schellingstr. 15.

- Dir. Maile, Eisenbahndirektion (nicht Filderbahn).

Witten a. R., Obering. Börnecke (nicht Hörde).

Als Schiedsrichter fallen aus:

Dülken, Bürgermeister Voß.

Jena, Dipl.-Ing. Laufer, Schiffgraben 50.

Leipzig, Ing. Gustav Nietzsche.

Neustadt, Bürgermeister Erdmann.

Weingarten, Stadtschultheiß Reich.

Berlin, den 21. September 1920.

Der Reichskommissar für die Kohlenverteilung.

Stutz.

Soweit den Verfassern bekannt, sind in den Personalien der Schiedsrichter folgende Veränderungen eingetreten:

Schiedsrichterliste im RAnz. Nr. 139.

Schiedsrichterliste Nr. 1.
Verstorben:

Dir. Bußmann, „Siemens" Elektrische Betriebe A.-G., Berlin SW 11, Schöneberger Str. 3/4.

Dir. Agte, Oberschlesische Elektrizitätswerke Gleiwitz.

Dir. Ruckel, Städtisches Elektrizitätswerk Düsseldorf.

Schiedsrichterliste Nr. 2.
Verstorben:

Dir. Menzel, Gasanstaltsbetriebsgesellschaft m. b. H., Berlin, Huttenstr. 63/64.

Dir. a. D. Anklam, Friedrichshagen.

Dir. Förster, Rhein.-Westf. Wasserwerksgesellschaft m. b. H., Mülheim.

Schiedsrichterliste Nr. 4.
Verstorben:

Kommerzienrat Joh. Elster, i. Fa. S. Elster, Gasmesserfabrik, Berlin NO 43, Neue Königstraße 67/68.

Exz. Dr. Richter, Vors. d. Aufsichtsrats d. Kalisyndikats G. m. b. H., Berlin SW 11, Dessauer Straße 28/29.

Kommerzienrat Haas, Gasmesserfabrik Mainz, Elster & Co., Mainz.

Schiedsrichterliste Nr. 5.
Verstorben:

Dir. Carl Ebbinghaus, Kreis-Wasser- u. Elektrizitätswerk Schwelm.

Baurat Otto, Große Berliner Straßenbahn, Berlin.

Straßenbahndir. Langner, Hagen i. W., Eppenhausener Str. 51.

Schiedsrichterliste Nr. 1.
Anschriften-Änderungen:

Dir. Coninx, Städt. Elektr.-Werke Berlin,	jetzt: Dir. beim Groß-Kraftwerk Franken, Nürnberg.
Generalsekr. Dr. G. Dettmar, Verb. dt. Elektrotechniker, Berlin SW, Königgrätzer Str. 106,	jetzt: Prof. Dr.-Ing. h. c. Dettmar, Hannover, Techn. Hochschule.
Reg.- u. Baurat Meckelburg, Ministerium d. öff. Arbeiten, Berlin W66,	jetzt: Oberregierungsbaurat Meckelburg, Reichsverkehrsministerium, Wasserstraßenabteilung.
Dir. Dr. Passavant, Städt. Elektr.-Werke Berlin,	jetzt: Dir. Dr. Passavant, Vereinigung der Elektr.-Werke, Berlin SW 48, Wilhelmstraße 37.
Landrat a. D. von Raumer, Bund d. Elektr. Versorg. Untern. Dt., Berlin NW8, Sommerstr. 4,	jetzt: Minister a. D. von Raumer, Berlin W10, Königin-Augusta-Str. 47.
Dir. Spengel, Vereinigung der Elektr.-Werke Berlin, Berlin SW48, Wilhelmstr. 37,	jetzt: Beratender Ing. Spengel, Berlin-Nikolaßsee, Cimbernstr. 3.
Dir. Ahlen, Städt. Elektr.-Werk Cöln,	jetzt: Generaldir.
Stadtbaurat Blessinger, Städt. Elektr.-Werk Elberfeld,	daselbst ausgeschieden.
Dir. Dauberschmid, Geraer Elektr.- u. Straßenbahn A.-G. Gera,	daselbst ausgeschieden.
Dir. Paulsen, Städt. Elektr.-Werke Halle a.S.,	jetzt: Prof. Paulsen, Techn. Hochschule Karlsruhe.
Dir. Dr. Klein, Offenbach/Main,	daselbst ausgeschieden.
Dir. Kreißig, Städt. Elektr.-Werk Reichenbach i. V.,	jetzt: Wärmespeicher Dr. Ruß, G. m. b. H., Charlottenburg, Kantstr. 162.
Dir. Bohnenberger, Spandau,	jetzt: Hessische Eisenbahn-A.-G., Darmstadt.
Dir. van Perlstein, Elektr.-Werk Thorn,	jetzt: Bln. W., Königin-Augusta-Str. 10/11.
Dr.-Ing. Martin Rabt, Berlin, Königgrätzer Str. 28,	jetzt: Dr.-Ing. Martin Rabt, A. E. G., Friedrich-Karl-Ufer 2—4.

Schiedsrichterliste Nr. 2.

Dr. H. Mohr, Altenburg,	jetzt: Dr. H. Mohr, Chemnitz.
Generaldir. Geyer, Ges. für Gasindustrie, Augsburg,	jetzt: Isaria-Zählerwerke, München.
Dir. Flatten, Deutsche Wasserwerke A.-G., Berlin,	daselbst ausgeschieden.
Dir. Lenze, Städt. Gaswerke Berlin,	jetzt: Generaldir. Lenze, Städt. Betriebe Düsseldorf.
Dir. Weißkopf, Städt. Gaswerke Chemnitz,	jetzt: Dir. Weißkopf, Grube Messel bei Darmstadt.
Stadtrat Runge, Danzig,	jetzt: Senator Runge, Danzig.
Baurat Dir. Schmetzer, Wasserwerk A.-G., Frankfurt a. O.,	daselbst ausgeschieden.
Dr.-Ing. Smreker, Mannheim,	jetzt: Dr.-Ing. Smreker, Zürich.
Stadtbaurat Ries, Städt. Gaswerke München,	daselbst ausgeschieden, wohnh. in Tutzing bei München.
Dir. Finkler, Gaswerk Neukölln,	jetzt: Dir. Finkler, Gaswerk Dresden.
Dir. a. D. Sorge, Thorn,	jetzt: Dir. a. D. Sorge, Fürstenwalde.

Schiedsrichterliste Nr. 3.

Landrat Geh. Reg.-Rat Wiebenfeld, Reichsgetreidestelle Berlin,	daselbst ausgeschieden.
Stadtrat Dumont, Danzig,	jetzt: Rechtsanwalt Dumont, Danzig.
Oberbürgermeister Sahm, Danzig,	jetzt: Staatspräsident Sahm, Danzig.
Prof. Dr.-Ing. Giese, Werkstechn. Oberbeamter des Verb. Gr.-Berlin, NW23, Klopstockstr. 24,	jetzt: Prof. Dr. Giese, Techn. Hochschule Charlottenburg.
Bürgermeister Dr. Oberhues, Menden in Westfalen,	jetzt: Bürgermeister Dr. Oberhues, Düren (Rhld.).
Landesbaurat Linsenhof, Merseburg,	als Landesbaurat ausgeschieden.
Beigeordneter Neiles, Obernhausen,	jetzt: Oberbürgermeister Neiles, Saarbrücken.
Oberbürgermeister Plaßmann, Paderborn,	jetzt: Dir. Plaßmann, Rhein.-Westf. E.-W. Düsseldorf.
Beigeordneter Hende, Remscheid,	jetzt: Dir. der Städt. Betriebe Lübeck.
Oberbürgermeister Dr. Most, Sterkrade,	jetzt: Syndikus Dr. Most der Handelskammer f. d. Niederrh., Duisburg-Ruhrort.

Schiedsrichterliste Nr. 4.

Reg.- u. Baurat van Heys, Große Casseler Straßenbahn,
jetzt: Ministerialrat van Heys, Reichsverkehrsministerium, Wasserstraßen-Abtlg.

Landes-Ing. Lowes, Königsberg,
jetzt: Dir. Lowes, Ostpreußenkraftwerke G. m. b. H., Königsberg.

Obering. Hans Gleichmann, Bab. Ges. z. Überwachung von Dampfkesseln, Mannheim,
daselbst ausgeschieden.

Schiedsrichterliste Nr. 5.

Ing. Otto Carney, Berlin, Königgrätzer Str. 28,
jetzt: Dir. Otto Carney, Berlin-Tempelhof, Schönburgstr. 11.

Baurat Sorger (nicht Serger!), Kommissar f. elektr. Bahnen, Finanzministerium Dresden,
daselbst ausgeschieden.

Dir. Klein, Städt. Straßenbahn, Offenbach am Main,
daselbst ausgeschieden.

Dr. Paul Denso, Berlin SW11, Königgrätzer Str. 28,
jetzt: Dr. Paul Denso, Elektr.-Werk Sachsen-Anhalt, Halle a. S.

1. Nachtrag (RAnz. Nr. 289 von 1919).

Schiedsrichterliste Nr. 1.

Dir. Thurow, Straßenbahn u. Elektr.-Werk Halberstadt,
daselbst ausgeschieden.

Dr. Gleichmann, Ministerialrat im Staatsministerium für Verkehrsangelegenheit., München,
jetzt: Ministerialdir. Dr. Gleichmann, Reichsverkehrsmin., Wasserstraßen-Abt.

Schiedsrichterliste Nr. 2.

Reg.-Rat Dr. jur. Heck, Berlin, Am Karlsbad 12/13,
jetzt: Regierungsrat Dr. jur. Heck, Berlin W10, Viktoriastr. 13.

Schiedsrichterliste Nr. 5.

Dir. Hagemeyer, Große Berliner Straßenbahn, Berlin,
jetzt: Dir. Hagemeyer, Eisenbahn-Bau- und Betriebs-Ges. Becker & Co., Berlin, Potsdamer Str. 28.

Dr. Uhlig, Westfische Kleinbahn G. m. b. H., Herten i. W.,
jetzt: Dir. Uhlig, Bergische Kleinbahn Barmen A.-G.

2. Nachtrag (RAnz. Nr. 216 von 1920).

Schiedsrichterliste Nr. 2.

Dir. Teichler, Rhein. Stahlwerke Duisburg-Meiderich,
früher: Dir. Teichler, Städt. Gas-, Wasser- u. Elektr.-Werk Duisburg.

Baurat Stephan, Erlangen, Brucker Str. 33,
jetzt: Baurat Stephan, München, Schillerstraße.

Der Verkauf elektrischer Arbeit. Zweite, umgearbeitete und vermehrte Auflage von „Die Preisstellung beim Verkaufe elektrischer Energie". Von Dr.-Ing. G. Siegel. Mit 27 Abbildungen. 1917.

G. Z. 16; gebunden G. Z. 18.

Die Rückstellungen bei Elektrizitätswerken und Straßenbahnen. Ein Lehrbuch aus der Praxis für Betriebsverwaltungen, Ingenieure, Kaufleute und Studierende. Von Dr. Robert Haas, Ingenieur, Direktor der Bank für elektrische Unternehmungen in Zürich. Mit einem Vorwort von Dr. Julius Frey, Präsident des Verwaltungsrats der Bank für elektrische Unternehmungen in Zürich. 1916. G. Z. 5.

Die Stromversorgung der Großindustrie. Von Dr.-Ing. H. Birrenbach. Mit 27 Textabbildungen. 1913. G. Z. 5.

Stromtarife für Großabnehmer elektrischer Energie. Von Dr.-Ing. E. Fleig. Mit 55 Textfiguren. 1913.

G. Z. 6; gebunden G. Z. 7.

Elektrische Energieversorgung ländlicher Bezirke. Bedingungen und gegenwärtiger Stand der Elektrizitätsversorgung von Landwirtschaft, Landindustrie und ländlichem Kleingewerbe. Von Walter Reißer, Diplom-Ingenieur in Stuttgart. 1912. G. Z. 2,8.

Alles elektrisch! Ein Wegweiser für Haus und Gewerbe. Preisgekrönte Bearbeitung von H. Zipp, Ingenieur in Cöthen. Neue, durchgesehene Auflage. 81.—100. Tausend. 1912. G. Z. 0,25.

Bei Mehrbezug Partiepreise.

Herstellen und Instandhalten elektrischer Licht= und Kraftanlagen. Ein Leitfaden auch für Nicht=Techniker, unter Mitwirkung von Gottlob Lux und Dr. C. Michalke verfaßt und herausgegeben von S. Frhr. v. Gaisberg. Neunte, umgearbeitete und erweiterte Auflage. Mit 66 Abbildungen im Text. 1920. G. Z. 1,8.

Bei Mehrbezug Partiepreise.

Der elektrische Landwirt. Ein Merkbüchlein in Frage und Antwort. Von Diplom=Ingenieur A. Bietze, Generaldirektor, Geschäftsführer der Landelektrizität G. m. b. H. zu Halle a. S. 41.—60. Tausend. 1922. G. Z. 0,3. Bei Mehrbezug Partiepreise.

Die Genossenschaft als Trägerin der Elektrizitätsversorgung in der ländlichen Gemeinde. Erstes Heft: Gründung und Finanzierung von Elektrizitätsgenossenschaften. Von Adolf Wolterstorff, Genossenschaftlichem Verbandssekretär. 1919. G. Z. 1,2.

Bei Mehrbezug Partiepreise.

Die Beseitigung der Kohlennot. Unter besonderer Berücksichtigung der Elektrotechnik. Von Dr.=Ing. e. h. G. Dettmar, Generalsekretär des Verbandes deutscher Elektrotechniker. Mit 45 Textabbildungen. 1920. G. Z. 4.

Die eingesetzten Grundzahlen (G. Z.) entsprechen dem ungefähren Goldmarkwert und ergeben mit dem Umrechnungsschlüssel (Entwertungsfaktor), Mitte Oktober 1922: 80, vervielfacht den Verkaufspreis.